UNIVERSITÄT HAMBURG

Abhandlungen
aus dem
Gebiet der Auslandskunde

Band 61—Reihe C. Naturwissenschaften · Band 18

Die Farinosae in der Vegetation von El Salvador

von

Otto Rohweder

HAMBURG
CRAM, DE GRUYTER & CO.
1956

Die Farinosae in der Vegetation von El Salvador

von

Otto Rohweder

Mit Figuren und Abbildungen auf 36 Tafeln

Als Dissertation der Universität Hamburg erschienen am 1. April 1954

HAMBURG

CRAM, DE GRUYTER & CO.

1956

Die „Abhandlungen aus dem Gebiet der Auslandskunde“ (Fortsetzung der Abhandlungen des Hamburgischen Kolonialinstituts) erscheinen in folgenden Reihen:

A. Rechts- und Staatswissenschaften (auch politische Geschichte umfassend),
B. Völkerkunde, Kulturgeschichte und Sprachen,
C. Naturwissenschaften,
D. Medizin und Veterinärmedizin.

Zuschriften und Sendungen bittet man zu richten an die

Schriftleitung der Abhandlungen aus dem Gebiet der Auslandskunde

Hamburg 13
Universität

Gesamtherstellung: J. J. Augustin, Glückstadt

Inhaltsverzeichnis

Zeichnungen und Abbildungen

Die Zahlenwerte der Maßstäbe sind nur angenähert.

fig. 33. Gliederung des zentralamerikanischen Bromeliaceen-Areals.
fig. 34. Blätter epiphytischer Tillandsioideen
a. zungenförmiges Blatt vom Typ III a (Vriesea montana). Vergr. 1/7.
b. schmal-dreieckiges Blatt vom Typ IV a (Tillandsia fasciculata var. latispica). Vergr. 1/7.
c. borstenförmiges Blatt vom Typ IV b_1 (Tillandsia juncea). Vergr. 1/6.
d. fadenförmiges Blatt vom Typ IV b_2 (Tillandsia plumosa var. magnusiana). Vergr. 1/4.
e. do. (Tillandsia usneoides). Vergr. 1/1.
f. Blatt einer bulbosen Form (Tillandsia butzii). Vergr. 1/6.
g. sukkulentes Blatt einer bulbosen Form. Querschnitt (Tillandsia seleriana). Vergr. 2/1.
fig. 35. Blätter von Pitcairnia heterophylla.
a. am Beginn der Regenzeit gebildetes Blatt. Vergr. 1/12.
b. do. Blattbasis. Vergr. 1/2.
c. in der Mitte der Regenzeit gebildetes Blatt, Blattbasis. Vergr. 1/2.
d. am Ende der Regenzeit gebildetes Blatt. Vergr. 1/2.
e. erstes Blatt beim Austreiben kurz vor Einsetzen der Regenzeit. Vergr. 1/2.
fig. 36. Blätter von Pitcairnia hemsleyana.
a. in der Regenzeit gebildetes Blatt. Vergr. 1/27.
b. do. Blattbasis. Vergr. 1/3.
c. am Ende der Regenzeit gebildetes Blatt. Vergr. 1/3.
d. do. Vergr. 1/3.
e. am Beginn der Regenzeit gebildetes Blatt. Vergr. 1/3.
fig. 37. Verteilung der Einzelmerkmale der Blattrosetten auf die drei Klimastufen.
fig. 38. Verteilung der Rosettentypen und der klimabedingten Artenkombinationen in El Salvador. Schematischer Querschnitt durch den Westen des Landes. Vgl. fig. 8.
fig. 39. Zahl der blühenden Bromeliaceen-Arten im Jahreslauf, Halbmonatswerte.
fig. 40. Tillandsia makoyana. Längsschnitt durch den Fruchtknoten.
fig. 41. Tillandsia makoyana. Samenanlage.
fig. 42. Tillandsia makoyana. Reifer Same.
fig. 43—45 Querschnitte durch das äußere Integument nahe der Chalaza.
fig. 46. Tillandsia makoyana. Querschnitt durch das distale Ende einer Zelle der äußersten Integumentschicht mit den anliegenden Gabelfortsätzen der Zelle.
fig. 47. Tillandsia makoyana. Querschnitt durch das äußere Integument an der Mitte des Nucellus.
fig. 48. Tillandsia makoyana. Querschnitt durch das äußere Integument auf dem freien Teil jenseits des Nucellusscheitels.
fig. 49. Tillandsia makoyana. Querschnitt durch einzelne Zelle der äußersten Integumentschicht in Höhe des Nucellus.
fig. 50. Tillandsia makoyana. Schematischer Längsschnitt durch die innerste Schicht des äußeren Integuments in Höhe des Nucellus.
fig. 51. Tillandsia makoyana. Äußere Scheinhaare.
a. äußeres Scheinhaar nahe der Abbruchstelle.
b. proximales Ende einer Zelle der äußersten Zellschicht.
c, d. Schnabelfortsätze an den Gabelzinken der äußersten Zellschicht.
fig. 52. Tillandsia makoyana. Äußeres Scheinhaar an der Abbruchstelle, schematisch. A = Abbruchstelle.
fig. 53. a—c. Tillandsia makoyana. Entfaltung des Flugschirms, schematisch.
fig. 54. Tillandsia makoyana. Äußeres Scheinhaar nahe Exostom, schematisiert.
fig. 55. Tillandsia makoyana. Querschnitt durch den Funiculus und die angrenzenden Zellschichten in Höhe des Nucellus, schematisch.

fig. 56. Tillandsia makoyana. Teil des Funiculusgewebes in Höhe des Nucellus im Querschnitt. Vergr. 375/1.
fig. 57. Tillandsia makoyana. Querschnitt durch den Chalazalanhang, schematisiert.
fig. 58. Same von Pitcairnia hemsleyana. Vergr. 5/1.
fig. 59. Samen von Hechtia guatemalensis. Vergr. 7/1.
fig. 60. Same von Hechtia glomerata. Aus Engl.-Prantl. II. 4. Fig. 26 H (1888).
fig. 61. Same von Dyckia floribunda.
a. Ansicht von der Breitseite bei durchscheinendem Licht. Vergr. 4/1.
b. Querschnitt, schematisiert.
l = Leitbündel des Funiculus
a = Arillusgewebe
i = Integument (äußeres + inneres)
s = Sklerenchymstrang
fig. 62. Pitcairnia flexuosa. Vergr. 1/4.
fig. 63. Tillandsia baileyi. Vergr. 1/4.
fig. 64. Tillandsia butzii. Vergr. 1/2.
fig. 65. Tillandsia caput-medusae. Vergr. 1/4.
fig. 66. Tillandsia candelifera. Vergr. 1/5.
fig. 67. Tillandsia cryptopoda. Vergr. 1/2.
fig. 68. Tillandsia flabellata. Infloreszenz. Vergr. 1/4.
fig. 69. Tillandsia juncea. Infloreszenz. Vergr. 1/2.
fig. 70. Tillandsia remota.
a. Schaft mit Infloreszenz. Vergr. 1/3.
b. Ähre Vergr. 1/2.
c. Blüte. Vergr. 2/1.
d. Kapsel Vergr. 1/1.
fig. 71. Tillandsia polystachya. Schaft mit Infloreszenz. Vergr. 1/3.
fig. 72. Tillandsia punctulata. Vergr. 1/3.
fig. 73. Tillandsia recurvata. Fruchtender Sproß. Vergr. 1/2.
fig. 74. Tillandsia rodrigueziana. Infloreszenz. Vergr. 1/4.
fig. 75. Tillandsia schiedeana. Blühreifer Sproß. Vergr. 1/4.
fig. 76. Tillandsia seleriana. Vergr. 1/2.
fig. 77. Tillandsia vicentina. Infloreszenz. Vergr. 1/3.
fig. 78. Tillandsia yunckeri. Infloreszenz. Vergr. 1/5.
fig. 79. Vriesea cornus-cervi. Infloreszenz. Vergr. 1/8.
fig. 80. Catopsis morreniana. Schaft mit Infloreszenz. Vergr. 1/4.
fig. 81. Catopsis nutans var. stenopetala. Vergr. 1/4.
fig. 82. Catopsis wangerini. Vergr. 1/3.
fig. 83. Lindmania micrantha. Rosettenblatt. Vergr. 1/4.
fig. 84. Tillandsia makoyana. Teile einzelner Ähren.
a. mit Blütenknospen. Vergr. 1/2.
b. mit reifen Kapseln. Vergr. 1/5.
fig. 85. Tillandsia ionantha. Infloreszenz. Vergr. 1/1,5.
fig. 86. Pitcairnia flexuosa. Blüte. Vergr. 1/1,5.
fig. 87. Pitcairnia heterophylla. Vorderer Teil einer Blüte. Petalen in 3/0-Stellung. Vergr. 1/1,5.
fig. 88. Hechtia guatemalensis. Männliche Blüte. Vergr. 5/1.
fig. 89. Vriesea cornus-cervi. Blüte. Vergr. 1/1,5.
fig. 90. Catopsis morreniana.
a. männliche Blüte. Vergr. 2/1.
b. weibliche Blüte. Vergr. 2/1.
fig. 91. Catopsis nutans var. stenopetala.
a. männliche Blüte, Seitenansicht. Vergr. 1,5/1.
b. do. Vorderansicht. Vergr. 1/2.

fig. 109. do. Vorderseite der Infloreszenz, Brakteen und vordere Brakteolen sichtbar. Vergr. 6/1.
fig. 110. do. Schematischer Sagittalschnitt.
B = Braktee
bl = Brakteolen
Sp = Scheinachse des Sympodiums
fig. 111. Phyodina rosea. Infloreszenz, Vorderansicht. Nur Brakteen und Brakteolen gezeichnet. Vergr. 5/1.
fig. 112. Callisia repens. Pseudoaxilläres Wickelpaar. Vergr. 2,5/1.
fig. 113. Cymbispatha commelinoides var. typica. Infloreszenz. Vergr. 1/1.
fig. 114. do. Das Wickelpaar sichtbar gemacht. Vergr. 1,5/1.
fig. 115. Cymbispatha commelinoides var. rotundifolia. Infloreszenz. Vergr. 1/1.
fig. 116. Tripogandra disgrega f. glandulosa. Infloreszenz, nur Brakteen und Brakteolen gezeichnet. Vergr. 3/1.
fig. 117. Campelia zanonia. Fruchtstand. Vergr. 1/2,5.
fig. 118. Leptorhoeo floribunda. Infloreszenz. Vergr. 5/1.
fig. 119. Tripogandra cumanensis. Infloreszenz, nur Brakteen und Brakteolen gezeichnet. Vergr. 5/1.
fig. 120. Tinantia spec. Insertion der Brakteolen am Sympodium, schematisiert. ca. Vergr. 3/1.
fig. 121. Tradescantia guatemalensis. Infloreszenz. Vergr. 1/2.
fig. 122. Gibasis linearis, a) alter Wickel. Vergr. 3/1. b) junger Wickel. Vergr. 3/1.
fig. 123. Gibasis geniculata. Teil eines Wickelpaares. Vergr. 5/1.
fig. 124. Gibasis pulchella. Infloreszenz.
a. Teil eines Wickelpaares. Vergr. 3/1.
b. Teil eines Wickels, die Ansatzstellen der Blüten und die Insertion der Brakteolen zeigend. Vergr. 5/1.
fig. 125. Coleotrype natalensis. Grundriß einer Infloreszenz.
bl = Brakteolen ub = untere Braktee
l = Laubblatt vb = addossiertes Vorblatt
ob = obere Braktee
fig. 126. Forrestia pedunculosa. Teil einer Infloreszenz, schematisch. Unterstes Blatt ein Vorblatt, darüber 2 opponierte Brakteen, die restlichen Blätter die Brakteolen.
fig. 127. Anordnung der Brakteen, schematisch
a. bei den Tradescantieen
b. bei Coleotrype
fig. 128. Weldenia candida. Infloreszenz, schematisch.
fig. 129. Blütendiagramm für Tradescantia, Gibasis usw.
fig. 130. Blütendiagramm für Commelina, Aneilema
fig. 131. Blütendiagramm für Murdannia nudiflora, M. simplex.
fig. 132. Blütendiagramm für Tripogandra cumanensis.
fig. 133. Blütendiagramm für Dichorisandra hexandra, die Drehung der Filamente angedeudeutet.
fig. 134. Tripogandra pflanzii. Corolle in der Knospenlage. Vergr. 5/1.
fig. 135. Tripogandra cumanensis. Konnektive und Theken.
a. des inneren Stamen. Vergr. 23/1.
b. des äußeren Stamen. Vergr. 13/1.
fig. 136. Tripogandra elongata. Konnektive und Theken.
a. des inneren Stamen. Vergr. 13/1.
b. des äußeren Stamen. Vergr. 9/1.
fig. 137. Tripogandra disgrega. Innere Stamina. Vergr. 9/1.
fig. 138a. Callisia repens. Konnektiv und Theken. Vergr. 15/1.
fig. 138b. Dichorisandra hexandra. Stamen mit tordiertem Filament. Vergr. 5/1.

fig. 139. Leptorhoeo floribunda. Same.
a. Vorderseite. Vergr. 12/1.
b. Rückseite. Vergr. 12/1.
fig. 140. Cymbispatha commelinoides. Same. Vergr. 7/1.
fig. 141. Tripogandra cumanensis. Same. Vergr. 6/1.
fig. 142. Tripogandra disgrega. Blütenknospen.
a. f.typica. Vergr. 4/1.
b. f.glandulosa. Vergr. 4/1.
fig. 143. Cymbispatha commelionides var. rotundifolia. Kelch. Vergr. 5/1.
fig. 144. Zebrina pendula. Kelch.
a. Seitenansicht. Vergr. 2/1.
b. schematischer Querschnitt durch die Perianthröhren.
fig. 145. Commelina tuberosa. Staminodium. Vergr. 10/1.
fig. 146. Commelina robusta. Staminodien. Vergr. 10/1.
fig. 147. Commelina robusta. Sepalen 2+3. Vergr. 2/1.
fig. 148. Callisia repens. Blüte. Vergr. 3/1.
fig. 149. Aneilema hockii. Blüte. Nach Brenan, Kew Bull. 1952.
fig. 150. Murdannia nudiflora. Blüte.
a. Aufsicht. Vergr. 3/1.
b. Seitenansicht. Vergr. 3/1.
fig. 151. Tripogandra disgrega. Blüte. Vergr. 2/1.
fig. 152. Tinantia leiocalyx. Blüte. Vergr. 1/1.
fig. 153. Commelina erecta. Perianth. Vergr. 2/1.
fig. 154. Commelina diffusa. Perianth. Vergr. 3,5/1.
fig. 155. Commelina tuberosa. Blüte. Vergr. 2/1.
fig. 156. Commelina diffusa var. cordispatha. Spatha. Vergr. 3/4.
fig. 157. Commelina diffusa var. typica. Spatha. Vergr. 3/4.
fig. 158. Commelina erecta. Spatha, Vergr. 3/4.
fig. 159. Commelina tuberosa. Spatha. Vergr. 3/4.
fig. 160. Commelina robusta. Spatha. Vergr. 3/4.
fig. 161. Phaeosphaerion leiocarpa. Spatha. Vergr. 3/4.
fig. 162. Vermutliche phylogenetische Beziehungen der Tradescantieen-Gattungen zueinander.
fig. 163. Gebiete in Amerika mit 500 mm/Jahr und mehr Niederschlag und einem höchsten Monatsmittel von mindestens 20° C.
fig. 164. Verbreitung der Pontederiaceen in Amerika.
fig. 165. Verbreitung von Pontederia cordata und P. rotundifolia.
fig. 166. Verbreitung von Heteranthera reniformis und H.limosa.
fig. 167. Eichhornia heterosperma. Teil eines Sprosses mit reifenden Fruchtständen. Vergr. 1/5.
fig. 168. do. Infloreszenz. Vergr. 1/2,5
fig. 169. Eichhornia crassipes. Blätter.
a. langgestieltes Blatt mit Ligula und Ligularlappen. Vergr. 1/9.
b. kurzstieliges Blatt. Vergr. 1/9.
fig. 170. Eichhornia crassipes. Blüte. Vergr. 1/2,5.
fig. 171. Eichhornia heterosperma. Blüte.
a. Perigonzipfel und Teil der Perigonröhre. Vergr. 1/2,5.
b. Oberlippe (links) und Unterlippe des Perigons, von innen gesehen, mit den Stamina. Vergr. 1/2.
fig. 172. Heteranthera reniformis. Perigon. Vergr. 1,7/1.
fig. 173. Heteranthera limosa. Blüte. Vergr. 1/1,7.

Vorwort

Eine Einladung des Instituto Tropical de Investigaciones Cientificas in San Salvador (El Salvador) in Zentralamerika bot mir die Gelegenheit, einen Beitrag zur Erforschung der Flora des Landes zu leisten. Es wurde mir ermöglicht, die Zeit vom 5. 7. 1950 bis zum 7. 11. 1951, also etwa 15 Monate, dort zu verbringen und nach eigener Wahl eines der Themen zu bearbeiten, die sich in reicher Zahl anboten.

Eine sehr gute Gesamtübersicht über die Flora des Landes ist bereits von Standley & Calderón (70) gegeben worden. Daß hierbei Vollständigkeit nicht erreicht werden konnte, liegt in der Natur der Sache. Es erschien daher zweckmäßig, das Augenmerk nun auf einen kleinen Ausschnitt der Flora zu richten, um in diesem den Artenbestand möglichst lückenlos zu erfassen und einiges Nähere über die Lebensweise der betreffenden Gruppen zu erfahren.

Eigentümlicherweise zeigte sich, daß gerade von den *Bromeliaceen*, die durch ihre Gestalt, durch große Individuenzahl und durch ihre besonderen Lebensgewohnheiten physiognomisch eine so wichtige Rolle spielen, nur ein verhältnismäßig geringer Teil der tatsächlich in El Salvador vorkommenden Arten bekannt geworden war, und es lag daher nahe, diese Familie auszuwählen. Auch die *Commelinaceen* machen, obwohl ärmer an Arten, einen sehr wesentlichen Bestandteil der salvadoreñischen Flora aus. Außerdem bot die trotz mancherlei Bemühungen noch nicht recht befriedigende systematische Bearbeitung den Anreiz zu eingehender Beschäftigung. Da sie, wie die *Bromeliaceen*, im System von Engler zur Ordnung der *Farinosae* gerechnet werden, wurden schließlich die *Pontederiaceen* mit hinzugezogen, da somit alle Vertreter der Ordnung, die in El Salvador vorkommen, erfaßt wurden.

Während der Tätigkeit in El Salvador wurden etwa 4000 Exemplare gesammelt, von denen fast 1000 den genannten Familien angehören. Sie bilden die Grundlage für die vorliegende Arbeit zusammen mit Beobachtungen, die auf zahlreichen Exkursionen über Verbreitung innerhalb des Landes, über Standortansprüche der einzelnen Arten, über deren Einpassung in den jährlichen Klimarhythmus usw. gemacht werden konnten. Die Sammlung liegt im Herb. HBG.

Meinen verehrten Lehrern, Herrn Professor Dr. Mevius und Herrn Wiss. Rat Dr. Domke, schulde ich großen Dank für viele Anregungen und immer gern gewährten Rat, darüber hinaus für ihre unablässigen Bemühungen, äußere materielle Schwierigkeiten überwinden zu helfen. Nicht minder großer Dank gebührt den Direktoren des Instituto Tropical, den Herren Professor Dr. Meyer-Abich, Dr. Carlos Llerena und Dr. Arístide Palacios. Sie schufen die Voraussetzungen für eine sehr intensive und erfolgreiche Feldarbeit in El Salvador. Herr Dr. Fassett von der Wisconsin University, der gleichfalls als Gast am Instituto Tropical arbeitete, war mir ein immer freundlicher, kameradschaftlicher Helfer. Zahlreiche salvadoreñische Freunde haben meine Arbeit unterstützt, und besonders gedenke ich der Herren Federico Engelhard, San Vicente, Eduardo Fischer, Sta. Tecla, Alfredo Freund, San Salvador, Hector Herrera, San Salvador, Carlos Holdtmann, Finca San José, Cumbre, Carlos Mancía Luna, San Salvador, Federico Schmidt, San Miguel und, nicht zuletzt, meines getreuen muchacho German Rivas Herrera. Wichtige Unterstützung bei der Auswertung des Salvador-Materials wurde mir schließlich durch das Botanische Museum Berlin-Dahlem, Kew Herbarium, British Museum London, Chicago Natural History Museum und die Botanische Staatssammlung München gewährt. Diesen Instituten sei daher gleichfalls mein herzlicher Dank ausgesprochen.

Das Lesen der Korrekturen besorgte während meiner Tätigkeit an der Universität in Monrovia ebenfalls Herr Dr. Domke, wofür ich ihm vielmals danken möchte. Ganz besonders aber fühle ich mich Herrn Professor Dr. Schubring, dem Redaktor der wissenschaftlichen Abhandlungen der Universität Hamburg, für die sorgfältige Überwachung des Druckes verpflichtet.

Monrovia, im November 1955. Otto Rohweder

A. El Salvador, sein Klima und seine Vegetation

a) Geographische Lage und Topographie

El Salvador (fig. 1) liegt auf dem nördlichen Teil der zentralamerikanischen Landbrücke etwa zwischen 13° und 14,5° nördlicher Breite und zwischen 87,5° und 90° westlicher Länge. Es hat eine Ausdehnung von ungefähr 250 km in ost-westlicher, von 80—100 km in nord-südlicher Richtung. Eine natürliche Grenze bildet im Süden der Pazifische Ozean, dagegen müssen die Grenzen im Westen gegen Guatemala, im Norden und Osten gegen Honduras als künstlich angesehen werden. Wenn sie auch vielfach Flüssen oder Gebirgszügen folgen, so ist doch jenseits in den benachbarten Staaten der Landschafts- und Vegetationscharakter noch durchaus der gleiche.

Die höchsten Erhebungen liegen im Nordwesten des Landes: etwa an der Dreiländerecke ein breites Massiv mit den beiden ca. 2350 m hohen Kuppen „Miramundo" und „Montecristo"; etwas weiter östlich „Los Esesmiles" mit dem „Pital", der wahrscheinlich noch etwas höher ist als die vorigen. Im Abstand von 25—30 km von der Küste zieht sich außerdem eine Vulkankette von Westen nach Osten durch das ganze Land. Die einzelnen Vulkane, die im Westen dicht aneinander schließen, im Osten dagegen weit auseinandergerückt sind, ragen etwa 2000 m, teils etwas mehr, teils um einiges weniger, über den Meeresspiegel empor.

Zwischen den nördlichen Grenzgebirgen und den Vulkanen sowie zwischen diesen und der Küste dehnen sich z. T. weite, ebene oder hügelige Landstriche mit einer durchschnittlichen Höhe bis zu 400 oder 500 m aus, die aber an einigen Stellen noch wieder unterbrochen werden durch kleinere Erhebungen bis etwa 1500 m, von denen besonders der Bergzug bei Guazapa, 30 km nördlich San Salvador, die „Cumbre" südlich und westlich Sta. Tecla und der „Cacaguatique" im Nordosten des Landes zu nennen sind.

Unter den Flüssen ist der Rio Lempa bei weitem der bedeutendste. In Honduras entspringend, bricht er zwischen dem Miramundo-Montecristo-Massiv nach El Salvador durch, zieht eine große Strecke in West-Ost-Richtung durch den Norden des Landes und biegt dann scharf nach Süden ab, um dem Pazifik zuzustreben. Da das große Einzugsgebiet des Flusses zu einem wesentlichen Teil im Bereich des immerfeuchten atlantischen Klimas (vgl. S. 7) liegt, ist seine Wasserführung relativ gleichmäßig. Die übrigen Wasserläufe sind wesentlich kleiner, und da ihr Einzugsgebiet ausschließlich im pazifischen Bereich liegt, reagieren sie z. T. sehr empfindlich auf die aktuelle Wetterlage und können bald zu reißenden Strömen anschwellen, bald zu kleinen Rinnsalen zusammenschrumpfen oder ganz versiegen.

Sehr unterschiedlicher Art sind die Seen. Steile Ufer und große Tiefe zeichnen den Lago de Coatepeque am Fuß des Volcán de Sta. Ana und den Lago de Ilopango (bis 250 m tief) östlich der Hauptstadt aus. Andere, besonders die in Küstennähe gelegenen Seen, wie z. B. die Laguna de Olomega oder die Laguna de Jocotal im

Osten des Landes, sind nur wenige Dezimeter tief, und in der Trockenperiode werden weite Strecken des Seebodens freigelegt, und kleinere Seen trocknen sogar völlig aus. Etwa zwischen diesen beiden Typen steht der Lago de Güija (Abb. 10) an der guatemaltekischen Grenze, der größte See des Landes. Schließlich verdienen die in größeren Höhen (1300—1800 m) gelegenen Kraterseen Erwähnung, die sich in den erloschenen Vulkanen gebildet haben. Merkwürdigerweise tragen die Vulkane heute vielfach ihre Namen nach den Seen; man spricht daher von der „Laguna de las Ninfas" (Abb. 5), der „Laguna Verde" usw., wenn man die Berge meint.

Eine charakteristische Erscheinung sind die „Barrancos". Es handelt sich hierbei um tiefe Einschnitte in die mächtigen vulkanischen Aschendecken, die auf großen Teilen des Landes lagern. Da diese Aschenmassen einerseits bei den heftigen Regenfällen stark erodiert werden, andererseits aber doch tuffartig verkittet sind und einigen Zusammenhalt bewahren, entstehen an vielen Stellen bis 20 und 30 m tiefe, enge Schluchten mit sehr steilen oder fast senkrechten Wänden (Abb. 13). Diese Barrancos sind hier von einigem Interesse, weil sie ein Refugium für eine ganze Reihe kulturfliehender Pflanzenarten darstellen.

b) Klima und Vegetation

1. Das Großklima und die floristische Zusammensetzung der Vegetation

Das Klima in El Salvador ist, der geographischen Breite entsprechend, tropisch. Die Temperaturen sind während des ganzen Jahres sehr gleichmäßig (fig. 2). Die Äquatorialzone, die, dem Zenitstand der Sonne etwas nachhinkend, jährlich einmal vom südlichen zum nördlichen Wendekreis und zurück wandert und für das Auftreten der Regenzeiten verantwortlich ist, verursacht in El Salvador, das näher zum Wendekreis als zum Äquator liegt, nur noch eine einzige, zusammenhängende, halbjährige Regenzeit, die etwa von Mai bis Oktober dauert. Ihr steht eine von November bis April währende, besonders von Dezember bis März sehr strenge Trockenzeit gegenüber.

Langfristige Beobachtungsergebnisse liegen nur für die Hauptstadt des Landes (680 m ü/M.) vor (2), doch geben sie die typischen Verhältnisse recht gut wieder. Die wichtigsten hieraus zu entnehmenden Daten sind die folgenden:

Temperatur	
Jahresmittel	23,3° C
Höchstes Monatsmittel (April)	24,4° C
Niedrigstes Monatsmittel (Jan.)	22,4° C
Niederschläge	
Jahresmittel	1784,6 mm
Regentage im Jahr	119
Relative Luftfeuchtigkeit	
Jahresmittel	74%

Die Verteilung der Niederschläge innerhalb des Jahres läßt sich am anschaulichsten graphisch darstellen (fig. 3—7), doch seien zur Verdeutlichung die Zahl der Regentage und die Regenmenge jeweils für die Höhepunkte der Regen- und der Trockenzeit noch besonders herausgestellt:

	Regentage		Regenmenge	
	gesamt	je Monat	gesamt	je Monat
Juni — September	76,7	19,2	1230,4	307,6 mm
Dezember — März	5,7	1,4	50,9	12,7 mm

Aus dem Jahr 1952 liegen, ebenfalls für die Hauptstadt, mit aller Exaktheit durchgeführte Messungen vor (5), die ein zuverlässiges und detailliertes Bild der Klimaverhältnisse vermitteln. Allerdings muß dabei berücksichtigt werden, daß gerade in diesem Jahr besonders starke Abweichungen in der Verteilung der Niederschläge vom Normalfall beobachtet wurden, da die Regenmengen im April, Juni und Juli erheblich über, im Oktober beträchtlich unter dem Durchschnitt lagen.

Temperatur	
Jahresmittel 1952	22,8° C
Monatsmittel	
Höchstes Monatsmittel (April)	24,1° C
Niedrigstes Monatsmittel (Dez.)	21,7° C
Höchstes mittl. Tagesmaximum (März)	31,1° C
Niedr. mittl. Tagesmaximum (Okt.)	26,8° C
Höchstes mittl. Tagesminimum (Okt.)	19,3° C
Niedr. mittl. Tagesminimum (Febr.)	15,8° C
Höchste mittl. Oscillation (März)	14,1° C
Niedr. mittl. Oscillation (Okt.)	7,5° C
Niederschläge	
Gesamtmenge 1952	1942,6 mm
Relative Luftfeuchtigkeit	
Jahresmittel	74,6%
Monatsmittel	
Höchstes Monatsmittel (Sept.)	86,9%
Niedrigstes Monatsmittel (Jan.)	61,2%
Höchstes mittl. Tagesmaximum (Sept.)	97,2%
Niedr. mittl. Tagesmaximum (Jan.)	80,4%
Höchstes mittl. Tagesminimum (Sept.)	66,1%
Niedr. mittl. Tagesminimum (Jan.)	46,8%

Bemerkenswert ist, daß der Regen nicht gleichmäßig zu allen Stunden des Tages fällt. Es tritt vielmehr eine sehr auffällige Häufung in der Zeit von 18—24 Uhr ein, während vormittags zwischen 6 und 11 Uhr nur selten Niederschläge beobachtet werden (fig. 5). Insgesamt wurden 1952 gemessen:

6—11 Uhr	35,1 mm
19—24 Uhr	966,6 mm

Auch die Zeit von 11—12 Uhr und von 14—16 Uhr ist noch verhältnismäßig regenarm. Das bedeutet, daß der Lichtgenuß in der Regenzeit, also in der Vegetationsperiode, wesentlich höher ist, als nach der Niederschlagsmenge zunächst zu erwarten wäre. Heiteres, sonniges Wetter in den Morgenstunden, wolkiger, aber immer noch heller Himmel mit zeitweilig durchbrechender Sonne gegen Mittag und sehr oft bis in den Nachmittag hinein ist auch in der Regenperiode durchaus die Regel.

Die Vegetation El Salvadors trägt, der geographischen Lage und den klimatischen Gegebenheiten entsprechend, tropischen Charakter, d. h. es herrschen weitaus solche Gruppen vor, die sich ausschließlich oder überwiegend aus makrothermen (oder mesothermen, aber auf frostfreies Klima angewiesenen) Arten zusammensetzen. Besonders zahlreich, nach den bisherigen Kenntnissen mit 30 und mehr Arten, sind vertreten:

Moraceae: Brosimum, Castilloa, Cecropia, Chlorophora, Ficus u. a.
Mimosaceae: Acacia, Calliandra, Enterolobium, Inga, Lysiloma, Mimosa, Pithecellobium, Prosopis u. a.
Caesalpiniaceae: Bauhinia, Cassia, Hymenaea u. a.
Euphorbiaceae: Acalypha, Croton, Euphorbia, Hippomane, Jatropha, Omphalea u. a.
Malvaceae: Abutilon, Hibiscus, Malvaviscus, Sida u. a.
Acanthaceae: Aphelandra, Dicliptera, Justicia, Ruellia u. a.
Rubiaceae: Borreria, Calycophyllum, Genipa, Hamelia, Psychotria, Randia u. a.
Bromeliaceae: Catopsis, Pitcairnia, Tillandsia u. a.
Orchidaceae: Cattleya, Epidendrum, Odontoglossum, Oncidium, Pleurothallis, Sarcoglottis u. a.

Viele weitere tropische Familien sind zwar mit einer geringeren Artenzahl vertreten, fallen aber durch Individuenreichtum, auffällige Gestalt oder nur durch ihre Größe auf. Unter ihnen seien nur die folgenden genannt:

Cyatheaceae: Cibotium, Cyathea, Hemitelia
Piperaceae: Peperomia, Piper
Urticaceae: Myriocarpa, Pilea, Urera, Urticastrum u. a.
Cactaceae: Epiphyllum, Hylocereus, Opuntia, Peireskia u. a.
Meliaceae: Cedrela, Swietenia, Trichilia u. a.
Malpighiaceae: Banisteriopsis, Byrsonima, Stigmaphyllon u. a.
Sapindaceae: Cupania, Paullinia, Sapindus, Serjania, Thouinia, Thouinidium u. a.
Bombaceae: Bombax, Ceiba u. a.
Sterculiaceae: Guazuma, Melochia, Sterculia u. a.
Melastomataceae: Conostegia, Miconia u. a.
Sapotaceae: Sideroxylon u. a.
Apocynaceae: Plumeria, Stemmadenia, Tabernaemontana u. a.
Asclepiadaceae: Asclepias, Funastrum, Vincetoxicum u. a.
Verbenaceae: Avicennia, Citharexylum, Lantana, Lippia u. a.
Bignoniaceae: Crescentia, Tabebuia u. a.
Palmae: Acrocomia, Bactris, Brahea, Chamaedorea, Cocos u. a.
Araceae: Philodendron, Pistia, Xanthosoma u. a.
Commelinaceae: Commelina, Tinantia, Tripogandra u. a.
Musaceae: Heliconia
Marantaceae: Calathea, Maranta, Thalia

Einen weiteren wesentlichen Bestandteil der Flora El Salvadors bilden Familien, die außer in den tropischen zugleich in den gemäßigten und selbst kalten Zonen sehr weit verbreitet sind. Großenteils werden aber auch sie wiederum durch tropische Unterfamilien, Gattungen usw. repräsentiert. Hier wären in erster Linie zu nennen:

Polypodiaceae: Adiantum, Asplenium, Dryopteris, Polypodium u. a.
Papilionaceae: Aeschynomene, Dalbergia, Centrosema, Crotalaria, Erythrina, Indigofera, Lonchocarpus, Meibomia, Myroxylon u. a.
Convolvulaceae: Ipomoea u. a.
Borraginaceae: Cordia, Heliotropium, Tournefortia u. a.
Labiatae: Hyptis, Salvia u. a.
Solanaceae: Capsicum, Cestrum, Physalis, Solanum u. a.
Scrophulariaceae: Russelia, Stemodia u. a.
Compositae: Baccharis, Bidens, Coleosanthus, Erigeron, Eupatorium, Gnaphalium, Melampodium, Pectis, Senecio, Tagetes, Verbesina, Vernonia, Zexmenia u.a.
Gramineae: Andropogon, Aristida, Axonopus, Bouteloua, Cenchrus, Eragrostis, Lasiacis, Panicum, Paspalum, Pennisetum, Setaria u. a.
Cyperaceae: Cyperus, Heleocharis, Fimbristylis, Scleria u. a.
Amaryllidaceae: Agave, Crinum, Fourcraea, Hymenocallis u. a.

Nur wenige Arten gehören holarktischen Familien an. Sie machen wohl höchstens 3—4% der Gesamtartenzahl aus. Dabei ist noch zu bedenken, daß es sich auch hier z. T. noch wieder um einige der wenigen tropischen Gattungen handelt, die diese Familien hervorgebracht haben (*Coccoloba*, *Triplaris*, *Bocconia* u. a.). Die Gattungen mögen hier vollständig aufgezählt werden. Die in Klammern gesetzten Ziffern bedeuten die ungefähren Artenzahlen:

Pinaceae (1): Pinus
Salicaceae (1): Salix
Polygonaceae (10): Coccoloba, Muehlenbeckia, Polygonum, Rumex, Triplaris
Fagaceae (17): Quercus
Betulaceae (2): Carpinus, Ostrya
Ranunculaceae (2): Clematis
Papaveraceae (2): Argemone, Bocconia
Cruciferae (1): Lepidium
Rosaceae (10): Couepia, Fragaria, Hirtella, Licania, Prunus, Rubus
Geraniaceae (1): Geranium
Umbelliferae (7): Daucus, Enantiophylla, Eryngium, Hydrocotyle, Sanicula Spananthe
Pirolaceae (1): Monotropa
Primulaceae (1): Centunculus
Gentianaceae (4): Centaureum, Limnanthemum, Schultesia
Caprifoliaceae (2): Viburnum, Sambucus
Valerianaceae (2): Valeriana

Wie sich erwarten läßt, ist ein großer Teil dieser Arten besonders in den Bergregionen verbreitet. Dort können sie sogar physiognomisch eine wichtige Rolle spielen (*Pinus*, *Quercus*), und die von Harshberger betonten Unterschiede zwischen der zentralamerikanischen und der südamerikanischen Flora (23, p. 668) beruhen wesentlich auf dem Eindringen dieser holarktischen Gruppen in die kühlen Regionen der Landbrücke zwischen den Kontinenten.

Im Tiefland ist dagegen der Charakter der Vegetation durchaus tropisch-südamerikanisch. Während Höck zahlreiche Formengruppen mit höherem als Gattungsrang aufzählt, die ausschließlich oder überwiegend in der Neotropis verbreitet sind, gibt es nur sehr wenige solcher Gruppen, die entweder nur auf Süd- oder auf Zentralamerika beschränkt bleiben (27). Für Zentralamerika sind dies lediglich die *Phytolaccaceae-Stegnospermatoideae* und *Acanthaceae-Loutheridieae* mit je einer Art. Diese Verhältnisse spiegeln sich auch in El Salvador selbst sehr gut wider. Hier vorkommende Vertreter neotropischer Triben, Unterfamilien oder Familien (nach Höck) sind:

Polygonaceae-Triplarideae	Triplaris
Phytolaccaceae-Stegnospermeae	Stegnosperma
Menispermaceae-Hyperbaeneae	Hyperbaena
Podostemonaceae	Gattung ?
Rutaceae-Cusparieae	Pilocarpus
Simarubaceae-Picramnioideae	Picramnia
Trigoniaceae	Trigonia
Euphorbiaceae-Hurineae	Hura
Clusiaceae-Clusieae	Clusia
Caricaceae	Carica
	Leucopremna
Theophrastaceae	Jacquinia
Polemoniaceae-Cobaeeae	Cobaea
Gesneriaceae-Gloxinieae	Achimenes
Palmae-Bactridinae	Acrocomia
	Bactris
Bromeliaceae	s. spez. Teil
Musaceae-Heliconieae	Heliconia
Cannaceae	Canna
Orchidaceae-Laelieae	Brassavola
	Cattleya
	Epidendrum
	Laelia
Orchidaceae-Cataseteae	Catasetum
Orchidaceae-Lycasteae	Lycaste
Orchidaceae-Gongoreae	Gongora
	Stanhopea

Unter all diesen ist, wie schon erwähnt, lediglich die Tribus der *Stegnospermeae* auf Zentralamerika beschränkt.

2. Lokale Klimaunterschiede und die Vegetationsformationen

Innerhalb von El Salvador ergeben sich aus den topographischen Verhältnissen sehr merkliche Klimaunterschiede. Für tropische Länder nimmt man im allgemeinen eine durchschnittliche Temperaturabnahme von 0,5° C je 100 m Höhendifferenz an (55, p. 13). Danach würde sich in El Salvador für die Höhe des Meeresspiegels ein Jahresmittel von etwa 27° C (vgl. S. 2) errechnen, was auch ungefähr zuzutreffen scheint. In größeren Höhen dürften die wahren Werte jedoch unter den auf diese Weise errechneten liegen. Besonders gilt das für den Miramundo-Montecristo. Die für 2200 m ü/M. zu erwartende Durchschnittstemperatur von etwa 16° C wird nach eigenen gelegentlichen Messungen selbst an sonnigen Tagen nicht erreicht. An den häufigen Regentagen aber steigt das Thermometer oft überhaupt nicht über 12 oder 13° C.

Außer der Temperatur sind es vor allem die Niederschlagsmenge und deren jahreszeitliche Verteilung, die durch die Oberflächengestalt des Landes beeinflußt werden. Der in der großklimatischen Trockenperiode vorherrschende, aus nördlichen Richtungen wehende Passatwind führt vom Atlantik erhebliche Mengen Feuchtigkeit heran und lädt sie an den Nordhängen der Gebirge ab, die sich durch ganz Zentralamerika wie eine große Barriere hindurchziehen. In hohem Maße steht das Miramundo-Montecristo-Massiv unter dem Einfluß der atlantischen Feuchtigkeit anscheinend, weil dort eine Lücke in den vorgelagerten Gebirgszügen der Nachbarländer klafft. Es ist wohl nicht zu viel gesagt, wenn man die jährlichen Niederschläge um 1000 mm höher veranschlagt als in der Hauptstadt. Noch wichtiger aber ist die größere Regenmenge wie auch die größere Zahl der Regentage in der Zeit von November bis April. Von einer Trockenzeit kann man hier nur noch von Dezember bis März sprechen, doch auch diese Monate sind viel feuchter als im Tiefland, und ich selbst erlebte noch Mitte Dezember 1950 einen über 36 Stunden anhaltenden Dauerregen. Die Luftfeuchtigkeit ist dort ständig sehr hoch, und allnächtlich tritt Nebelbildung oder zumindest schwerer Taufall ein.

In abgeschwächtem Maße finden sich ähnliche Verhältnisse auf den übrigen großen Höhen des Landes, auf denen zwar die Trockenzeit nicht so wesentlich verkürzt ist, wohl aber gleichfalls hohe Luftfeuchtigkeit herrscht und regelmäßig starke Taubildung beobachtet werden kann. Auch Los Esesmiles, obwohl an der Nordgrenze gelegen, scheinen trockener als der Miramundo zu sein, doch beruht diese Vermutung nur auf einem flüchtigen Eindruck, den ich von der Vegetation gewinnen konnte, da die Bewohner des Gebirges eingehende Beobachtungen unmöglich machten.

In den ebenen Teilen des Tieflandes kann sich die Trockenzeit voll auswirken, und die Verteilung der Niederschläge gestaltet sich etwa so, wie schon für die Hauptstadt beschrieben wurde (S. 3), während die Luftfeuchtigkeit in der Trockenzeit noch wesentlich niedriger liegen dürfte (mit durchschnittlichen Tagesminima von vermutlich 30% oder wohl gar noch darunter). Ähnliche Verhältnisse herrschen auch an den Südhängen der Grenzgebirge bis hinauf zu etwa 1500 m, da sie im Bereich der absteigenden, sich erwärmenden Luftmassen liegen, die ihre Feuchtigkeit and der Nordseite abgeladen haben.

Zwischen diesen beiden Extremen gibt es Übergangsgebiete, in denen zwar die Trockenzeit nicht oder nicht wesentlich verkürzt wird, in denen sich aber trotzdem die regenlose Periode weniger schroff auswirkt. Dies trifft in erster Linie für die mittleren Höhenlagen an den Hängen der Vulkane zu. Außer der höheren Luftfeuchtigkeit, die durch die aufsteigenden Luftströmungen verursacht wird, wirken die niedrigere Temperatur und die durchschnittlich geringere Sonnenscheindauer in Richtung auf eine verringerte Verdunstung. Eine derartige Milderung der Trockenzeit beginnt sich bereits in der Höhe der Hauptstadt (ca. 700 m) bemerkbar zu machen. Dies gilt auch für die Südhänge der Vulkane, da offenbar häufig auftretende, lokale Seewinde vom nahen Ozean Feuchtigkeit auch an sie herantragen.

Auch im Tiefland kann, auf kleinem Raum, durch Erhöhung der Luftfeuchtigkeit eine Abschwächung der Wirkungen der Trockenzeit eintreten, so an Fluß- oder Seeufern, besonders aber in den Barrancos, in denen darüber hinaus auch eine kühlere Temperatur herrscht als in der Umgebung.

Diesen vielfältig abgewandelten Klimaverhältnissen entsprechen eine Reihe floristisch und physiognomisch sehr verschiedener Vegetationsformationen, die, wie nach den vorausgegangenen Erörterungen zu erwarten, in bestimmter Weise im Lande verteilt sind (fig. 8). Sie sind von Carr für das benachbarte Honduras beschrieben worden (13), und da die Übereinstimmung in El Salvador mit den Angaben Carrs sehr groß ist, kann sich die folgende Übersicht an die Bezeichnungsweise des genannten Verfassers anlehnen.

Einige mehr edaphisch bedingte Formationen werden zweckmäßigerweise zugleich mit aufgeführt werden.

Nebelwald ("Hardwood Cloud Forest". 13, p. 582). Am üppigsten ist diese Formation im kühlen, humiden Klima des Miramundo-Montecristo entwickelt (Abb. 1—3). Am Südhang steigt sie heute bis 2000 m herab, am Nordhang wesentlich weiter, doch wurde dort die untere Begrenzung nicht genau festgestellt. Die Baumschicht wird in der Hauptsache von verschiedenen immergrünen, breitblättrigen *Quercus*-Arten, daneben einigen *Lauraceen* (*Persea*) u. a. gebildet. Die oft reichlich 30 m hohen Bäume bilden ein außerordentlich dichtes Laubdach, in dessen Schatten nur eine spärliche Bodenflora aufkommen kann. Vor allem findet man dort *Uncinia hamata* (Sw.) Urb., *Cymbispatha commelinoides* (meist nur vegetativ), *Pilea*, *Greigia sanctae-martae*, *Smilacina flexuosa* Bertol., des öfteren auch *Sanicula* oder *Monotropa* (*M. coccinea* Zucc. ?). Eine Strauchschicht fehlt fast ganz, nur gelegentlich sind einige kümmerliche *Melastomataceen* oder dergleichen anzutreffen. Dagegen findet man auf ebenen oder nur schwach geneigten Flächen, auf denen sich Humus ansammeln kann, zahlreiche Baumfarne (*Cibotium*, *Cyathea*).

Außerordentlich stark ist die Epiphytenvegetation entwickelt. Sie setzt sich zusammen aus hygrophilen *Bromeliaceen* (*Tillandsia*, *Vriesea*, *Catopsis*), *Orchideen* verschiedenster Gattungen (*Arpophyllum*, *Epidendrum*, *Maxillaria*, *Odontoglossum*, *Oncidium*, *Pleurothallis*, *Stelis* u. a.), *Araceen* (*Anthurium*), *Farnen* und einigen *Cactaceen*. Als Lianen treten in erster Linie *Smilax*-Arten auf.

Der Nebelwald kommt auch auf den übrigen größeren Höhen des Landes vor, doch selten in der reichen Ausbildung wie am Miramundo, oft ist er auch schon durch menschliche Eingriffe gestört. Seine untere Grenze liegt an den Vulkanen meist etwa zwischen 1600 und 1800 m (Abb. 5).

„Pinabetal" und „Diquidumbal" (13, p. 580, 583). Carr beschreibt aus Honduras diese beiden Formationen, die hauptsächlich von *Pinus pseudostrobus* Lindl. bzw. *Liquidambar* (von der spanisch sprechenden Bevölkerung verstümmelt zu „diquidumbo", daraus für die Formation „diquidumbal", mit dem Ton auf der letzten Silbe, wie auch bei „pinabetal" und ähnlichen Bildungen) gebildet werden. Dergleichen ließ sich nun in El Salvador nicht feststellen. Das liegt zum Teil an der intensiven wirtschaftlichen Nutzung dieses Gebietes (Abb. 6). Indessen waren auch in den wenigen, hauptsächlich von *Quercus* gebildeten Resten natürlicher Vegetation zwischen 1200 und 1600 m, die mir am Volcán de San Vicente, an der Laguna de Alegria und am Miramundo zu Gesicht gekommen sind, höchstens einzelne Exemplare von Liquidambar, niemals aber *Pinus pseudostrobus* zu finden. Da aber Carr angibt, daß die Diquidumbales oft mit Eichen vermischt seien, hat man es hier vielleicht doch mit einer entsprechenden Formation zu tun.

In dieser Pinabetal-Diquidumbal-Region, besonders in den oberen Teilen, können die Epiphyten noch sehr zahlreich sein, doch treten sie nicht mehr in solchen Massen auf wie im Nebelwald, auch nimmt die Zahl der hygrophilen Arten stark ab, was besonders an den *Bromeliaceen* deutlich wird (vgl. S. 40f.). Unter den *Orchideen* scheint besonders *Lycaste aromatica* Lindl. charakteristisch zu sein. Zumindest in den Kaffeeplantagen spielen epiphytische Farne oft eine viel bedeutendere Rolle als im Nebelwald, vor allem trifft man zahlreiche *Polypodium*-Arten an. Unter den Holzgewächsen fielen, außer den erwähnten *Liquidambar*-Exemplaren, *Ostrya virginiana* Mill. var. *guatemalensis* (Winkl.) Macbr. und *Carpinus caroliniana* Walt. var. *tropicalis* Donnsm. als bemerkenswert auf.

Regengrüner Wald (Abb. 10; „Monsoon Forest" 13, p. 588). Vor einigen Jahrzehnten sollen noch große Teile von El Salvador mit Wald bedeckt gewesen sein. Offenbar hat es sich dabei im Tiefland größtenteils um periodisch laubwerfende Arten gehandelt, die während der Trockenzeit kahl stehen. Vermutlich sind sie besonders dort verbreitet gewesen, wo durch günstige Grundwasserverhältnisse die Trockenzeit nicht voll zur Geltung kommt. Heute läßt sich dies meist nur noch aus dem Auftreten einzelner charakteristischer Bäume schließen, die im Kulturland stehen geblieben sind wie *Ceiba pentandra* (L.) Gaertn., *C.aesculifolia* (HBK.) Britten & Baker, *Bombax elliptica* HBK., *Enterolobium cyclocarpa* (Jacq.) Griseb., hochwüchsige *Ficus*-Arten, *Castilloa gummifera* (Bertol.) Pittier, *Hura polyandra* Baill. und anderen (Abb. 11, 12). Inwieweit ähnliche Formationen auch an der unteren Grenze der Pinabetal-Diquidumbal-Region vorhanden gewesen sein mögen, läßt sich nicht mehr mit Sicherheit feststellen.

Sumpfwald („Swamp Forest". 13, p. 587). Zwei Formen von zeitweilig überschwemmten Wäldern wurden in El Salvador beobachtet. Unter ihnen ist der „pito-swamp" (13, p. 587) arm an Baumarten. Er wird hauptsächlich von *Erythrina glauca* Willd. gebildet (Abb. 8), daneben tritt auch *Salix chilensis* Molina auf (Abb. 9). Während der Regenzeit war ein bei Ateos (30 km westlich San Salvador) besuchter Bestand völlig überschwemmt und kaum betretbar, und auch in der Trockenzeit blieb der Boden naß und weich. In den künstlich etwas gelichteten Wald drangen daher hydrophile Arten wie *Thalia geniculata* L., *Heteranthera reniformis*, *Pontederia rotundifolia*, *Echinodorus macrophylla* (Kth.) Micheli und andere ein. Als besonderes Charakteristikum auch für den noch ungestörten Bestand kann wohl *Calathea lutea* (Aubl.) G. F. W. Meyer gelten.

Sehr reich an Baumarten ist dagegen ein Sumpfwald nördlich Herradura in der Nähe der Küste. Große *Ficus*-Arten, *Ceiba pentandra*, *Sideroxylon tempisque* Pittier, *Trophis*, *Amerimnon*, die nur kleinwüchsige *Bactris subglobosa* Wendl. fallen unter anderen besonders auf. Bodenvegetation ist dagegen kaum vorhanden, da das ganze Gelände während der Regenzeit in einen schnell fließenden Strom verwandelt wird, der alles mit sich reißt, was nicht tief im Boden wurzelt.

Galeriewald („Vega and River-Bottom Forest". 13, p. 587, „Hondonadas". p. 588). So auffällig der Kontrast sein kann, den die Ufervegetation der Flüsse etwa im Savannengebiet mit der Umgebung bildet, muß es doch fraglich bleiben, ob der Begriff des Galeriewaldes nicht mehr ein geographischer als ein botanischer ist. Je nach den herrschenden Bedingungen findet man nämlich Elemente des Regengrünen Waldes, des Sumpf- oder des Tropischen Regenwaldes als Hauptbestandteile.

Im allgemeinen sind eigentliche Galeriewälder in El Salvador nicht ausgebildet, doch werden die Flüsse häufig auf schmalen Streifen allee-artig von Baumarten des Regengrünen Waldes begleitet, unter die sich oft auch immergrüne Formen des Tropischen Regenwaldes mischen wie *Swietenia*, *Cedrela*, *Guaiacum*, *Haematoxylon* u. a. Nur am Ostufer des Rio Lempa südlich San Marcos Lempa wurde ein ausgedehnter Bestand angetroffen, der Anklänge an den artenreichen Sumpfwald zeigt, im Ganzen aber etwas trockener zu sein scheint.

In diesem Zusammenhang muß kurz auf die Vegetation der Barrancos eingegangen werden. Sie existiert unter ähnlichen Bedingungen wie die eigentlichen Galeriewälder, doch sind hier nicht die edaphischen Bedingungen entscheidend für den Kontrast mit der Umgebung, sondern das durch die Oberflächengestalt (und das am Grunde der Barrancos fließende Wasser) geschaffene gleichmäßig luftfeuchte, relativ kühle Kleinklima, über das Lötschert eingehende Untersuchungen angestellt hat (33). Ein wesentlich anderes Gesicht als in den Galeriewäldern aber bekommt die Vegetation dort, wo die Wände zu steil sind, um größere Holzgewächse zu tragen (Abb. 13). An solchen Stellen herrschen dann meist bestimmte krautige, für die Barrancos charakteristische Arten vor wie *Heliconia collinsiana* Griggs, *Calathea macrosepala* K. Sch.[1]), *Costus*-Arten, *Renealmia aromatica* (Aubl.) Griseb.[1]). Gelegentlich treten auch Baumfarne auf (*Hemitelia costaricensis* (Klotzsch) Mett.). An nahezu senkrechten Wänden haben auch diese keinen Platz mehr, und man findet nur noch speziell angepaßte Arten wie *Xiphidium coerulea* Aubl., *Pitcairnia hemsleyana*, *Achimenes longiflora* DC., *Aneimia hirsuta* (L.) Sw., *Adiantum*-Arten, *Centradenia floribunda* Talch. u.a.

Ocotal (13, p. 583). An den Südhängen der nördlichen Grenzgebirge, besonders

---

[1]) nach Standley & Calderón (70, p. 76) und Standley & Steyermark (71, p. 199, 209), doch erscheint eine Überprüfung der Bestimmung notwendig.

des Miramundo-Montecristo, sind ausgedehnte Kiefernwälder erhalten, die teils ausschließlich aus *Pinus oocarpa* Schiede bestehen (Abb. 14, 15), teils mit *Quercus*-Arten untermischt sind. Meistenteils handelt es sich um verhältnismäßig dichte Bestände, die aber wegen der dünnen Belaubung viel Licht durchlassen. Im Regenschatten der Gebirge gelegen, sind die Feuchtigkeitsbedingungen während der Trockenzeit sehr ungünstig und bereits der Savanne vergleichbar. Da darüber hinaus der rötlichbraune Lehmboden sehr flachgründig ist, macht der Unterwuchs durchweg einen sehr xerophilen Eindruck. Es herrschen meist *Calliandra houstoniana* (Mill.) Standl., *Conostegia*, *Clidemia*, *Psidium*-Arten und dergleichen vor. In der spärlichen Bodenflora finden sich u. a. einige *Panicum*-Arten.

Curatella-Gebüsch. Unterhalb 1000 m werden die Kiefernwälder, sofern sich dort die flachgründigen roten Böden fortsetzen, meist von lockeren Beständen der kleinwüchsigen *Curatella americana* L. (Dilleniaceae) abgelöst. Es ist dies vielleicht die dürftigste Formation des Landes, und besonders an stärker geneigten Hängen, an denen durch starke Abtragung des Bodens an vielen Stellen das nackte, nur langsam verwitternde Gestein zutage tritt, macht sie einen fast wüstenartigen Eindruck, da auch der Boden nur spärlich von einigen Graspolstern, kümmernder *Clidemia* (Melastomataceae) u. a. besiedelt wird. Es muß allerdings die Möglichkeit offen gelassen werden, daß erst durch Zerstörung ursprünglich vorhanden gewesener Kiefernwälder die Bedingungen für das Auftreten der *Curatella*-Bestände geschaffen wie auch das Fortschwemmen des Bodens begünstigt wurden.

Die Klimabedingungen dürften, von der zunehmenden Temperatur abgesehen, etwa die gleichen sein wie im Ocotal. Dasselbe gilt auch für die folgenden Formationen, die wahrscheinlich nur verschiedenen edaphischen Bedingungen ihre Existenz verdanken.

Morrotal („Tree Savanna", wie die folgende. 13, p. 591). Auf mehr oder weniger ebenen Böden mit hohem Tongehalt, die in der Regenzeit verschlämmen, in der Trockenperiode dagegen sehr hart werden, trifft man eine obstgartenartige Ausbildung der Savanne mit *Crescentia alata* HBK. (Bignoniaceae), von der einheimischen Bevölkerung „morro" genannt, kleinen 3—5 m hohen Bäumen, und einer geschlossenen Krautdecke (Abb. 17), die neben *Gramineen* und *Cyperaceen* mancherlei bunt blühende Kräuter enthält, unter denen besonders *Heliotropium* und gelbblütige *Compositen* auffielen. Während der Trockenzeit werfen die Bäume ihr Laub ab, und die krautige Vegetation zieht sich völlig in den von Trockenrissen durchsetzten Boden zurück.

Auffällig stark entwickelt ist die Epiphytenflora. Die langsam wachsenden, knorrigen, rauhborkigen *Crescentien* scheinen hierfür besonders gut geeignet zu sein, und nicht selten sind alle Zweige von trockenresistenten *Bromeliaceen* bedeckt. Auch *Orchideen* sind zahlreich, vor allem trifft man immer wieder *Epidendrum chinensis* (Lindl.) Ames und *Laelia rubescens* Lindl.

Izcanal. Auf nicht tonhaltigen, flachgründigen, ebenen Böden, bei denen sich während der Regenzeit das Wasser über dem felsigen Grund sammelt und den Boden naß hält oder auch in kleinen Lachen überstaut, dehnen sich dichte, oft undurchdringliche Dickichte von *Acacia farnesiana* (L.) Willd. („izcanal") aus

(Abb. 16). In ihrer Begleitung sind häufig *Bauhinia pauletia* Pers. und *Mimosa tenuiflora* (Willd.) Poir.

Die Bodenflora ist in ihrem Erscheinungsbild der in den Morrotales ähnlich, dagegen fehlen Epiphyten so gut wie ganz.

Gras-Savanne. Auf ebenen, durchlässigen oder flachgründigen geneigten Böden gehen die Holzgewächse stark zurück, und es herrschen meist Gräser vor (Abb. 18). Carr unterscheidet zwei Formen, die „Tall Grass Savanna" und die „Short Grass Savanna" (13, p. 591). Es läßt sich allerdings schwer beurteilen, ob solche Unterschiede nicht auf den Einfluß des Menschen zurückzuführen sind, da es wohl kaum ein Stück Grünland in El Salvador gibt, das nicht beweidet wird. Wo angenommen werden darf, daß nur eine extensive Nutzung stattfindet, wurden stets überwiegend hochwüchsige Gräser wie *Andropogon-*, *Trachypogon-*Arten usw. angetroffen. Eine große Rolle spielen daneben vor etwa 100 Jahren eingeführte (13, p. 591) Arten, die heute überall völlig eingebürgert sind. Es sind dies vor allem *Cymbopogon rufa* (Kth.) Rendle, *Panicum barbinodis* Trin. und *P. maxima* Jacq.

Das Kulturland hat in El Salvador die ursprüngliche Vegetation bis auf kleine Reste verdrängt. Es gibt kaum einen Fleck, der nicht zumindest beweidet wird. Man kann daher im Zweifel sein, ob die Gras-Savannen überhaupt als natürliche Formation anzusehen sind, und die Vorstellung, daß ursprünglich Gebüsche oder gar lichte, xerophile Wälder vorhanden gewesen sind, und daß das Aufwachsen von Holzarten nur künstlich verhindert wird, erscheint durchaus möglich. Tatsächlich sieht man, wo ein Stück Land einige Zeit nicht bewirtschaftet wird, auch in den trockensten Gebieten alsbald allerlei Sträucher aufwachsen wie *Psidium*, *Acacia hindsii* Benth., *A.cornigera* (L.) Willd. (beide mit ameisenbewohnten Nebenblattdornen), *Lantana camara* L. u. a. (Abb. 19).

Vollständig beseitigt ist naturgemäß die ursprüngliche Vegetation dort, wo Ackerbau betrieben wird. Auch die Kaffeeplantagen müssen hierzu gerechnet werden. Sie erwecken zwar äußerlich den Eindruck von Wäldern (Abb. 20), doch besitzen sie wegen der dauernden Bearbeitung eine ausgesprochene Unkrautflora, die sich nicht mit der Bodenflora europäischer Wälder unter künstlichem Baumbestand vergleichen läßt.

An der Zusammensetzung der Unkrautflora beteiligt sind *Gramineen* (*Panicum*, *Paspalum*, *Eragrostis*, *Setaria*, *Oplismenus*, *Sporobolus*, *Hackelochloa* und viele andere), *Cyperaceen* (*Cyperus*, *Hemicarpha*), *Compositen* (*Ageratum*, *Sclerocarpus*, *Melampodium*, *Milleria*, *Elvira* und viele andere), *Commelinaceen* (vgl. S. 158), einige *Labiaten* (*Hyptis*), *Scrophulariaceen* (*Bacopa*, *Scoparia* u. a.), *Convolvulaceen* (*Ipomoea*), *Caryophyllaceen* (*Drymaria* u. a.), *Nyctaginaceen* (*Mirabilis*) und andere mehr.

Auf offenen Böden, die nicht mehr bearbeitet werden, siedelt sich meist *Zexmenia* (*Z. hispida* (HBK.) Gray ?) in großen Massen an und macht solche Flächen schon von weitem kenntlich.

B. Bromeliaceae

I. Die geographische Stellung der Bromeliaceen-Flora Zentralamerikas und El Salvadors

1. Beziehungen zu Südamerika

Der Ursprung der *Bromeliaceen* darf wohl in den Hochanden vermutet werden (vgl. S. 50f., 60). Von dort aus aber haben sie sich heute über das ganze tropische und subtropische Amerika ausgebreitet und in den verschiedenen Teilen des Kontinents eigene Formenkreise ausgebildet. Auch der Raum von Zentralamerika einschließlich West-Indien weist eine Bromeliaceen-Flora auf, die der des südamerikanischen Kontinents an Reichhaltigkeit kaum nachsteht. Da die Landfläche des zentralamerikanischen Gebietes, auch einschließlich Mexicos, nur einen Bruchteil derjenigen Südamerikas ausmacht, muß die hier verzeichnete Artenzahl von ± 400 (L. B. Smith, 67) gegenüber einer Gesamtzahl von ± 1600 als verhältnismäßig hoch angesehen werden.

Darüber hinaus trägt die *Bromeliaceen*-Flora Zentralamerikas in mancher Hinsicht gegenüber Südamerika ihr eigenes Gesicht. So sind die Gattungen *Hechtia*, *Catopsis* und *Androlepis* auf die Landenge und die Inseln zwischen den beiden großen Festlandmassen beschränkt oder greifen mit nur wenigen Arten nach Südamerika bzw. Nordamerika über (fig. 11, 10). Von anderen, sehr weit verbreiteten Gattungen haben sich zentralamerikanische Untergattungen abgespalten, und hier ist in erster Linie *Tillandsia-Platystachys* zu nennen (fig. 9), die in Mittelamerika entscheidenden Anteil an der Zusammensetzung der Epiphyten-Flora hat. Ferner gehören hierher *Hohenbergia-Wittmackiopsis* (fig. 27) und die allerdings artenarme *Aechmea-Podaechmea*. Schließlich ist eine kleine Untergruppe der *Pitcairnia*-Sektion *Eligulatae*, die laubwerfenden Arten mit einfacher Infloreszenz (42, p. 217ff, nr. 140—154), für Zentralamerika charakteristisch (fig. 12).

Den zentralamerikanischen Gruppen stehen eine ganze Reihe südamerikanischer Formenkreise gegenüber. Da hier Zentralamerika im Vordergrund des Interesses steht, wird unter den letztgenannten nur eine grobe Unterscheidung getroffen zwischen einem westlichen, die Andenländer umfassenden, und einem östlichen Arealtyp, obschon beide an sich eine feinere Einteilung erfordern würden. Der Kürze halber sollen die hierhergehörigen Gattungen und Untergruppen als „andine" bzw. „brasilianische" Gruppen bezeichnet werden, wobei jedoch im ersten Fall keineswegs etwa nur Hochgebirgsformen gemeint sind.

Im großen und ganzen spielen die brasilianischen Gruppen für Zentralamerika eine sehr geringe Rolle. Es handelt sich meist um einzelne, weit vorgeschobene Arten oder um solche, die eine sehr weite und allgemeine Verbreitung besitzen aus den Gattungen *Billbergia* (fig. 28), *Gravisia*, *Araeococcus* und *Wittmackia*, sowie aus den Untergattungen *Eu-Hohenbergia* (fig. 27), *Aechmea-Macrochordium*, *Vriesea-Alcantarea*, *V.-Psittacina* und eines Teils von *Aechmea-Pothuava*. Eine

Ausnahme macht *Vriesea-Xiphion*. Sie hat zwei Schwerpunkte, einen in Südost-Brasilien, den anderen in Costa Rica und auf den Antillen (fig. 25). Es ist möglich, daß eingehendere Untersuchungen die Einheitlichkeit jeder der zwei geographisch begrenzten Gruppen sowie morphologische Unterschiede zwischen beiden erkennen lassen; aus den Beschreibungen läßt sich derartiges jedoch nicht erschließen.

Im Gegensatz zu den brasilianischen Formenkreisen sind die Beziehungen der andinen zu den zentralamerikanischen Gruppen sehr eng, und es läßt sich kaum eine scharfe Grenze zwischen beiden ziehen. Ausgesprochen ihren Schwerpunkt im Andengebiet haben *Puya* (fig. 13), *Lindmania* (fig. 14) und *Greigia* (fig. 18), ferner *Tillandsia-Pseudocatopsis*, *T.-Diaphoranthema* (fig. 21), *Eu-Aechmea*, *Pitcairnia-Schweidleria* und zwei Untergruppen der Sektion *Pitcairnia-Eligulatae* (fig. 23, 24). Bei anderen Gruppen ist dies weniger deutlich, da eine zwar kleinere, aber doch nicht unbeträchtliche Zahl der Arten auch in Zentralamerika vorkommt. Vielfach beschränkt sich dieses allerdings auf den Raum von Costa Rica und Panamá. Dazu gehören *Guzmania* (fig. 19) und ein Teil der Untergattung *Aechmea-Pothuava*, während *Thecophyllum* sogar seine höchste Artenzahl in Costa Rica selbst erreicht (fig. 17). Schließlich sind einige Gruppen zu nennen, die mit einer verhältnismäßig großen Artenzahl auch über Costa Rica hinaus, z. T. bis nach Mexico, vordringen. Es sind dies *Pitcairnia-Neumannia* (fig. 20), *P.-Phlomostachys*, *Tillandsia-Allardtia* (fig. 15), *Aechmea-Purpurospadix*, *Ae.-Platyaechmea* und *Pitcairnia-Normales* (fig. 22).

Es bleibt noch *Bromelia* zu erwähnen, die in Zentralamerika weit verbreitet ist, deren Arten aber auf das ganze tropische Amerika ziemlich gleichmäßig verteilt zu sein scheinen (fig. 26).

2. Gliederung des zentralamerikanisch-westindischen Areals

Betrachtet man den mittelamerikanischen Raum selbst etwas näher, so sieht man, daß nur *Catopsis* einigermaßen gleichmäßig über den ganzen Bereich verbreitet ist (fig. 10). *Hohenbergia-Wittmackiopsis* dagegen ist auf West-Indien beschränkt (fig. 27), und die meisten übrigen Gattungen oder Artengruppen sind am zahlreichsten in Mexico vertreten. Daraus ergibt sich eine stetige Abnahme der zentralamerikanischen Formen von Mexico aus in südöstlicher Richtung. Dagegen ist die Zahl der aus den andinen Gruppen stammenden Arten bis Nicaragua etwa gleich groß, steigt dann aber in Costa Rica und Panamá sprunghaft in einem solchen Maße an, daß die Bromeliaceen-Flora dort bereits unverkennbar den für die Andenländer typischen Charakter annimmt:

	Mexico	Guatem.	Hond. Salv. Nic.	West Ind.	Costarica Panamá	Colombia
Zentralam. Gruppen	84	57	49	42	38	19
Andine Gruppen	23	22	24	31	96	190
Brasilian. Gruppen	4	2	2	7	10	11
Sonstige	6	6	7	10	22	10

Man wird also, wenn man von den *Bromeliaceen* ausgeht, den zentralamerikanischen Florenbezirk nur etwa von Mexico bis Nicaragua rechnen können, Costa Rica und Panamá aber bereits als südamerikanisch-andin bezeichnen müssen.

Relativ hoch ist auch der Anteil der andinen Gruppen in West-Indien, und zwar sogar etwas höher als der der eigentlich zentralamerikanischen Arten. Diese gewinnen nur mit der westindischen *Hohenbergia-Wittmackiopsis* zusammengenommen ein leichtes Übergewicht. Man kann danach im zentralamerikanisch-westindischen Raum 4 Unterbezirke unterscheiden (fig. 33):

1. Zentral- und Südmexico mit den Zentren von *Hechtia*, *Platystachys*, *Podaechmea* und *Eligulatae* nr. 140—154 sowie mit vielen *Catopsis*-Arten.

2. Das Gebiet von Yucatán bis Nicaragua mit vielen *Catopsis*-Arten und noch ziemlich reicher Entfaltung von *Platystachys*. *Androlepis* in Guatemala.

3. West-Indien mit *Wittmackiopsis*, einer abnehmenden Zahl von *Catopsis*- und *Platystachys*-Arten und verhältnismäßig hohem Anteil der andinen Gruppen (*Guzmania*, *Allardtia*, *Pitcairnia-Normales*).

4. Nordmexico und USA, soweit diese von *Bromeliaceen* besiedelt werden. Einige wenige *Platystachys*-, *Diaphoranthema*-, *Catopsis*-, *Guzmania*- und *Hechtia*-Arten.

Interessant ist ein Vergleich mit der Einteilung Harshbergers. Er bezeichnet gleichfalls Costa Rica und Panamá als ausgesprochen südamerikanisch, unterscheidet den Florenbezirk von Guatemala und Honduras von dem Mexicos und betrachtet die Großen Antillen als einen selbständigen Florenbezirk (23, p. 656 bis 688, Karte). Daß auf der anderen Seite mancherlei Abweichungen vorhanden sind, etwa in der komplizierten Gliederung des mexikanischen Raumes, ist selbstverständlich und ergibt sich daraus, daß die gesamte Flora berücksichtigt wurde.

3. Ursachen für Verbreitungsgrenzen und Arealgliederung

Eine Erklärung für das Zustandekommen der Florenbezirke und Unterbezirke zu geben, muß gegenwärtig noch mit mancherlei Spekulationen verbunden bleiben. Meist ist es üblich, irgendwelche für die Vegetation nicht überschreitbaren Schranken anzunehmen und, wo solche heute fehlen, sie in früheren erdgeschichtlichen Perioden zu suchen. Umgekehrt, wo heute solche Hindernisse existieren, trotzdem aber die Flora diesseits und jenseits weitgehend übereinstimmt, setzt man voraus, daß jene in früheren Zeiten nicht vorhanden gewesen wären. Nun darf man wohl annehmen, daß der Atlantische Ozean eine gewaltige Barriere darstellt, und daß es diesem Umstand zuzuschreiben ist, wenn in Afrika bisher nur eine einzige *Bromeliacee* gefunden wurde (22). Leider fehlen bei diesem interessanten Fund Angaben darüber, ob das Vorkommen in Afrika mit einiger Wahrscheinlichkeit als spontan angesehen werden kann.

Auf der anderen Seite aber wird vielfach die Bedeutung der natürlichen Verbreitungsschranken überschätzt. Porsch meint zum Beispiel, der südamerikanische Charakter der Vegetation in Costa Rica sei darauf zurückzuführen, daß dieses Land südlich an das ungeheure Sammelbecken neotropischer Flora anschließt. Die schwache Depression in Panamá sei kein ernstliches Hindernis, wohl aber die tiefe Depression des San Juan-Flusses im Norden (52, p. 4). Hierin kann man aber wohl kaum die wirklichen Ursachen sehen, denn einmal ist ja gerade die Vegetation des Tieflandes sowohl in Costa Rica als auch allgemein in Zentralamerika viel deutlicher südamerikanisch beeinflußt als die des Hochlandes, die mancherlei holarktische Elemente enthält (vgl. S. 5f.), zum anderen besitzen die Großen Antillen mehr südamerikanische Formen als der Raum von Honduras und Nicaragua.

Umgekehrt glaubt nun Harshberger wieder, die große Übereinstimmung der Floren von West-Indien, Zentralamerika und Südamerika, die trotz mancher Unterschiede besteht, mit einer während der Kreidezeit vorhanden gewesenen Landbrücke erklären zu können. Dagegen soll der auffällige Unterschied zwischen Cuba und Florida darauf zurückzuführen sein, daß in dem gleichen Zeitraum eine Verbindung nicht bestanden hat (23, p. 673).

Die *Xyridaceen* sind aber gerade auf Cuba und in Florida zahlreich, dagegen auf den übrigen Antillen und in Zentralamerika nur sehr spärlich vertreten (fig. 29). Daß dies kein Einzelfall ist, zeigen die *Eriocaulaceen*, von denen *Eriocaulon* und *Syngonanthus*, besonders aber *Lachnocaulon*, eine in ähnlicher Weise abweichende Arealgestaltung erkennen lassen (fig. 30—32). Diese Beispiele ließen sich noch weiter vermehren. Sie mögen aber genügen, um zu zeigen, daß Statistiken, in denen alle Familien summarisch zusammengefaßt werden und die dann Auskunft darüber geben, wieviele Arten Cuba einerseits mit Florida, andererseits mit den übrigen Antillen gemeinsam hat, mit einiger Vorsicht aufzunehmen sind. Man wird vielmehr jeden Einzelfall und seine besonderen Umstände prüfen müssen.

Es zeigt sich dann noch vor allen Erklärungsversuchen, daß die *Xyridaceen* und *Eriocaulaceen* im westlichen Teil Cubas und auf der Isla de Pinos konzentriert sind, den einzigen Gebieten auf den Antillen, die, ebenso wie Florida, ausgedehnte Tieflandsebenen mit größeren Sümpfen besitzen. Die reiche *Bromeliaceen*-Flora der tropischen Länder in Amerika findet sich demgegenüber auf den gebirgigen Inseln West-Indiens und geht über den Ostteil Cubas nicht hinaus. Wenn daher in Florida nur noch wenige Arten vorkommen, so entspricht das genau der raschen Verarmung der *Bromeliaceen*-Flora in Nord-Mexico. Deren rasches Gefälle nördlich des früher beschriebenen Häufungsgebietes ist insofern bemerkenswert, als es entlang des riesigen, 900 km langen Gebirgszuges von Orizaba bis Monterey zu beobachten ist, so daß erdgeschichtliche Vorgänge als Ursache wohl ausscheiden. Und jetzt betrachte man von der Untergattung *Tillandsia-Platystachys*, die mit großer Wahrscheinlichkeit ihren Ursprung in Zentral- und Südmexico genommen hat, die Arealkarte (fig. 9). Im südwestlichen Texas kommt gerade noch eine einzige Art vor, im östlichen Texas, in Louisiana und Mississippi fehlt die Untergattung ganz, dagegen ist sie im östlichen West-Indien mit nicht weniger als 20 Arten vertreten, und auch in Südflorida sind 11 vorhanden, die aber offenbar eben nicht auf dem Wege über das Festland dorthin gelangt sind.

Vieles spricht also dafür, daß klimatische und edaphische Faktoren wenigstens in den genannten Fällen von größerer Bedeutung sind als heutige oder frühere topographische Verhältnisse, und besonders bei den epiphytischen und felsbewohnenden *Bromeliaceen* erscheint eine hohe Abhängigkeit von klimatischen Faktoren durchaus verständlich.

Welcher Art diese Abhängigkeit im Einzelnen ist, läßt sich nur schwer sagen. Bekanntlich ist man in dieser Hinsicht selbst etwa in Europa oft auf Vermutungen angewiesen, in viel höherem Maße aber in tropischen Ländern, in denen meist nur sehr ungefähre klimatologische Daten verfügbar sind. Diese können durchweg kaum ein auch nur einigermaßen vollständiges Bild über die Klimaverhältnisse eines Landes vermitteln, besonders nicht in gebirgigen Gegenden wie Zentralamerika.

Mit aller Zurückhaltung soll daher nur auf folgendes hingewiesen werden:

1. Die zentralamerikanische *Bromeliaceen*-Flora löst die andine etwa dort ab, wo die zwei Regenzeiten der äquatornahen Zone in eine zusammenzufließen beginnen.

2. Das Gros der *Bromeliaceen* geht über den nördlichen Wendekreis nicht hinaus. Dies dürfte zwar nicht auf Wärmemangel zurückzuführen sein, da ja besonders die *Tillandsioideen* die montanen, kühleren Regionen bevorzugen, doch besteht recht gute Übereinstimmung zwischen der von Wissmann angegebenen absoluten Frostgrenze (78) und der Grenze des Unterbezirks IV (fig. 33).

3. Die üppigste Entfaltung findet die *Bromeliaceen*-Flora im Bereich von Costa Rica bis Ecuador (Perú). Das ist gerade das Gebiet, in dem nach Wissmann die absolute Frostgrenze in vertikaler Richtung außerordentlich weit nach oben verschoben ist (in Colombia bis zu 4000 m), so daß dort ein sehr großer Raum mit kühlem, aber frostfreiem Klima entsteht.

4. Zusammensetzung der Bromeliaceen-Flora von El Salvador

Entsprechend der Lage von El Salvador im Unterbezirk II (fig. 33) zwischen Guatemala und Honduras ist zu erwarten, daß die zentralamerikanischen Elemente überwiegen. Das trifft, wie die folgende Zusammenstellung zeigt, auch zu:

Zentralamerikanische Gruppen		
Tillandsia-Platystachys	27	
Catopsis	4	
Pitcairnia-Eligulatae 140—154	2	
Hechtia	1	
Gesamt		34
Andine Gruppen		
Tillandsia-Diaphoranthema	2	
Lindmania	1	
Pitcairnia-Normales	1	
Pitcairnia-Neumannia	1	
Tillandsia-Allardtia	1	
Thecophyllum (Vriesea montana)	1	
Greigia	1	
Aechmea-Purpurospadix	1	
Gesamt		9

Brasilianische Gruppen		
Billbergia	1	
Gesamt		1
Sonstige		
Bromelia	4	
Vriesea-Xiphion	1	
Gesamt		5
Zahl der Arten in El Salvador		49

Beherrschend ist danach die Untergattung *Platystachys*, zu der mehr als die Hälfte der salvadoreñischen Arten gehören. Verhältnismäßig schwach ist *Catopsis* vertreten, was vielleicht auf die pazifische Lage El Salvadors und die damit verbundene strenge Trockenzeit in den meisten Teilen des Landes zurückgeführt werden kann. Besonderes Interesse verdient *Hechtia*, da es sich in El Salvador um die am weitesten südöstlich gelegenen Fundorte der Gattung handelt, die bisher bekannt geworden sind. Allerdings ist *H. guatemalensis* auch im Osten von El Salvador noch reichlich vertreten, und es steht daher zu erwarten, daß sie auch noch jenseits der Ostgrenze des Landes vorkommt. *Pitcairnia flexuosa* erreicht von den mexikanischen Arten der *Eligulatae* nr. 140—154 gleichfalls in El Salvador den südöstlichsten Punkt. Da jedoch auch in Ecuador, Perú und Südostbrasilien einige Vertreter dieser Gruppe vorkommen, darf man vermuten, daß es solche auch im südöstlichen Zentralamerika und in Colombia gibt.

Aus den andinen Gruppen haben einige Arten in El Salvador eine Vorpostenstellung inne. Das gilt besonders für *Greigia* (fig. 18), die außerdem nur noch in Guatemala durch eine andere Art repräsentiert wird, und für *Thecophyllum* (im alten Sinne. Vgl. S. 83), deren bisher nordwestlichste Fundorte im westlichen Salvador liegen (fig. 17). Von den übrigen Artengruppen klingt auch *Vriesea-Xiphion* im Gebiet von El Salvador und Guatemala aus (fig. 25).

Gegenüber den Nachbarländern sind die andinen Gruppen nur schwach vertreten. Bei einem großen Teil der in Guatemala und Honduras vorkommenden Arten handelt es sich, soweit es aus den Beschreibungen entnommen werden kann, um Zisternenformen (Typ III. Vgl. S. 19), und es ist möglich, daß ihr Fehlen, wie auch bei *Catopsis*, seine Ursache im verhältnismäßig trockenen pazifischen Klima hat. Das Klima des Tropischen Regenwaldes, wie es an der atlantischen (karibischen) Küste vorkommt, gibt es ja, wie wir gesehen haben, in El Salvador nicht.

II. Ökologie

a) Beziehungen zwischen Standortbedingungen und Gestaltung der Blattrosette

Die Familie der *Bromeliaceen* zeichnet sich, wenn man sie als Ganzes betrachtet, durch hohe Anpassungsfähigkeit an verschiedenste klimatische Bedingungen aus. Sie hat es vermocht, innerhalb ihres tropisch- und subtropisch-amerikanischen Areals nahezu alle Lebensräume zu besiedeln. *Bromeliaceen* werden sowohl in den Trockengebieten Mexicos wie in den Regen- und Nebelwäldern als auch in den Hochanden oberhalb der Baumgrenze angetroffen. Dies bedeutet allerdings nicht, daß auch die einzelnen Arten eine entsprechend große Anpassungsfähigkeit besäßen, vielmehr ist das Gegenteil der Fall. In der Regel sind die Arten auf bestimmte klimatische Bedingungen spezialisiert, und dies ist wohl einer der Gründe für die außerordentliche Mannigfaltigkeit der Gestalten, die von moosartigen zu baumähnlichen Typen reicht.

Dem steht eine bemerkenswerte Einförmigkeit der edaphischen Standortfaktoren gegenüber. Den meisten Arten ist gemeinsam, daß sie, oft inmitten von Lebensräumen mit an sich sehr günstigen ökologischen Bedingungen auf, einem Substrat wachsen, das nicht in der Lage ist, Wasserreserven zu halten und auf dem die Nährstoffbeschaffung auf dem normalen Wege sehr erschwert ist. Es handelt sich dabei in wechselndem Maße um kahle Felsen, Tuffwände, Geröll- oder durchlässige Sandböden oder aber um Äste und Stämme von Bäumen und Sträuchern, auf denen die betreffenden Arten epiphytisch leben.

Die gleichmäßige Ungunst des Substrats ist es, die Unterschiede in den klimatischen Faktoren um so wirksamer werden läßt, so daß sich diese in hohem Maße in dem Habitus der ganzen Pflanze ausdrücken. Nach solchen Unterschieden in der Erscheinungsform teilte Schimper die epiphytischen *Bromeliaceen* in zwei Gruppen ein: in die grünen, hygrophilen, im Schatten der feuchten Wälder wachsenden Formen mit kahlen Blattspreiten und die grau beschuppten „Sonnenepiphyten" in den Baumwipfeln der Wälder und in den Savannen (57, p. 90f.). Die erstgenannten zeichnen sich nach Schimper durch äußere Wasserbehälter aus, die letzteren vielfach durch intrazelluläre Wasserspeicherung in besonderen Geweben der Blätter (57, p. 81ff.).

Die Funktion der Blattschuppen als wasseraufnehmender Organe hat später Mez sehr eingehend untersucht besonders an den „extrem atmosphärischen" Formen, d. h. solchen, die sich durch beschuppte Blattspreiten auszeichnen (41, p. 158). Bei diesen unterschied er weiter zwischen „Regenformen" mit feinen angedrückten und „Tauformen" mit abstehenden, meist groben und zottigen Trichomen. Daß jene Felsbewohner, diese Epiphyten seien (41, p. 207), trifft allerdings durchaus nicht zu.

In neuester Zeit hat Pittendrigh die *Bromeliaceen*-Flora eines geographisch eng begrenzten Gebietes in ihren Beziehungen zum Groß- und Kleinklima sehr eingehend untersucht. Dabei läßt er die strenge Unterscheidung von Epiphyten und terrestrischen Arten mit Recht fallen und nimmt die Einteilung nach dem verschiedenen Grad der Unabhängigkeit vom Substrat vor (50, p. 64ff.). Eine Gliederung der ökologischen Typen nach diesem Prinzip scheint die beste zu sein, die zur Zeit erreichbar ist. Da sie im Wesentlichen auch hier zugrundegelegt werden soll, wird es zweckmäßig sein, sie kurz zusammengefaßt wiederzugeben:

Type I. Soil-root. Normale Ernährung durch Wurzeln im Boden

Type II. Tank-root. Zisternen zum Auffangen von Wasser und organischem Material. Nahrungsaufnahme zum Teil oder vorwiegend durch interfoliäre Wurzeln oder durch Trichome

Type III. Tank-absorbing Trichome. Wurzeln dienen nur noch zum Verankern der Pflanze. Zisternenbildung. Resorbierende Trichome hauptsächlich an den Blattscheiden

a) *Tank-absorbing Trichome only.* Blattscheiden groß, Zisternen sehr geräumig

b) *Tank-absorbing Trichome (Nest-root secondarily).* Starke vegetative Vermehrung, Koloniebildung, zwischen den einzelnen Rosetten Humus sammelnd, sekundäre Bildung funktioneller Wurzeln

c) *Ephemeral Tank.* Zisternen mit sehr geringem Fassungsvermögen

d) *Myrmecophilous Tank*

Type IV. Atmosphere-absorbing Trichome. Wurzeln dienen nur zum Verankern. Resorbierende Trichome auf den Blattspreiten

a) *Tank and Atmosphere-absorbing Trichome.* („Intermediates")

b) *Atmosphere-absorbing Trichome.*

1. Rain Type im Sinne von Mez
2. Dew Type im Sinne von Mez

c) *Myrmecophilous Atmospheric*

In ähnlicher Weise, wie Pittendrigh es in seiner Arbeit durchgeführt hat, soll hier die *Bromeliaceen*-Flora von El Salvador analysiert werden, wobei die Ergebnisse des amerikanischen Autors von besonderem Interesse sein werden, da sie sich auf ein Gebiet beziehen — die Insel Trinidad —, das sich klimatisch von El Salvador in einigen Punkten wesentlich unterscheidet. Im Einzelnen soll jedoch mehr, als es bei Pittendrigh geschehen ist, der Frage nachgegangen werden, welches die Voraussetzungen für das Auftreten der verschiedenen Typen sind.

Was für die *Bromeliaceen* allgemein festgestellt wurde, gilt auch für die Arten von El Salvador: von der Küste bis hinauf zu den höchsten Erhebungen des Landes fehlen sie nirgendwo ganz, bewohnen aber bei weitem überwiegend Substrate mit ungünstigem Wasserhaushalt und schwierigen Nährstoffverhältnissen. Der Schwerpunkt liegt dabei in El Salvador ganz ausgesprochen bei den reinen Zisternenformen und den atmosphärischen Arten:

Typ I + II: 12 Arten aus den Gattungen Lindmania, Hechtia, Pitcairnia, Aechmea, Greigia, Bromelia

Typ III + IV: 37 Arten aus den Gattungen Tillandsia, Vriesea, Catopsis, Billbergia,

Die Formen mit funktionsfähigen Wurzeln leben in der Hauptsache auf Felsen, an Tuffwänden, auf Geröllböden, älteren Lavafeldern, durchlässigen Sandböden usw. Eine einzige Art, *Greigia sanctae-martae*, wurzelt im Humus des Nebelwaldes, teils am Boden, teils in Astgabeln. Die Vertreter der Typen III und IV sind in El Salvador ausschließlich solche, die zumindest vorwiegend epiphytisch leben. Auf sie wird sich unser Augenmerk hauptsächlich richten, da sie nicht nur zahlenmäßig am stärksten vertreten, sondern auch ökologisch von besonderem Interesse sind.

Es ist eine allgemeine Erkenntnis, daß klimatische und edaphische Faktoren den Charakter und die floristische Zusammensetzung der Vegetation bestimmen. Sie werden daher auch verantwortlich sein für die Verteilung der verschiedenen *Bromeliaceen*-Typen auf die einzelnen Biotope. Dabei ist hier die Frage nach dem Einfluß der edaphischen Faktoren sinngemäß abzuwandeln. Es taucht stattdessen das Problem auf, auf welchem Wege überhaupt die Nährstoffe beschafft werden können.

Beide Fragenkomplexe, Klimaeinflüsse und Nährstoffbeschaffung, sind hier noch enger miteinander verknüpft, als es sonst der Fall ist, und sie werden sich daher kaum getrennt behandeln lassen. Wie sich zeigen wird, spielen jedoch die Feuchtigkeitsbedingungen eine dominierende Rolle, und es wird daher der natürlichste Weg sein, die *Bromeliaceen*-Flora in den verschiedenen Stufen des Feuchtigkeitsklimas zu betrachten und zu vergleichen.

Eine erhebliche Schwierigkeit entsteht allerdings aus dem Mangel an meteorologischen Unterlagen. Es bleibt daher nur der Weg, die Vegetationsformationen zugrundezulegen und als Anzeiger der verschiedenen Klimate zu verwerten. Einen Vorteil bietet dies andererseits dadurch, daß es nicht so sehr auf die jährliche Menge der Niederschläge oder auf die Durchschnittswerte für die Luftfeuchtigkeit ankommt als vielmehr auf die jahreszeitlichen Kontraste, da die besondere Lebensweise der *Bromeliaceen* eine hohe Abhängigkeit von der aktuellen Wetterlage mit sich bringt. Gerade die verschieden starken Auswirkungen der Trockenzeit aber spiegeln sich in den eingangs geschilderten Formationen sehr gut wider. Unter ihrer Verwendung erweist sich für den hier verfolgten Zweck eine Einteilung des Feuchtigkeitsklimas in die folgenden drei Stufen als praktisch:

Nebelwaldklima (immerfeucht)	Nebelwald
Übergangsklima (gemilderte Trockenzeit)	Pinabetal-Diquidumbal-Region Regengrüner Wald Sumpfwald Galeriewald (einschl. barrancos)
Savannenklima (strenge Trockenzeit)	Ocotal Curatella-Gebüsch Morrotal Izcanal Gras-Savanne

1. Das immerfeuchte Gebiet (Nebelwaldklima)

Ein immerfeuchtes Klima gibt es in El Salvador nur in den kühlen Bergregionen. Die niedrigere Temperatur, die dort herrscht, bedeutet jedoch gegenüber den heißen Gebieten des Landes keinen Nachteil, jedenfalls wird ein solcher durch die hohe und gleichmäßige Feuchtigkeit mehr als wettgemacht, und man findet gerade auf den höchsten Bergspitzen den üppigsten Pflanzenwuchs des Landes.

Unter den Epiphyten, die bei optimaler Entfaltung keinen Quadratzentimeter auf den Ästen der Bäume frei lassen, und die in dieser Überfülle einen ebenso hartnäckigen Konkurrenzkampf führen müssen, wie das sonst auf engstens besiedelten Bodenflächen der Fall ist, spielen die *Bromeliaceen* eine sehr bedeutende Rolle und nehmen, an der Individuenzahl gemessen, stets einen der ersten Plätze ein. Es gilt also auch für sie, daß die gleichmäßige Feuchtigkeit für eine reiche Entfaltung wichtiger ist als hohe Temperaturen.

Sehr bemerkenswert ist die große habituelle Gleichförmigkeit der Arten in diesem Klima. Von 10 Arten, die hier vorkommen, sind 6 ohne Einschränkung zum Typ III a (Tank-absorbing Trichome only) zu stellen. Zwei weitere können immerhin zum Typ III (Zisternenformen) gerechnet werden: *Catopsis morreniana* mit ziemlich kleinen Zisternen, aber kahlen Blattspreiten (die Art vermehrt sich sehr stark vegetativ und bildet dichte Rasen, wäre also vielleicht zum Typ III b (Nest-root) zu rechnen, doch ist mir nichts über eventuelle Bildung funktionsfähiger Wurzeln bekannt) und *Tillandsia ponderosa*, die durch sehr fein, aber dicht beschuppte Blattspreiten abweicht, jedoch sehr große, bauchige Blattscheiden besitzt, die eine beträchtliche Menge Wasser fassen können. Nur 2 Arten, *Tillandsia cryptopoda* und *T. tephrophylla* var. *guzmanioides*, wären als „Intermediates" (Typ IV a) anzusehen, da sie fein beschuppte Blattspreiten besitzen und die Zisternen zugleich nur verhältnismäßig wenig Wasser zu fassen vermögen. Eine mehr oder weniger vollkommene Zisterne ist aber in allen Fällen vorhanden. Diese Tatsache verdient besonders hervorgehoben zu werden, weil in den übrigen Gebieten stets eine verschieden große Zahl von ausgesprochen atmosphärischen Arten vertreten ist.

Ohne Frage erfüllen die Zisternen den Zweck, die Wasserversorgung sicherzustellen. Am Gipfel des Miramundo-Montecristo-Massivs, dem einzigen Gebiet in El Salvador, in dem sich die Nebelwald-*Bromeliaceen* optimal entfalten können, sind alle Zisternen infolge der regelmäßigen Tau- und Nebelbildung ständig mit Wasser gefüllt, selbst nach längeren regenlosen Perioden. In den Nachtstunden schlagen sich so beträchtliche Feuchtigkeitsmengen nieder, daß sie auch bei sonnigem Wetter noch den ganzen Vormittag hindurch aus den Baumkronen herabtropfen. Es sind also hier die Zisternen nicht eigentlich Reservoire, die das Wasser für längere Zeit speichern, sondern sie ermöglichen in den niederschlagsärmeren Monaten eine ständige Versorgung mit frischem Wasser. Am vollkommensten hieran angepaßt ist der Typ III a. Alle 6 Arten in El Salvador, die in diese Kategorie fallen, besitzen große und breite, mehr oder weniger zungenförmige Blattspreiten (bei *Vriesea cornus-cervi* bis reichlich 90 cm lang und 10 cm breit), die als Auffang- bzw. Kondensationsflächen für den Tropfenfall, für Nebel oder Tau dienen (fig. 34a). Sie erhalten ihre größtmögliche Wirksamkeit, besonders im Hinblick auf den Tropfenfall, durch ausgebreitete Stellung, und sie stehen daher nach eigenen Beobachtungen keineswegs aufrecht, wie Pittendrigh angibt (50, p. 67), sondern laden weit seitlich aus (Abb. 34). Dabei sind sie, mit Ausnahme von *Tillandsia multicaulis*, etwas versteift und von eigentümlich pergamentiger, aber spröder Konsistenz und leisten selbst schwerem Tropfenfall genügend Widerstand, um die ausgebreitete Lage zu bewahren. Schließlich sind die Spreiten meist etwas rinnig nach oben eingekrümmt und stets auf der Oberfläche kahl und wenig benetzbar, so daß das Wasser rasch und sicher in die immer sehr geräumige Zisterne einfließen kann.

Es soll nicht behauptet werden, daß die Zisternen dieses Typs nicht auch geeignet wären, Wasserreserven für kürzere Trockenperioden anzulegen. So sind nach Pittendrigh auf Trinidad Arten vom Typ III a auch in den niederschlagsärmeren Gebieten verbreitet (50, Table 6). Es ist aber zu bedenken, daß die Trockenperiode dort höchstens 3 Monate dauert, daß vermutlich aber davon doch in 2 Monaten noch mehrfach Regen fällt. Außerdem ist die relative Luftfeuchtigkeit dort anscheinend ständig verhältnismäßig hoch (50, p. 61), während sie in den Trockengebieten von El Salvador vielfach Tagesminima von 30% und darunter aufweist (33, p. 126, fig. 2).

Der oben beschriebene „vollkommene“ Zisternentypus kommt in El Salvador jedenfalls ausschließlich im Nebelwaldklima vor. Die Ansicht Schimpers, daß gut ausgebildete Wasserbehälter gerade für die feuchten Waldgebiete, nicht aber für trockenes Klima typisch seien (57, p. 83), bestätigt sich hier also in vollem Maße.

Eine mindestens ebenso wichtige Aufgabe, wie es die Wasserversorgung ist, erfüllen die Zisternen durch das Sammeln von Humus. Dies ist fraglos genau so Voraussetzung für „große Statur“ wie die „Speicherung des Regenwassers“, die von Schimper (57, p. 73f.) und Mez (41, p. 216ff.) vielleicht etwas zu sehr in den Vordergrund gestellt worden ist. Es kommt ja nicht nur darauf an, einen vorhandenen Pflanzenkörper mit Wasser zu versorgen, sondern mindestens ebenso sehr darauf, ihn zunächst einmal aufzubauen (vgl. S. 29). So sind denn auch die Arten des Typs III a durchschnittlich bedeutend größer als die atmosphärischen Formen, besonders die vom Typ IV b, und produzieren oft erstaunliche Mengen pflanzlicher Substanz, allen voran *Vriesea cornus-cervi.*

Daß übrigens eine Fäulnis des organischen Materials in den Zisternen nicht eintreten soll, wie Moewes angibt (43, p. 436), habe ich nicht bestätigt gefunden. Am Grunde der Wasserbehälter, tief in den Blattscheiden, findet man immer schmierige, wenig angenehm riechende organische Zersetzungsprodukte. Allerdings ist das darüber stehende Wasser wenigstens in den oberen Schichten auffallend klar. Das beruht aber eben darauf, daß es nahezu täglich erneuert wird, während das Wasser am Grunde der Zisterne sicher viel weniger bewegt und nur ganz allmählich gegen frischeres ausgetauscht wird.

Vielleicht ist auch noch ein weiterer Faktor zu berücksichtigen. Man könnte nämlich daran denken, daß die großen, kahlen Blattspreiten mit der Schattenresistenz dieser Arten in Zusammenhang zu bringen sind, daß sie also eine möglichst große Assimilationsfläche bilden, zu der das Licht ungehinderten Zutritt hat, d. h. ohne durch einen Schuppenbelag an Intensität zu verlieren. Dennoch scheint es, daß in der Tat die Feuchtigkeitsbedingungen in erster Linie für die Gestaltung der Blattrosetten entscheidend sind und zwar aus einem Grunde, der erst durch den Vergleich mit den trockeneren Klimaten ganz deutlich werden wird. Es sind nämlich die bisher geschilderten Rosettenformen, besonders vom Typ III a, nur unter günstigen Feuchtigkeitsverhältnissen existenzfähig, zu ungünstige Bedingungen machen daher die Beschreitung anderer Wege notwendig.

Umgekehrt stellt die vollkommene Zisternenform (III a) keineswegs ein unbedingtes Erfordernis für das Leben im Nebelwaldklima dar, wie durch das Vorkommen anderer Typen (*Tillandsia cryptopoda* u. a.) bewiesen wird. Am überzeugendsten aber kommt dies wohl durch die Tatsache zum Ausdruck, daß die Jugendstadien der Zisternenformen völlig anders gestaltet sind und ausgesprochen atmosphärische Typen darstellen. Man könnte sie etwa unter den Regenformen (IV b 1) einordnen. Was Lieske bereits an brasilianischen Arten beobachtet und geschildert hat (29), trifft auch in El Salvador in vollem Maße zu. Die Blattspreiten dieser Jugendstadien sind schmal, dicht und fein anliegend beschuppt, und die

Scheiden bilden keine Zisternen. Zugleich sind die Jungpflanzen geotropisch nicht oder nur wenig reizbar, während ja der aufrechte Wuchs für die Brauchbarkeit der Zisternen bei den älteren Stadien selbstverständliche Voraussetzung ist.

Die Zisternenformen vom Typ III a werden also durch das Nebelwaldklima zunächst einmal nur ermöglicht: die Gefahr des Austrocknens besteht nicht, es kann daher auf Verdunstungsschutz verzichtet werden, und die Rosetten können eine Gestalt annehmen, die ganz auf möglichst große Wasser- und Nährstoffbeschaffung eingestellt ist. Da aber so die bestmögliche Ausnutzung der gegebenen Bedingungen gewährleistet wird, ist es bei der Schärfe des Konkurrenzkampfes wohl verständlich, daß die vollkommenen Zisternenformen so sehr vorherrschen. In der Tat ist denn auch *Tillandsia cryptopoda* viel seltener als die anderen Arten und von *T. tephrophylla* var. *guzmanioides* ist mir überhaupt nur ein einziges Exemplar auf der äußersten Kuppe des Miramundo im windgescherten, schwach mit Epiphyten besetzten Buschgelände begegnet. Vielleicht ist diese Art also garnicht im eigentlichen Nebelwald zu Hause. Bei *Catopsis morreniana* dürfte der Mangel einer großen Zisterne durch die starke vegetative Vermehrung ausgeglichen werden, denn diese Art ist nun allerdings überall sehr häufig und tritt oft in riesigen Massen auf.

Von Schimper wird immer wieder auf die Schichtung der Epiphytenflora in den Wäldern hingewiesen (57, p. 91, 191 u. a.). Danach sind im Waldinneren, unterhalb des Laubdaches die grünen *Bromeliaceen*-Formen, in den äußersten Wipfeln der Bäume aber graue *Tillandsien* vorherrschend. Ähnliche Beobachtungen machte auch Pittendrigh auf Trinidad (50, p. 72). Er unterscheidet sogar drei Gruppen: Exposure, Sun und Shade-Tolerant Group, die entsprechend ihrem Lichtbedürfnis verschieden weit in das Waldinnere vorzudringen vermögen. Im Nebelwald von El Salvador gibt es etwas derartiges nicht. Zwar ist selbstverständlich auch dort dem Vordringen der *Bromeliaceen* in das Waldinnere durch die abnehmende Lichtmenge eine Grenze gesetzt, doch liegt diese für alle Arten annähernd an dem gleichen Punkt, und zwar bei einer verhältnismäßig niedrigen Lichtintensität.

Daß der Schatten von diesen Arten nicht gesucht, sondern nur ertragen wird, wie Pittendrigh auf Trinidad feststellte (50, p. 83), gilt auch hier, denn man findet sie ebensowohl unter dem Laubdach wie auch an einzelnen abgestorbenen und in den freien Luftraum hinausragenden Ästen.

Allerdings muß hier eine Einschränkung gemacht werden. Der Lichtgenuß in den Nebelwaldregionen ist auch im freien Luftraum wesentlich geringer als im Tiefland, einmal, weil die Sonnenscheindauer infolge der besonderen örtlichen Klimaverhältnisse an sich schon wesentlich geringer ist, dann aber auch, weil vornehmlich bei wechselnder Bewölkung ein zeitweilig verhüllter Berg viel stärker verdunkelt wird als das Tiefland, über das einzelne Wolken hinziehen. Andererseits dürfte die Intensität der Einstrahlung selbst im vollen Licht wegen der hohen Feuchtigkeit der Atmosphäre höchstens so groß sein wie im Tiefland. Dennoch ist bei vielen Arten, sofern sie im freien Luftraum wachsen, eine rötliche oder violette Verfärbung der Blätter zu erkennen. Bei *Vriesea montana* ist besonders schön zu sehen, wie im tiefen Schatten wachsende Exemplare fast rein grün bleiben, bei zunehmender Belichtung aber die braune Zeichnung immer stärker hervortritt, bis schließlich die feinen Querlinien fast völlig ineinanderfließen. Es ist also immerhin damit zu rechnen, daß hier doch bereits eine Empfindlichkeit für zu starkes Licht vorhanden ist, und daß die volle Sonne im Tiefland besonders während der Trockenzeit vielleicht nicht ertragen würde.

Wenn Schimper sogar das Auftreten von Savannen-Arten in den obersten Schichten der Regenwälder schildert (57, p. 91 u. a.), so darf wohl angenommen werden, daß diese Beobachtungen in solchen Formationen gemacht wurden, die gegenüber dem freien Luftraum ein wesentlich feuchteres Eigenklima besitzen, wie das ja vielfach bei den tropischen Regenwäldern der Fall sein soll. Dort muß natürlich ein starkes Gefälle der Luftfeuchtigkeit vom Boden zur Wipfelregion und gegenüber dem freien Luftraum vorhanden sein. In den Wäldern, wie sie auf den höchsten Gipfeln von El Salvador vorkommen, ist das Gefälle zweifellos viel geringer, da sie, im Wolkenraum der Grundschicht (Schneider-Carius 59, p. 312) gelegen, ständig von sehr feuchter Luft umgeben sind. Es nimmt daher nicht wunder, daß in El Salvador eine feuchtigkeitsbedingte Schichtung der *Bromeliaceen*-Flora nicht beobachtet werden konnte. Selbst auf Ästen, die frei in den Luftraum hinausragen, findet man noch die gleichen Arten wie im Innern des Waldes. Ihnen steht das aus den Baumkronen herabtropfende Wasser nicht zur Verfügung, doch vermögen sie dafür um so mehr Feuchtigkeit direkt aus dem treibenden Nebel aufzufangen, der besonders am Miramundo sehr regelmäßig auftritt. Daß es sich dabei um nicht geringe Mengen handelt, hat Marloth gezeigt (39).

Wie aus den Tabellen von Pittendrigh entnommen werden kann (50, Table 6 u. a.), sind in den Wäldern von Trinidad die Gegensätze zwischen den einzelnen Schichten auch viel geringer als nach den Beschreibungen von Schimper. Es werden dort insgesamt 7 Feuchtigkeitsstufen unterschieden. Von diesen dürften die ersten 3 etwa dem Nebelwaldklima in El Salvador entsprechen (über 110″ gleich etwa 2750 mm/Jahr). In diesem sind von 35 vorkommenden Arten 33 Zisternenformen verschiedener Prägung, nur 2 sind „Intermediates“ (IV a). Ausgesprochen atmosphärische Arten kommen nicht vor. Dagegen sind 17 Arten reine Zisternenformen (III a), weitere 9 vom Nest-root Typ (III b). Die Verhältnisse sind denen in El Salvador also schon recht ähnlich, wenn auch damit gerechnet werden muß, daß die zum Typ III a gerechneten Arten nicht alle den vollkommenen Zisternenformen gleichen, wie sie in El Salvador durch *Vriesea cornus-cervi*, *Tillandsia yunckeri* usw. repräsentiert werden.

Pittendrigh hat dann aber weiterhin festgestellt, daß bis zu einem gewissen Grade auch eine Schichtung nach den verschiedenen Zisternen-Typen vorhanden ist, indem etwa der Nest-root Typ auf die Sun Group, die „Ephemeral“ Tanks auf die Shade-Tolerant Group beschränkt sind, und die größten Formen vom Typ III a ebenfalls zur Sun Group gehören (50, p. 72).

Gründe hierfür gibt Pittendrigh nicht an, wie ja seine ganze Arbeit mehr darauf gerichtet ist, die begrenzenden Faktoren für einzelne Arten als für bestimmte Rosettentypen herauszustellen. Die mitgeteilten Werte für die relative Luftfeuchtigkeit beziehen sich nur auf die Zeit von 10—19 Uhr eines einzelnen Tages während der Regenzeit (50, Table 1), oder auf die Trockenperiode, dort jedoch ohne Angabe der Tageszeit (Table 2). Daraus geht also nicht sehr viel hervor. Daß in der Wipfelregion gegen Mittag geringere Luftfeuchtigkeit und höhere Temperatur herrschen, und daß die Oscillation dieser Werte größer ist als am Boden, ist von vornherein zu erwarten. Aber die Unterschiede sind doch verhältnismäßig gering. Selbst für die Trockenzeit gibt Pittendrigh nur Differenzen in der Luftfeuchtigkeit von 8% (12. 4. 1945: 75 feet: 76% — 5 feet: 84%) oder gar nur 5% (30 .4. 1945: 75 feet: 83% — 5 feet: 88%) an (in beiden Fällen ohne Angabe der Tageszeit).

Zweifellos ist die Frage viel wichtiger, wieviel Tau sich nachts und in den Morgenstunden niederschlägt, wie oft Nebel auftreten usw. Daran scheint aber nach den obigen Angaben auf Trinidad kein Mangel zu herrschen. Der niedrigste Wert, der überhaupt in Pittendrighs Tabellen für den Wald auftritt, ist 76% Luftfeuchtigkeit in 75 feet Höhe. Wirklich starke Lufttrockenheit tritt danach anscheinend überhaupt nicht ein. Es mag vielleicht sein, daß die von Pittendrigh angegebenen Unterschiede einzelne Arten begünstigen oder benachteiligen. Daß sie aber die Ursache bilden könnten für die Entwicklung ganz verschiedener Rosettentypen, erscheint nicht sehr wahrscheinlich.

In El Salvador ist denn auch derartiges nicht festzustellen. Gewisse Beobachtungen weisen sogar in die entgegengesetzte Richtung. Die vollkommenen Zisternen-Typen sind, wie wir gesehen haben, alle als schattenertragend zu bezeichnen, und die „Ephemeral" Tanks, die in El Salvador recht spärlich vorkommen, sind jedenfalls nicht an extrem hohe Feuchtigkeitsmengen angepaßt, sondern begegnen uns in typischer Form nur im Übergangsklima, und schließlich kommen fein beschuppte und zartblättrige „Intermediates", die in der Gestalt den Ephemeral Tanks gleichen, sowohl im Nebelwald- (*Tillandsia cryptopoda*) als auch im Übergangsklima (*Tillandsia flabellata, T. brachycaulos*) vor.

Neben den epiphytischen *Bromeliaceen* wurde im Nebelwald nur eine *terrestrische* Art in einem kleinen Bereich am Miramundo-Montecristo oberhalb 2200 m verzeichnet. Es ist *Greigia sanctae-martae,* die aus zwei Gründen interessant ist. Einmal besitzt sie von allen *Bromeliaceen* des Landes das geringste Lichtbedürfnis, und zweitens wurzelt sie als einzige Art in der Humusdecke des Waldbodens. Wo sich in Astgabeln und dergleichen genügende Mengen organischer Stoffe ansammeln können, lebt sie aber auch auf den Bäumen. Wir haben also eine primitive Stufe des Epiphytismus vor uns.

Derartige Fälle gibt es bekanntlich in den immerfeuchten Wäldern in großer Zahl, und es fällt schwer, überhaupt rein terrestrische Arten ausfindig zu machen. Umgekehrt findet man sehr häufig *Tillandsioideen,* also Formen mit besonderen morphologischen Anpassungen an die epiphytische Lebensweise, am Boden wachsend, sofern nur genügend Licht vorhanden ist. Solche Beobachtungen führten Schimper zu der Vorstellung, daß sich die Epiphyten, und speziell auch die epiphytischen *Bromeliaceen,* in diesen immerfeuchten Wäldern aus terrestrischen Formen entwickelt haben müßten (57, p. 118). Eine weitere Stütze für diese Ansicht fand er darin, daß in den trockenen Wäldern und in den Savannen solche Übergänge von terrestrischen zu epiphytischen Arten nicht zu beobachten, vielmehr beide scharf voneinander getrennt waren.

Es zeigt sich nun aber, daß zwar im Nebelwald, wenn man die Vegetation in ihrer Gesamtheit betrachtet, die Grenze zwischen terrestrischen und epiphytischen Arten nicht deutlich ist. Wenn man aber innerhalb bestimmter systematischer Einheiten Reihen von zufälligen bis zu hochspezialisierten Epiphyten aufzustellen versucht, gerät man vielfach in Schwierigkeiten. Das gilt z. B. für die *Cactaceen*, die ein charakteristisches Element der Epiphytenvegetation im salvadoreñischen Nebelwald darstellen. Primitive Stadien des Epiphytismus gibt es unter ihnen nicht. Dieselbe Feststellung macht man aber auch bei den *Tillandsioideen*. Bei scheinbar terrestrischen Individuen konnte stets festgestellt werden, daß sie nicht eigentlich im Boden wurzelten, sondern auf einem Zweig oder Ast saßen, mit dem sie herabgefallen sein oder auf dem sie auch schon als Samen Fuß gefaßt haben mochten. Echte terrestrische, den Waldboden bewohnende *Tillandsioideen* gibt es überhaupt nicht, auch nicht in anderen Ländern. Es sind auch keine Übergangsformen bekannt, die es wahrscheinlich machen könnten, daß einmal solche existiert hätten. Die wenigen Arten unter den *Bromelioideen* mit einer derartigen Lebensweise aber scheiden aus morphologischen Gründen (Epigynie, Beerenfrüchte, Samenbau) als Vorfahren aus. Auf diese Fragen wird später noch näher einzugehen sein.

2. Das periodisch trockene Gebiet (Savannenklima)

Ein völlig anderes Bild bietet die *Bromeliaceen*-Flora im Savannen-Klima, und zwar betrifft das in besonderem Maße die Epiphyten. Die Notwendigkeit, in exponierter Lage die halbjährige Trockenperiode zu überdauern und zwar ohne die Möglichkeit, sich in den schützenden Erdboden zurückzuziehen, macht besondere Maßnahmen gegen die Austrocknung notwendig. Zisternenformen vor allem vom Typ III a mit großen, breiten und kahlen Blattspreiten sind daher nicht existenzfähig und fehlen vollständig. Lediglich einzelne Exemplare von *Catopsis nutans* var. *stenopetala* (Ephemeral Tank, III c) sind gelegentlich zu beobachten, sind dann aber höchst kümmerlich entwickelt. Sämtliche übrigen hier vorkommenden Arten gehören dem atmosphärischen Typ an, besitzen also beschuppte Blattspreiten. Weiter sind die Blattspreiten stets borsten- bis fadenförmig oder sukkulent und mehr oder weniger eingerollt oder aber allenfalls aus einer breiten Basis rasch in eine schmal-dreieckige pfriemlich auslaufende Spitze verschmälert (fig. 34 b—g). Derartige Blattformen aber sind kaum in der Lage, nennenswerte Mengen Wasser aufzufangen und abzuleiten. Im übrigen würden selbst geeignetere Blattformen gerade in der Trockenzeit, wenn es von besonderer Wichtigkeit wäre, keine Gelegenheit dazu finden, da die eventuell durch Tau sich niederschlagenden Mengen viel zu gering sind.

Aus diesen Gründen muß offenbar im Savannen-Klima ein anderer Weg beschritten werden als im Nebelwald, und zwar geschieht das in der Weise, daß die Feuchtigkeit, wo sie auf die Blattflächen gelangt, sogleich aufgesaugt wird. Diese Tatsache muß wohl als einer der wichtigsten Gründe für die Beschuppung der Blattspreiten angesehen werden. Mit der spärlichen und unregelmäßig eintretenden Taubildung mag es zusammenhängen, daß bei einer Reihe von Arten die Schuppen mit langen Fortsätzen versehen sind. So wird, da große und breite Blattspreiten nun einmal nicht möglich sind, wenigstens auf diesem Wege die Kondensationsfläche vergrößert.

Lieske hält zwar eine Kondensation aus nicht feuchtigkeitsgesättigter Luft auf Grund seiner Versuche nicht für möglich (30, p. 114ff.). Praktisch ist aber Taubildung ja nichts anderes als eine solche Kondensation aus nicht gesättigter Luft; es bedarf dabei eben nur einer Temperaturdifferenz zwischen dem festen Körper und der umgebenden Luft, und Taubildung tritt selbstverständlich auch auf der Oberfläche der Epiphyten ein. Eine Vergrößerung ihrer Oberfläche durch die Schuppenfortsätze kann also sicherlich von Nutzen sein.

Diese Art der Wasseraufnahme führt in vielen Fällen dazu, daß überhaupt keine wassersammelnden Rosetten mehr vorhanden sind, in El Salvador besonders augenfällig bei *Tillandsia schiedeana* (fig. 75) und *T. plumosa* var. *magnusiana*. Es dürften hierher aber auch die bulbosen Arten, wenigstens die des Savannen-Klimas in El Salvador (*Tillandsia caput-medusae, T. seleriana*) zu rechnen sein. Die bulbosen Formen besitzen eigentümlich zwiebelähnlich gestaltete Blattrosetten (fig. 63—65, 76, 34f). Die Blattscheiden sind sehr stark gewölbt, schließen aber mit den Rändern dicht an die nächstfolgenden inneren an, sodaß große Hohlräume entstehen, die mit der Außenwelt höchstens an der Ansatzstelle der Blattspreiten durch einen kleinen Spalt in Verbindung stehen.

Von der verwandten *Tillandsia bulbosa* Hook. berichtet Schimper, die „Zwiebeln" enthielten stets Wasser in den Hohlräumen (57, p. 74ff.). Auch bei verkehrter Lage könne das Wasser wegen der kleinen Öffnungen nicht herausfallen, und die Spreiten könnten in jeder Lage Wasser aufnehmen und „evtl. bis in die Reservoirs leiten". Zweifellos wird bei stärkeren Regenfällen trotz der kleinen Öffnungen etwas Wasser in die Hohlräume eindringen. Es mag dies im immerfeuchten Klima auch einige Bedeutung für die Pflanze besitzen, da so die Wasserversorgung für kürzere, regenlose Perioden sichergestellt wird. Im Savannen-Klima liegen die Dinge jedoch anders, da während der halbjährigen Trockenzeit eine derartige Einrichtung nicht viel nützen kann. Bei *Tillandsia caput-medusae* und *T. seleriana* war denn auch schon am Beginn der regenlosen Periode nicht ein Tropfen Wasser mehr in den Hohlräumen festzustellen. Wenn man weiter bedenkt, daß diese Arten die Infloreszenz während der Trockenzeit ausbilden, was mit einer erheblichen Oberflächenvergrößerung verbunden ist und eine große Menge Wasser erfordert, um die Turgeszenz der neugebildeten Gewebe zu gewährleisten, dann fällt es schwer, sich vorzustellen, daß es während der feuchten Jahreszeit für die Pflanze wichtig sein könnte, einen Wasservorrat für einige wenige regenlose Tage zu schaffen.

Mez spricht später sogar von einer „biologisch abweichenden Stellung" von *Tillandsia bulbosa* und *T. butzii*: „Rosettenformen mit großen knollenförmigen Wasserreservoirs, die aber nicht durch freien Einlauf des Regenwassers ... sondern durch kapillare Zuleitung im Schuppenbelag gefüllt werden" (41, p. 193). Auch diese Ansicht soll nicht ganz in Abrede gestellt werden. Mez hat experimentell eine beträchtliche Heberwirkung an Blattstücken beschuppter *Tillandsia*-Arten festgestellt (41, p. 194), und tatsächlich läßt sich auch an *Tillandsia bulbosa* beobachten, daß, wenn man die röhrigen Blattspreiten äußerlich benetzt, ein Teil der Feuchtigkeit in den Hohlraum der Röhre geleitet wird und sich dort auch weiter ausbreitet. Ob dies ausreicht, um die Rosette wirklich mit Wasser zu füllen, mag dahingestellt bleiben. Eigene Versuche an Gewächshausmaterial waren jedenfalls ohne Erfolg. Es wurden hierbei die Blattspreiten von mehreren, einige Tage trocken gehaltenen Exemplaren mehrere Stunden lang von einem stetigen Wasserstrahl benetzt, während gleichzeitig darauf geachtet wurde, daß kein Wasser auf dem direkten Wege in die Rosette gelangen konnte. Der Erfolg war, daß sich wohl die Feuchtigkeit als ein feiner Film über die Innenflächen der Blattröhren und bis in die Scheiden hinein ausgebreitet hatte, eine Ansammlung des Wassers in der Rosette aber konnte nicht beobachtet werden. Mit Bestimmtheit kann aber gesagt werden, daß ein solcher Vorgang, wie Mez ihn annahm, im trockenen Klima, wo Wasser nur in Form von Tau aufgenommen werden kann, keine Rolle spielt.

Man darf also jedenfalls die Ansichten von Schimper und Mez nicht ohne weiteres auf alle bulbosen Formen übertragen. Wenn der eigenartigen Gestaltung der Rosetten von *Tillandsia caput-medusae* und *T. seleriana* eine Bedeutung für den Wasserhaushalt zugemessen werden kann, dann wohl allenfalls insofern, als dadurch Räume mit höherer Luftfeuchtigkeit geschaffen werden, welche die Verdunstung der eingeschlossenen Teile herabsetzen.

Das Fehlen von Zisternen muß selbstverständlich wieder zugleich im Zusammenhang mit der Ernährungsfrage betrachtet werden. Für *Tillandsia plumosa* var. *magnusiana* und *T. schiedeana* (fig. 75) beispielsweise besteht keine Möglichkeit, organische Stoffe in nennenswerten Mengen aufzufangen und zu verwerten. Die kleine Statur der rein atmosphärischen Formen dürfte wohl darauf zurückzuführen sein. Sie müssen tatsächlich allein von in der Luft schwebenden Staubpartikelchen ihren Nährstoffbedarf decken.

Es ist nun sehr auffällig, daß in El Salvador grobe, zottig-abstehende Beschuppung nur bei Arten vorkommt, die keine Auffangvorrichtung für organischen Detritus besitzen, und zwar gilt das ebenso für das Übergangsklima. Vielleicht ist dies in anderen Ländern nicht so ausschließlich der Fall, aber es liegt trotzdem der Gedanke nahe, daß die Beschuppung nicht allein im Dienst der Wasseraufnahme, sondern auch der Nährstoffbeschaffung steht. Arten mit großen, trichterförmigen Rosetten sind dagegen dicht, aber fein und angedrückt beschuppt, so etwa bei *Tillandsia makoyana* (Abb. 30) und der aus dem Übergangsklima vielfach in das Savannengebiet vordringenden *T. fasciculata* var. *latispica* (Abb. 25). Es sei besonders hervorgehoben, daß deren Zisternen kaum zum Auffangen von Wasser geeignet sind. Entgegen der Ansicht von Schimper, daß die Rosetten epiphytischer *Bromeliaceen* (worunter er nur trichter- und schlauchförmige Rosetten versteht) stets zu Wasserreservoiren ausgebildet seien (57, p. 73), findet man unter den Intermediates sehr viele Arten, deren Blattscheiden nicht dicht genug zusammenschließen, um nennenswerte Mengen Flüssigkeit zu sammeln. Sie dürften also nur für die Nährstoffbeschaffung von wesentlicher Bedeutung sein. In Bezug auf den Wasserhaushalt leben sie wie die rein atmosphärischen Formen und zeigen damit, daß zottige Beschuppung jedenfalls kein unbedingtes Erfordernis für das Leben im trockenen Klima bildet.

An dieser Stelle ist noch einmal auf die bulbosen Formen zurückzukommen. Man hat sich an die Vorstellung gewöhnt, daß bei ihnen der Nährstoffbedarf durch Ameisen und ihre Tätigkeit gedeckt wird. In der Tat findet man die Hohlräume häufig von Ameisen bewohnt, auf der anderen Seite aber doch eben keineswegs regelmäßig. Man kann also nicht sagen, daß die Ameisen zum Gedeihen der Pflanzen notwendig seien, es sind auch nicht einmal Unterschiede in der Entwicklung bewohnter und unbewohnter Exemplare zu erkennen.

In diesem Zusammenhang sei auf den Umstand aufmerksam gemacht, daß die Blattrosetten der Zisternenformen, besonders vom Typ III a, große Einförmigkeit im Bau aufweisen, während im Gegensatz dazu die Mannigfaltigkeit der Formen bei den atmosphärischen Arten überraschend groß ist. Diese können in El Salvador mühelos auch im vegetativen, ja, schon in den frühesten Jugendstadien voneinander unterschieden werden, was bei den hygrophilen Arten nur nach langer Übung gelingt. Es beruht das offensichtlich darauf, daß bei den letzteren die Gestalt der Rosette von wesentlicher Bedeutung ist für die Erfüllung einer speziellen Aufgabe, während es bei den atmosphärischen Arten nur darauf ankommt, in den Luftraum hinausragende Kondensations- oder Auffangflächen zu schaffen, deren Form nicht von besonderer Wichtigkeit ist.

Wenn aber die Mannigfaltigkeit der Formen gerade dort zu finden ist, wo ein enger Zusammenhang mit einer zu erfüllenden Aufgabe nicht besteht, so wird man sich wohl darauf beschränken müssen, darzulegen, wieso dort die beobachtete Formenfülle möglich ist. Es erscheint daher nicht ausgeschlossen, daß die bulbosen Formen gleichfalls unter diesem Gesichtswinkel zu betrachten sind. Das schließt natürlich nicht aus, daß bei der einen oder anderen Art die besondere Gestalt der Rosette doch eine bestimmte Aufgabe erfüllt. Sicher aber sind die bisherigen Erklärungsversuche nicht generell für alle bulbosen Arten richtig.

Neben der Wasseraufnahme ist es für die Pflanze wegen der zeitweiligen Trockenheit des Klimas sehr wichtig, mit dem einmal aufgenommenen Wasser hauszuhalten. Es ist daher notwendig, Schutz gegen Verdunstung zu schaffen. Auf die Formen der Blattspreiten, die gegenüber denen im Nebelwald reduziert erscheinen, wurde schon hingewiesen. Daß außerdem die Beschuppung der Spreiten auch in dieser Hinsicht von Bedeutung ist, leuchtet ohne weiteres ein. Vielfach ist, vornehmlich bei den Intermediates, eine starke Verdickung der Zellwände an der Oberfläche der Blätter zu beobachten. Diese erhalten dadurch eine harte und lederig zähe Konsistenz, die sich mit dem Hartlaub mediterraner Formen vergleichen läßt. Oft sind sie allerdings noch wesentlich härter und starrer.

Schließlich sind für den Wasserhaushalt Speichergewebe von Bedeutung, in denen das Wasser, im Gegensatz zu den Zisternen, lange Zeit aufbewahrt wird. Häufig ist das Wassergewebe an der Basis der Blattscheiden ausgebildet. In einer Reihe von Fällen tritt es jedoch auch an den Blattspreiten auf und besonders bei einigen bulbosen Formen wie *Tillandsia seleriana* (fig. 34g), am stärksten aber bei *T. caput-medusae*, ist es so kräftig entwickelt, daß die Spreiten deutlich sukkulenten Charakter erhalten. Nach Mez soll das Wassergewebe bei Tauformen stets auf der Unterseite der Blätter liegen (41, p. 208). Das läßt sich aber wohl so allgemein nicht sagen, denn gerade bei den oben genannten Arten befindet es sich im Gegenteil auf der Oberseite.

In Erstaunen versetzen müssen Arten wie *Tillandsia plumosa* var. *magnusiana* und *T. recurvata* (fig. 73), die bei äußerst feingliedrigem Wuchs sehr zarte und biegsame Blattspreiten von fadenförmiger Gestalt besitzen. Der einzige Schutz besteht hier in der sehr dichten und dicken Beschuppung. Wie sie damit 6 Monate lang der brennenden Sonne und den dörrenden Winden Trotz bieten können, ist schwer verständlich. Darüber hinaus wurde bei *T. plumosa* var. *magnusiana* sogar festgestellt, daß sie am Ende der trockenen Zeit ihre Infloreszenz entwickelt.

Mez wies übrigens auch auf die Möglichkeit hin, daß ein dichtes Schuppenkleid ausgleichend auf die Innentemperatur der Pflanzen wirken könnte einmal, indem es als Isolationsmasse wirke, zum andern, indem durch Verdunstung des kapillar gebundenen Wassers während des Tages die Innentemperatur heruntergedrückt werde (41, p 201f.). Er selbst macht diese Bemerkung freilich mit größtem Vorbehalt, und es erscheint denn auch nicht sehr wahrscheinlich, daß die Pflanzen auf diesem Wege für längere Zeit eine merkliche Temperaturdifferenz gegenüber der Außenwelt aufrecht erhalten könnten. Gerade die stark beschuppten Formen pflegen ja oft in vollem Sonnenlicht zu wachsen. Alles verfügbare Kapillarwasser müßte dort in kürzester Zeit verdunsten und könnte jedenfalls gerade in der heißesten Zeit des Tages — in der Trockenzeit etwa gegen 15 Uhr! (fig. 2) — nicht mehr wirksam sein. Was die Isolationswirkung durch das Schuppenkleid angeht, so wird eine Abschwächung der Isolation nicht zu bestreiten sein. Ob aber die Isolierung gegen die Temperatur der umgebenden Luft wirklich von Nutzen ist oder ob nicht, im Gegenteil, trotz der Abschwächung der Einstrahlung, eine Art Treibhauseffekt eintritt, wäre erst noch zu untersuchen.

Terrestrische Arten sind auch im Savannen-Klima nur wenige vorhanden. Charakteristisch sind vor allem die hauptsächlich an Fels- und Tuffwänden verbreitete *Hechtia guatemalensis* und die meist zu ebener Erde wachsende *Bromelia pinguin*. Beide ernähren sich normal mit den Wurzeln. Ob dies bei der letztgenannten ausschließlich der Fall ist oder ob daneben auch interfoliäre Wurzeln vorkommen (vgl. Pittendrigh. 50, p. 65f.), kann ich nicht sagen. Ohne Frage sammeln sich organische Reste in der Rosette an, und es wäre durchaus möglich, daß sie in ähnlicher Weise ausgenutzt werden, wie Pittendrigh es für andere *Bromelia*-Arten feststellte.

Interessanterweise gleicht *Bromelia pinguin* im Habitus der *Greigia sanctae-martae* des Nebelwaldes völlig. Die sehr großen Klimaunterschiede wirken sich in der äußeren Erscheinung also überhaupt nicht aus, wie wohl überhaupt die Typen I und II einheitlicher sind als die übrigen.

Während *Bromelia pinguin* zu den hartlaubigen Arten gerechnet werden kann, bei der die Verdickung der Zellwände die lederige Konsistenz der Blätter bewirkt und zugleich als Verdunstungsschutz dient, gehört *Hechtia guatemalensis* zum sukkulenten Typ. An der Oberseite ihrer Blätter befindet sich ein stark entwickeltes Wassergewebe, das sich während der Regenzeit prall füllt. Am Ende der Trockenzeit dagegen kann man erkennen, wie die Mächtigkeit des Wassergewebes erheblich abgenommen hat.

Ernährung und Wasseraufnahme dürften hier, wie bei den *Pitcairnioideen* wohl allgemein, ausschließlich durch die Wurzeln erfolgen. Die eng aufeinander gepreßten Blattscheiden und die rechtwinklig abgespreizten, dem Untergrund aufliegenden Spreiten vermögen auch schon ihrer Gestalt nach hierin keine Unterstützung zu gewähren.

Die beiden genannten Arten wachsen sehr häufig in der vollen Sonne. Dennoch sind sie nicht extrem lichtbedürftig, vielmehr können sie oftmals auch an schattigen Plätzen beobachtet werden und zwar voll entwickelt und blühend oder fruchtend. In lichten Baumbeständen habe ich beide sogar epiphytisch angetroffen, *Bromelia pinguin* in beträchtlicher Höhe (6—7 m) über dem Boden, *Hechtia guatemalensis* in unmittelbarer Bodennähe in kleinen Humusansammlungen wurzelnd. Es gibt hier also ebensowohl wie im Nebelwald primitive Stadien des Epiphytismus. Umgekehrt sieht man recht oft epiphytische *Tillandsia*-Arten auch auf Felsen Fuß fassen und zwar vorwiegend die rein atmosphärischen Arten wie *T. schiedeana*, *T. caput-medusae*, aber auch *T. xerographica* und andere. Die Grenze zwischen epiphytischen und nicht epiphytischen, terrestrischen oder felsbewohnenden Arten ist also auch im Savannen-Klima nicht so scharf, wie Schimper meinte (57, p. 118f.). Die Verhältnisse liegen sogar ganz entsprechend wie im Nebelwald. Während *Hechtia guatemalensis* und *Bromelia pinguin* immer in kleinen Felsspalten und -ritzen bzw. in Astgabeln im Grunde genommen doch noch im Boden wurzeln, leben die *Tillandsia*-Arten auf dem völlig nackten Fels.

3. Das Gebiet mit gemilderter Trockenzeit (Übergangsklima)

Das Übergangsklima bietet im Wesentlichen keine neuen Probleme. Es ist die eigentliche Domäne der Intermediates, wobei, je nach den Bedingungen, einmal mehr die Charaktere der hygrophilen Formen, ein andermal die der trockenresistenten Typen hervortreten. Dabei fällt es immer wieder auf, daß die atmosphärischen Arten an sich durchaus nicht die feuchteren Gebiete meiden. Was sie gewöhnlich aus diesen fernhält, ist die mit der größeren Feuchtigkeit einhergehende stärkere Beschattung durch die Baumvegetation. Wo aber Licht und Feuchtigkeit zugleich in genügendem Maße vorhanden sind — und solche Orte gibt es in der stark kultivierten Landschaft von El Salvador sehr viel — dort wachsen Sonnenepiphyten und feuchtigkeitsbedürftige Arten bunt durcheinander, und man findet oft *Tillandsia caput-medusae* und *T. schiedeana* einerseits, *T. brachycaulos* oder *T. flabellata* andererseits unmittelbar nebeneinander.

Dies führt aber noch nicht unbedingt zu der Annahme, daß, wie Pittendrigh glaubt, das Licht den entscheidenden Faktor für die Verbreitung der *Bromeliaceen* darstellt (50, p. 82ff.). Es ist offensichtlich, daß für Trinidad ein solcher Standpunkt einige Berechtigung besitzt, doch beruht das vor allem auf dem relativ viel ausgeglicheneren Feuchtigkeitsklima. Wie oben bereits hervorgehoben wurde, dürfte dort strenge Trockenzeit wohl nur während eines Monats herrschen. Demgegenüber dauert in El Salvador normalerweise die praktisch regenlose Periode mindestens 4 Monate. Da andererseits das feuchteste Klima beider Gebiete etwa das gleiche ist, sind also die Gegensätze in El Salvador sehr viel größer, und es nimmt daher nicht wunder, wenn der Einfluß des Feuchtigkeitsklimas dementsprechend schärfer hervortritt. Die großen Gegensätze zwischen der *Bromeliaceen*-Flora des Nebelwaldes und der Savanne zeigen das deutlich. Auch der folgende Vergleich zwischen dem feuchteren Trinidad und dem trockneren El Salvador läßt die Bedeutung des Feuchtigkeitsfaktors erkennen. Stellt man die Anzahl der Zisternen- und atmosphärischen Formen beider Gebiete gegenüber, so ergibt sich ein sehr unterschiedliches Verhältnis:

	El Salvador	Trinidad
Typ III	15	36
Typ IV	21	11

Aber auch den Einfluß des Lichtes, absolut genommen, scheint mir Pittendrigh etwas überschätzt zu haben, wenn er seinen Ausführungen die Bemerkung vorausschickt:

„It is found that the epiphytic bromeliad flora is, as a whole, characterised by a very strong light demand" (50, p. 59).

Das trifft nämlich nach den Beobachtungen in El Salvador nur für einen Teil vor allem eben die Arten des Savannen-Klimas zu. Der größte Teil stellt durchaus keine besonders hohen Ansprüche und begnügt sich mit Lichtmengen, die beispielsweise der Bodenflora der Savannen das Fortkommen längst nicht mehr gestatten, und eine ganze Reihe von Arten muß sogar als in hohem Maße schattenertragend bezeichnet werden.

Weiterhin bemerkt Pittendrigh:

„However, humidity is certainly a more important factor in determining the distribution of Type IV species than it is for the tank (Type III) species" (50, p. 84).

Dabei denkt er an eine Begrenzung der Verbreitung durch zu hohe Feuchtigkeit bei den Arten vom Typ IV. Mez hatte seinerzeit die Frage aufgeworfen, ob nicht ein sehr dichtes Schuppenkleid im feuchten Klima von Nachteil wäre, weil die Pflanzen durch das kapillar festgehaltene Wasser ständig in einen Wassermantel gehüllt wären und dadurch der Gasaustausch behindert würde (41, p. 203f.). Er hatte dabei allerdings lediglich an die Tauformen (Typ IV b_2) gedacht, und diese scheinen in der Tat in den immerfeuchten Wäldern zu fehlen, auch in El Salvador kommen sie in den Nebelwäldern oberhalb 1700 m nicht mehr vor. Ob aber dies die wahre und alleinige Ursache ist, muß noch dahingestellt bleiben, denn *Tillandsia usneoides* beispielsweise ist gleich unterhalb der Nebelwälder in der feuchtesten Zone des Übergangsklimas anzutreffen, und zwar hat sie dort ihre Hauptverbreitung. An der Laguna de las Ninfas (1630 m ü/M.) wurde sie sogar unmittelbar am Waldrand reichlich angetroffen und zwar am Ufer des Kratersees. Es muß also dort mit einer ständig hohen Luftfeuchtigkeit gerechnet werden, außerdem aber auch noch mit verhältnismäßig sehr geringer Luftbewegung.

Auf Grund dieser und anderer ähnlicher Beobachtungen erscheint also die Richtigkeit der Mezschen Ansicht noch nicht gewährleistet. Keineswegs aber werden Regenformen (Typ IV b_1) durch zu hohe Feuchtigkeit in ihrer Verbreitung begrenzt, wie das Vorkommen von *Tillandsia cryptopoda*, *T. ponderosa* (der

Beschuppung nach zu den Regenformen gehörend), besonders aber die Jugendstadien der Zisternenformen im Nebelwald beweisen.

Nach alledem scheint es richtiger zu sein, das Licht nicht generell als den wichtigsten ökologischen Faktor für die Bromeliaceen anzusehen, sondern zwischen den zwei folgenden Typen zu unterscheiden:

1. Arten mit hohem Lichtbedürfnis, aber von den Feuchtigkeitsbedingungen weitgehend unabhängig
2. Arten mit hohem Feuchtigkeitsbedürfnis, aber von den Lichtverhältnissen relativ wenig abhängig

Daß beide durch Übergänge verbunden sind, versteht sich dabei wohl von selbst.

Daß diese beiden Faktoren allein nicht zur Erklärung aller Erscheinungen ausreichen, wurde schon hervorgehoben. Es soll daher nur noch einmal darauf aufmerksam gemacht werden, daß auch im Übergangsklima abstehende Beschuppung nur an solchen Arten auftritt, die keine Möglichkeit zum Sammeln organischer Abfallstoffe besitzen, so vor allem *Tillandsia usneoides*, in geringerem Maße auch *T. ionantha* und *T. plagiotropica*, während bei den trichterförmigen Rosetten stets nur angedrückte Schuppen vorhanden sind, z. B. bei *T. polita*, *T. rodrigueziana*, *T. fasciculata*. Anscheinend können auch *T. remota* und *T. juncea* zu den letztgenannten gestellt werden, deren Spreiten fein angedrückt beschuppt sind und die zwar keine trichterförmige Rosette aufweisen, deren dichtrasiger Wuchs aber die gleiche Aufgabe erfüllt. Besonders gilt das für *T. juncea*, die bezeichnenderweise aufrecht wächst, obwohl eine Einzelpflanze durchaus die Gestalt einer Regenform besitzt, die ja in El Salvador fast durchweg geotropisch indifferent sind.

Unter den Arten mit normaler Ernährung beanspruchen im Übergangsklima die *Pitcairnia*-Arten besonderes Interesse. Trotz der normalen Ernährungsweise unterscheiden sie sich untereinander äußerlich erheblich dadurch, daß eine unter ihnen immergrün ist, die übrigen dagegen während der Trockenzeit die Spreiten der Laubblätter abwerfen, so daß nur Blattscheiden und zu Dornen reduzierte Blätter zurückbleiben (vgl. S. 37). Der Vorteil des Laubwerfens ist leicht einzusehen. Es können während der Regenzeit Blätter hervorgebracht werden, die keines besonderen Verdunstungsschutzes bedürfen, was ohne Frage für den Gasaustausch und die Photosynthese von Vorteil ist. Auf diese Weise gelingt es beispielsweise der *Pitcairnia heterophylla* trotz der zarten Blätter, bis in ziemlich trockene Gebiete vorzudringen, während die immergrüne *P. hemsleyana* auf Bachschluchten und dergleichen angewiesen ist, die während des ganzen Jahres hohe Luftfeuchtigkeit aufweisen.

Zusammenfassend läßt sich sagen, daß vor allem drei Umweltfaktoren für die Gestaltung der Blattrosetten verantwortlich sind: das Feuchtigkeitsklima, die Frage der Nährstoffbeschaffung und, in geringerem Maße, auch das Licht. Den entscheidenden Einfluß üben aber die Feuchtigkeitsverhältnisse aus, da sie unter optimalen Bedingungen die Ausbildung besonders vorteilhafter Zisternenformen gestatten, ungünstigenfalls aber einen Verzicht hierauf und die Beschreitung anderer Wege erzwingen, auf denen ein viel geringerer Nutzeffekt erzielt wird.

Wie groß die Rolle ist, welche die Feuchtigkeitsbedingungen für die Ausbildung der verschiedenen Rosettentypen spielen, soll eine graphische Darstellung veranschaulichen (fig. 37). Es sind darin von den epiphytischen Arten jeweils einzelne Merkmale die Blatt- oder Zisternenform, die Beschuppung usw. betreffend herausgegriffen und der Prozentsatz der Arten mit einem dieser Merkmale in den verschiedenen Klimaten dargestellt. Man erkennt daraus, wie im Nebelwald der vollkommene Zisternentyp, zungenförmige Blattspreiten von membranöser oder versteifter Konsistenz und ohne Beschuppung sowie negativ geotropische Arten vorherrschen. In der Savanne dagegen überwiegen Arten ohne Zisternen (eigentliche Wasserbehälter fehlen ganz), mit schmalen, starren oder sukkulenten, zottig beschuppten Blattspreiten, und die Mehrzahl ist geotropisch indifferent oder plagiotropisch.

Man kann danach die Pittendrighschen Typen im großen und ganzen etwa wie folgt den drei Klimastufen zuordnen:

Nebelwaldklima: III a, (III b)
Übergangsklima: IV a, IV b_1, (III b)
Savannenklima: IV b_2, (IV a)

Hieraus ergibt sich weiter von selbst, daß die Gebiete, in denen sich die verschiedenen Typen jeweils am stärksten entfalten, innerhalb des Landes eine den Klimastufen entsprechende räumliche Anordnung aufweisen. Dies soll noch einmal in einer schematischen Darstellung veranschaulicht werden (fig. 38).

b) Klimarhythmus und periodische Erscheinungen

1. Der Lebenszyklus der Bromeliaceen

Die *Bromeliaceen* sind bekannt als hapaxanthe Gewächse, deren Lebenszyklus aus einer mehrjährigen vegetativen Periode und einer daran anschließenden einmaligen Blütezeit besteht. Streng genommen ist eine solche Darstellung nicht ganz exakt, denn in Wahrheit lebt die Pflanze nach der Blüte fort indem sie vegetative Erneuerungssprosse, gelegentlich in Form von Stolonen (fig. 62), meist aber von gestauchten Achseltrieben, hervorgebracht hat. Da jedoch die Erneuerung meist aus der Achsel eines der untersten oft frühzeitig vergehenden Blätter erfolgt, und der Achseltrieb sich erst spät zu entwickeln beginnt, entsteht doch weitgehend der Eindruck, als ob es sich um selbständige Individuen handle. Meist werden auch nur ein oder ganz wenige Erneuerungssprosse erzeugt.

Gelegentlich können diese Verhältnisse aber verwischt werden. Das ist besonders dann der Fall, wenn frühzeitig eine reichliche Verzweigung der Sproßachse stattfindet. Es entstehen dabei dichte zusammenhängende Rasen, von denen alljährlich mehrere bis viele Glieder gleichzeitig zur Blüte gelangen. Zu diesem Typus gehören vor allem *Tillandsia recurvata* und *T. schiedeana*, doch auch manche anderen rasig wachsenden Formen wie *T. juncea*, *T. remota*, *T. butzii*, *Pitcairnia heterophylla*, *Catopsis morreniana* u. a., in gewissem Sinne auch *Tillandsia usneoides* können dazu gerechnet werden. Man wird hier, besonders bei den beiden erstgenannten Arten, die Bezeichnung „hapaxanth" nicht mehr als passend ansehen, es sei denn, man wollte die jeweils oberhalb der letzten Verzweigung befindlichen Sproßenden wie ein selbständiges Individuum ansehen.

Während diese Fälle aber leicht aus dem gemeinhin als hapaxanth bezeichneten Typus abgeleitet werden können, sind bei *Greigia sanctae-martae* grundsätzliche Unterschiede erkennbar. Diese Art besitzt eine sehr große Zahl von blattachselständigen Infloreszenzen, die entlang einer fortwachsenden Hauptachse angeordnet sind. Sie befinden sich stufenweise in verschiedenen Entwicklungsstadien. Die untersten tragen etwa reife Früchte, die obersten Knospen, und zwischen beiden liegen solche mit unreifen Früchten. Das Merkwürdige ist nun, daß zwischen diesen Stufen auch ein beträchtlicher räumlicher Abstand liegt. So werden z. B. die Infloreszenzen mit den reifen Früchten in Richtung auf die Spitze der Hauptachse in jeder Blattachsel kleiner und kleiner und bleiben schließlich ganz rudimentär. Nach einer beträchtlichen Anzahl praktisch leerer Blattachseln treten dann allmählich wieder Rudimente auf, die zuletzt in wohlentwickelte Inflorenszenzen übergehen, die nun aber unreife Früchte tragen. Das Gleiche wiederholt sich dann zwischen unreifen Früchten und Blütenknospen, und auch oberhalb der Knospen wächst die Hauptachse noch weiter fort.

Dies ist der Zustand, wie er bei dieser Art Ende August 1951 am Miramundo (zweite Hälfte der Regenzeit) vorgefunden wurde. Daß hier offenbar ein jahreszeitlicher Rhythmus hinsichtlich der Blütezeit vorliegt, geht daraus hervor, daß alle untersuchten Individuen die gleichen drei Entwicklungsstadien aufwiesen. Wie groß der Abstand zwischen den Blühperioden sein mag, ob er etwa ein ganzes Jahr beträgt, kann leider nicht angegeben werden, da sich keine Gelegenheit bot, diese Dinge weiter zu beobachten.

Auch bei *Tillandsia multicaulis* und *T. complanata* Benth. stehen die Infloreszenzen lateral in den Achseln von laubblattartigen Brakteen, während die Hauptachse noch ein Stück darüber hinaus fortwächst. Trotzdem bringt aber jede Blattrosette nur einmal solche Infloreszenzen hervor und stirbt nach der Fruchtreife ab. Ebenso blühen alle Infloreszenzen einer Rosette zur gleichen Zeit und nur die Blüten innerhalb einer Ähre öffnen sich nacheinander. Es kann also die Gesamtheit der lateralen Infloreszenzen dieser beiden Arten einer terminalen Infloreszenz anderer *Tillandsia*-Arten und auch der meisten übrigen *Bromeliaceen* gleichgesetzt werden. Übergänge zwischen beiden bilden beispielsweise verschiedene *Tillandsia*-Arten, bei denen unterhalb der terminalen Ähre eine Anzahl leerer, spiralig angeordneter Vorblätter von der Gestalt der Primärbrakteen vorhanden sind, so etwa bei *T. vicentina* und *T. fasciculata* var. *compressa*. Besonders ausgeprägt ist dies bei *Vriesea cornus-cervi* (fig. 79). Bei *V.montana* schließlich fehlt eine terminale Ähre ganz (Abb. 34), und die Hauptachse endet mit einigen sterilen Blättern.

Eine solche Ableitung von der normalen *Bromeliaceen*-Infloreszenz erscheint bei *Greigia sanctae-martae* nicht möglich, da eine Rosette mehrmals in zeitlichen und räumlichen Abständen Infloreszenzen hervorbringt. Wie sich andere *Greigia*-Arten in dieser Hinsicht verhalten, ist mir nicht bekannt. Sicher ist nur, daß auch dort laterale Infloreszenzen vorkommen. Weitere Untersuchungen mögen aber vielleicht zeigen, daß der Aufbau der Infloreszenz auch vom systematischen Standpunkt Beachtung verdient.

2. Jahreszeitliche Periodizität der vegetativen Teile

Ein Einfluß der jahreszeitlichen Klimaschwankungen auf das vegetative Stadium der *Bromeliaceen* ist ohne dauernde Beobachtung einzelner Individuen im allgemeinen kaum erkennbar. Die Pflanzen, die bekanntlich die Trockenzeit mit allen ihren Organen überdauern, bieten währendessen dem Auge völlig das gleiche Bild wie in der Regenzeit.

Eine Ausnahme hiervon machen in El Salvador nur die *Pitcairnia*-Arten, über die schon einiges gesagt worden ist. Das Bemerkenswerte ist, daß bei allen Arten ein gleichartiger Rhythmus in der Blattbildung vorliegt. Dies zu verstehen, ist es zunächst notwendig, den Vorgang bei *Pitcairnia heterophylla* näher zu beschreiben. Am Beginn der Regenzeit, oder meist kurz zuvor, werden lange, zarte grüne Blattspreiten von grasartiger Gestalt gebildet, die nicht die sonst für die Gattung typischen Randstacheln besitzen (fig. 35). Diese treten erst später am Grunde der folgenden Spreiten auf und besetzen zum Ende der Regenzeit hin einen immer größeren Abschnitt an deren Basis. Im Gegensatz dazu werden die Spreiten selbst allmählich immer kürzer und schmäler entwickelt und schließlich ganz reduziert, so daß nur noch ein widerhakiger Dorn entsteht. Mit Einsetzen der Trockenzeit nämlich werden die basalen Teile der Spreiten, soweit sie mit Randstacheln besetzt sind, lederig hart, während die stachellosen Abschnitte welken und schließlich an einer präformierten Linie abgeworfen werden. Die Scheiden aller dieser Blätter sind fleischig und stellen in ihrer Gesamtheit ein vollkommen zwiebelähnliches Gebilde dar.

Diese dornbewehrten „Zwiebeln" nun überdauern die Trockenzeit und treiben kurz vor dem ersten Regen wieder grüne Blätter aus. Da sich dieser Vorgang mehrere Jahre hindurch wiederholt, sind zuletzt abwechselnd immer je eine Lage mit einem spitzen Dorn versehener Scheiden und eine Lage mit den Stümpfen der abgeworfenen grünen Blätter vorhanden, an denen man das Alter der Pflanzen abzählen kann, das bei einer blühenden *P. heterophylla* 3—4 Jahre beträgt. Es ist danach also nicht ganz exakt, wenn L. B. Smith für diese Art angibt: „blades dimorphic, the outer ones reduced to spinose-serrate ... spines, the inner ones green and functional" (67, p. 76).

Ganz entsprechend verhalten sich *P. flexuosa* und wahrscheinlich auch die von mir nicht lebend beobachtete *P. calderonii*. Aber auch *P. hemsleyana* entwickelt während der Regenzeit grüne Blätter von beträchtlicher Größe, in der trockenen Zeit dagegen niederblattartige Gebilde, die nur aus der Scheide und einem kurzen, dornartigen Fortsatz bestehen (fig. 36). Der Unterschied gegenüber den erstgenannten Arten besteht darin, daß die grünen Blattspreiten während der Trockenzeit erhalten bleiben und eine Verhärtung der Basis nicht eintritt. Auch sind blühende Exemplare in der Regel nur 2 Jahre alt.

Es wäre sehr interessant zu erfahren, ob diese Erscheinung der Heterophyllie etwa der ganzen Gattung eigentümlich ist oder ob sie nur in den Gebieten mit langer und strenger Trockenzeit ausgeprägt ist. An dem gesichteten Herbarmaterial ließ sich das leider nicht ermitteln, da man nur selten eine ganze Blattrosette vorfindet.

Obwohl auch alle übrigen Arten zumindest des Savannen- und des Übergangsklimas dem jährlichen Witterungswechsel unterworfen sind, läßt sich dies an der Gestalt der Blätter nicht ablesen. Man findet an den Blattrosetten nur eine einfache Größenzunahme der Blätter von außen nach innen und schließlich wieder eine Abnahme beim Übergang in die Schaftblätter.

3. Jährlicher Klimarhythmus und Blütezeit

Im Gegensatz zu den vegetativen Teilen ist bei fast allen *Bromeliaceen* in El Salvador der Zusammenhang zwischen der Blütenbildung und der Jahreszeit sehr deutlich. Das erscheint fast etwas überraschend, wenn man bedenkt, daß zuvor mehrere Trocken- und Regenperioden abgewechselt haben, ohne an der Pflanze eine sichtbare Reaktion auszulösen, und daß wenigstens bei den *Pitcairnia*-Arten, vermutlich aber auch bei den übrigen *Bromeliaceen*, die Individuen bei der Blüte ein verschiedenes Alter besitzen. Besonders bemerkenswert erscheint dies, weil der Blühvorgang zu einer bestimmten Jahreszeit nicht eine unmittelbare und notwendige Folge der Klimaerscheinungen ist, sondern eine der betreffenden Art eigentümliche Disposition zur Voraussetzung hat. Das wird sehr augenfällig demonstriert durch zwei *Pitcairnia*-Arten, *P. heterophylla* und *P. flexuosa*, die am Cerro Chulo bei San Salvador beide nebeneinader am gleichen Standort wachsen. Die erste blüht in den ersten Wochen der Trockenzeit, die zweite im ersten Beginn der Regenzeit, also genau ein halbes Jahr später. Auch der Laubfall geschieht ja nicht unter dem direkten Einfluß der Trockenheit, sondern auf Grund einer vorsorglichen Maßnahme der Pflanze am Ende der Regenzeit.

Man findet in der Literatur des öfteren die Tatsache besonders hervorgehoben, daß die *Bromeliaceen* auch in der Trockenzeit blühen. In El Salvador bot sich die Gelegenheit, hierüber genauere Beobachtungen anzustellen und für 35 der dort vorkommenden Arten die Blütezeit ziemlich genau festzulegen. Dabei zeigte sich, daß sie zwar für die einzelnen Arten an eine bestimmte Jahreszeit gebunden ist, daß aber, wie schon an dem Beispiel von *Pitcairnia* gezeigt wurde, eine zwingende Notwendigkeit hierfür nicht besteht. Der Einfluß, den das Klima unmittelbar ausübt, dürfte sich also auf die Auslösung der Blühvorgänge beschränken. Diesen Anstoß zu geben, scheint aber selbst der schwach ausgeprägte Rhythmus im Nebelwaldklima imstande zu sein. Unterschiede zwischen Regen- und Trockenzeit sind zwar auch dort feststellbar, doch geschieht der Übergang so allmählich und unmerklich, daß die bei den einzelnen Arten vielfach auf einige Wochen genau begrenzte Blühperiode in Erstaunen versetzt.

Es versteht sich von selbst, daß eine einjährige Beobachtung kein völlig zutreffendes Bild über die Blütezeit der einzelnen Arten vermitteln kann. Einige habe ich überhaupt nicht blühen sehen und war daher auf ungefähre Schätzungen auf Grund der Entwicklungsstadien von Knospen oder Früchten angewiesen, und in mehreren Fällen ist nicht einmal dies möglich gewesen. Auf der anderen Seite darf aber auch nicht verkannt werden, daß Durchschnittswerte für mehrere Jahre die Höhe- und Tiefpunkte eher etwas verwischen als deutlicher machen, da diese in den einzelnen Jahren zeitlich etwas verschieden zu liegen pflegen.

Es liegen für 31 Epiphyten und 4 terrestrische Arten hinreichend genaue Beobachtungen vor, welche die Angabe der Blütezeit im Zeitraum von Juli 1950 bis September 1951 mit einer Fehlergrenze von etwa einem halben, bei mehreren Arten bis zu einem Monat, zulassen. Hieraus wurde eine Kurve abgeleitet (fig. 39), in der für jeweils einen Zeitraum von $\frac{1}{2}$ Monat die Anzahl der blühenden Arten eingetragen ist. Daraus ergibt sich, daß die Hauptblütezeit der *Bromeliaceen* in El Salvador in den Monaten Februar bis Juni liegt. Danach setzt eine rapide Abnahme ein, die bis zum absoluten Minimum im Oktober führt. Im November beginnt die Kurve dann wieder anzusteigen, um im Februar sehr rasch das absolute Maximum zu erreichen.

Es muß selbstverständlich damit gerechnet werden, daß der Kurvenverlauf bei Hinzuziehung der restlichen Arten einige Änderung erfährt. Es ist auch nicht sicher, ob das Minimum im April nicht schon durch die Ungenauigkeit der Beobachtung an den ausgewerteten 35 Arten mitverursacht worden ist. Andererseits muß es auffallen, daß entsprechende Minima auch dann in allen drei Fällen auftreten, wenn man für jede Klimastufe eine gesonderte Kurve zeichnet. Trotzdem wird es angebracht sein, auf diese Tatsache nur aufmerksam zu machen, da ja die Zahl der Arten, besonders nach Aufteilung in die drei Gruppen, für statistische Untersuchungen doch recht gering ist.

Ohne Frage kann aber, bei Berücksichtigung aller Fehlerquellen, als Tatsache angenommen werden, daß sich die Blütezeit im wesentlichen von Februar bis Juni oder allenfalls bis Juli erstreckt. Daran dürften auch die unberücksichtigten Arten nichts ändern, da zumindest bei 7 Arten mit einiger Gewißheit gesagt werden darf, daß sie gleichfalls in dieser Zeit blühen, wenn auch Genaueres nicht festgestellt werden konnte.

Ein Vergleich mit der Niederschlagskurve zeigt, daß die Hauptblütezeit mitten in der Trockenperiode beginnt und sich bis zum ersten Höhepunkt der Regenzeit erstreckt. Mit dem „verano de San Juan", der Zwischentrockenzeit, setzt die Abnahme bis zum Minimum am Ende der Regenzeit ein. Bedenkt man, daß die Infloreszenzen der *Bromeliaceen* meist sehr lange von ihrer Anlage bis zum Aufbrechen der Blüten benötigen, so ergibt sich, daß die Zeit, in der die meisten Arten die Infloreszenz anzulegen beginnen, ziemlich genau in das halbe Jahr der Trockenzeit fällt.

Das ist ein Verhalten, das genau im Gegensatz zum Großteil der übrigen krautigen Vegetation steht. Es soll hier nicht nach einer Erklärung gesucht werden, die doch ohne experimentelle Untersuchungen nicht gegeben werden könnte. Immerhin scheint es kein Zufall zu sein, daß einige andere unter gleichen Bedingungen lebende Pflanzengruppen sich ganz ähnlich verhalten, nämlich die *Cactaceen* und die *Orchideen*. Ob deren Hauptblütezeit ebenso ausgesprochen in der Trockenzeit liegt, wie besonders für die *Orchideen* vielfach behauptet wird, wäre noch nachzuprüfen. Es wäre ja denkbar, daß die in der Trockenzeit blühenden Arten nur besonders auffallen. Ohne Zweifel ist aber der Prozentsatz der während der regenlosen Periode blühenden Arten wesentlich höher als sonst bei krautigen Arten.

Sehr auffällig ist weiterhin, daß gerade die Arten des Savannenklimas so gut wie ausschließlich in der Trockenzeit blühen, während sich die Blühperiode in den feuchteren Gebieten sehr viel weiter in die Regenzeit hinein ausdehnt. Da die Savannen-Arten, wie wir gesehen haben, atmosphärische Typen sind, geht daraus sofort hervor, daß es nicht die Zisternen sind, die das Blühen während der Trockenzeit ermöglichen, wie etwa von Martius vermutet wurde (40, p. XXXIV).

Voll auswerten und in ihren Zusammenhängen verstehen ließen sich diese Beobachtungen wohl erst, wenn auch aus anderen Ländern entsprechende Untersuchungen vorliegen würden. Es wäre u. a. von Wichtigkeit, zu wissen, wie die Verhältnisse in der äquatornahen Zone mit 2 Regen- und Trockenzeiten im Jahr oder in extrem trockenen Gebieten mit mehr als halbjähriger Trockenperiode liegen. Zur Zeit läßt sich hierüber aber nichts in Erfahrung bringen, und es muß daher auch aus diesem Grunde auf weitere Schlußfolgerungen verzichtet werden.

c) Die klimatisch bedingten Artenkombinationen

Aus den vorausgegangenen Ausführungen läßt sich bereits ersehen, daß sich für die verschiedenen Klimabedingungen ganz bestimmte Artenkombinationen in der *Bromeliaceen*-Flora ergeben müssen. Dabei ist aber noch ein weiterer Faktor zu berücksichtigen, der bisher nur nebenbei erwähnt worden ist, nämlich die Temperatur. Nach Schimper spielt bei der Bestimmung des Vegetationstypus die klimatische Feuchtigkeit die wichtigste Rolle, während die floristische Zusammensetzung einer Formation auf den Einfluß der Wärme zurückzuführen ist (58, p. 174f.). Das läßt sich sinngemäß auch auf die *Bromeliaceen*-Flora anwenden. Ihr Erscheinungsbild ist bei gleichen Feuchtigkeitsbedingungen weitgehend dasselbe, doch zeigen sich erhebliche Unterschiede in der artlichen Zusammensetzung, wenn man verschiedene Höhenstufen miteinander vergleicht. Dementsprechend werden wir im Savannen- und besonders im Übergangsklima mehreren Artengruppen begegnen, die unter gleichen Feuchtigkeitsbedingungen leben. Eine Ausnahme hiervon macht nur das immerfeuchte Klima, weil es in El Salvador ausschließlich in den höchsten Bergregionen vorkommt.

1. Die Artengruppe des Nebelwaldes

Wegen der hohen Ansprüche der hierher gehörenden Arten an die Feuchtigkeitsbedingungen ist diese Gruppe nur an einer Stelle des Landes voll entfaltet, nämlich auf der noch stark unter dem Einfluß des atlantischen Klimas stehenden Kuppe des Miramundo-Montecristo-Massivs (Abb. 1—3). Nirgendwo sonst im Lande findet man daher solche Massen von Epiphyten wie hier. Dennoch entziehen sie sich weitgehend den Blicken des Menschen. Der Schatten, den das dichte Laubdach wirft, ist so tief, daß selbst die schattenertragenden Formen nur ausnahmsweise in Bodennähe einen geeigneten Standort finden. Obwohl an ihrem natürlichen Standort so gut wie unerreichbar, kann man sich doch sehr leicht ein zuverlässiges Bild über Artenbestand und Individuenzahl der Epiphyten machen. Bei den häufigen Regenstürmen nämlich, wenn sich die Blattrosetten der *Bromeliaceen* mit Wasser gefüllt haben, lösen sich unter der Wirkung des Windes und des erhöhten Eigengewichtes oft große Klumpen von Epiphyten von den Zweigen. Nicht selten brechen auch ganze Äste ab und ermöglichen dann auf bequeme Art das Studium der ganzen Epiphytengemeinschaft.

Die Arten des Nebelwaldes sind die folgenden:

Tillandsia guatemalensis
Tillandsia multicaulis
Tillandsia cryptopoda
Tillandsia yunckeri
Tillandsia ponderosa
Tillandsia candelifera
Tillandsia tephrophylla var. guzmanioides
Vriesea cornus-cervi
Vriesea montana
Catopsis morreniana
Greigia sanctae-martae

Ein besonderes Charakteristikum dieser Artengruppe stellen die großen, kompakten, mehr oder weniger zapfenförmigen, leuchtend roten Infloreszenzen von *Tillandsia yunckeri* (fig. 78), *T. ponderosa* und *T. candelifera* (fig. 66) dar, ferner die mächtigen, geweihartigen Blütenstände von *Vriesea cornus-cervi* (fig. 89, Abb. 33) und die braunrot gezeichneten Blattrosetten der *Vriesea montana* (Abb. 34). Durch massenhaftes Vorkommen fallen *Tillandsia guatemalensis* (Abb. 28) mit meist lockerer, stark verzweigter, rot gefärbter Rispe und *Catopsis morreniana* (fig. 80) mit unscheinbaren weißen Blüten auf.

Es ist möglich, daß die beschuppten Arten des Nebelwaldes als Ausläufer der *Bromeliaceen*-Flora oberhalb der „Wolkenregion" anzusehen sind, wo nach Schimper die Feuchtigkeitsbedingungen wieder ungünstiger werden (57, p. 121). Es läßt sich das aber von den in El Salvador gegebenen Verhältnissen aus schwer beurteilen, da die höchsten Erhebungen über 2300 m nicht wesentlich hinausgehen. Wenn nämlich Schimper die Höhe zwischen 1300 und 1600 m als die der reichsten Epiphytenvegetation bezeichnet, so hat das sicher keine allgemeine Gültigkeit. Aus den Schilderungen der Vegetation von Costa Rica durch Standley (69) und von Ecuador durch Diels (17, p. 17) geht hervor, daß die Epiphytenvegetation dort in wesentlich größeren Höhen (über 3000 m) noch stark entwickelt ist, ja, in Costa Rica einen unübersehbaren Reichtum aufweist. Auch Schneider-Carius gibt für die Ausdehnung des Nebelwaldes („Wolkenraum der Grundschicht") eine Ausdehnung von 1500 bis 2500 m an (59). So liegt auch in El Salvador die Spitze des Miramundo noch annähernd in der Region optimaler Lebensbedingungen für die Epiphyten, und wenn auch auf dem äußersten Gipfel eine Páramo-ähnliche Vegetation den Nebelwald ablöst, so fragt sich, ob dies nicht ebenso sehr auf eine Wirkung des Windes wie auf den Mangel an Feuchtigkeit zurückzuführen ist. Immerhin ist es interessant, daß auf dem Gipfel des Miramundo eine Häufung von *Tillandsia cryptopoda* (fig. 67) zu beobachten war, wie auch das einzige Exemplar von *T. tephrophylla* var. *guzmanioides* dort gefunden wurde.

Anklänge an die *Bromeliaceen*-Flora des Miramundo-Montecristo sind auf den höchsten Erhebungen auch in anderen Teilen des Landes vorhanden, besonders am Volcán de Sta. Ana und der westlich anschließenden Vulkankette. Die Feuchtigkeitsverhältnisse sind jedoch schon spürbar ungünstiger, was darin augenfällig zum Ausdruck kommt, daß die Zisternen während der Trockenzeit zwar immer etwas feucht erhalten bleiben, aber nicht mehr ständig mit Wasser gefüllt sind. Stets ist daher eine beträchtliche Verarmung in der Artenzahl festzustellen. Häufig und in großer Zahl findet man stets noch *Tillandsia guatemalensis* und *Catopsis morreniana*, viel seltener schon *Tillandsia multicaulis*, *Vriesea cornus-cervi* und *V. montana*. Wie mir Dr. Lötschert (Frankfurt/M.) freundlicherweise brieflich mitteilte, kommt *Tillandsia ponderosa* auch am Volcán de San Vicente vor. Die restlichen Arten scheinen innerhalb des Landes auf den Miramundo-Montecristo beschränkt zu sein.

2. Die Artengruppen des Übergangsklimas

Hierher gehören eine ganze Anzahl von Artengruppen, die teils durch feinere Unterschiede des Feuchtigkeitsklimas, teils durch die Temperaturverhältnisse bedingt sind. Wenn man etwa an einem der Vulkane von der Spitze ins Tal hinabsteigt, so durchschreitet man, nachdem man den eigentlichen Nebelwald hinter sich gelassen hat, meist 3 verschiedene durch eigene Artengruppen charakterisierte Regionen, in denen nach und nach die Feuchtigkeit abnimmt, die Temperatur dagegen ansteigt. Die unterste dieser Artengruppen geht daher bereits allmählich in die des Savannenklimas über.

Anders liegen die Dinge an den Südhängen der nördlichen Grenzgebirge. Da sie im Regenschatten liegen, geht der Wechsel vom Nebelwald- zum Savannenklima sehr rasch vor sich. Da aber die Temperatur nicht in entsprechendem Maße zunimmt, trifft man hier nicht etwa eine Zusammendrängung der oben erwähnten drei Artengruppen an, sondern es ist nur die oberste gut erkennbar ausgebildet (fig. 38).

Weiter kompliziert werden die Verhältnisse dadurch, daß in Bachschluchten usw. auf kleinem Raum die Feuchtigkeitsbedingungen günstiger sind als in der Umgebung. Auf diese Weise kommt auch noch im Savannengebiet eine Artengruppe vor, die denen des Übergangsklimas entspricht.

Bis zu einem gewissen Grade läßt sich innerhalb des Übergangsklimas noch ein Zusammenhang zwischen Habitus und den unterschiedlichen Feuchtigkeitsbedingungen erkennen. Zarte, mehr oder weniger breite Blattflächen kommen nur in den feuchteren Teilen vor, die trockenste Artengruppe des Übergangsklimas besteht dagegen außer *Tillandsia recurvata* nur noch aus hartblättrigen Arten. Im Ganzen sind aber die Unterschiede nicht allzu deutlich, und die feineren Nuancierungen des Klimas prägen sich daher mehr in der Artenkombination als im Auftreten bestimmter habitueller Typen aus.

Die Tillandsia butzii-Gruppe. Es muß angenommen werden, daß der Nebelwald unter natürlichen Bedingungen weiter an den Berghängen herabsteigen würde, als es heute der Fall ist, da seine Randgebiete überall weitgehend zerstört und Plantagen, Äckern oder Weiden gewichen sind (Abb. 6, 7). Einzelne

Bäume und Baumgruppen dieses Kulturlandes oder auch Sekundärbusch, bis herab auf etwa 1700—1500 m, sind heute der Lebensraum der *Tillandsia butzii*-Gruppe.

Im Gegensatz zum Optimumgebiet des Nebelwaldes könnten hier merkliche Differenzen in der Feuchtigkeit zwischen dem Waldinneren und dem freien Luftraum sehr wohl bestanden haben. Damit wären die Voraussetzungen für das Auftreten von „Wipfelepiphyten", die sich von den Arten unter dem Laubdach unterscheiden, gegeben, wenn auch die Gegensätze wahrscheinlich nicht so groß gewesen sind, wie es von Schimper beschrieben wird (57, p. 91). Die Vermutung liegt daher nicht fern, daß es sich bei den heute allgemein vorherrschenden Arten um diese früheren Wipfelepiphyten handelt. Daß sie im Kerngebiet des Nebelwaldes fehlen, kann vielleicht damit erklärt werden, daß sie im extrem feuchten Klima auch in den Wipfeln der Konkurrenz der eigentlichen Nebelwald-Arten ausgesetzt sind.

Als charakteristisch für die Grenzgebiete des Nebelwaldes können folgende Arten gelten:

Pitcairnia heterophylla
Tillandsia vicentina
Tillandsia lampropoda
Tillandsia punctulata
Tillandsia polita
Tillandsia butzii
Tillandsia usneoides
Catopsis wangerini
Catopsis oerstediana

Die Individuenzahl kann mancherorts noch sehr groß sein, doch wird die überwältigende Fülle des Nebelwaldes nicht mehr erreicht. Auch handelt es sich durchschnittlich um Arten von wesentlich kleinerer Statur.

Die häufigste und am weitesten verbreitete Art unter den reinen Epiphyten ist die bulbose *Tillandsia butzii* (fig. 64), die durch ihre fein braun, weiß und grün quergebänderten Rosetten und Blattspreiten auffällt. Noch häufiger ist die fakultativ epiphytische *Pitcairnia heterophylla.* Wo sie an den Bäumen wächst, verhält sie sich durchaus wie die echten Epiphyten, indem sie sich nicht in humusreichen Astgabeln und dergleichen, sondern meist an der Borke von Stämmen und Ästen ansiedelt. In der Regenzeit bietet sie mit ihren lang herabhängenden, grasartigen Blättern einen auffälligen Anblick und nicht weniger am Beginn der Trockenzeit durch die lachsfarbigen Blüten. Hervorzuheben sind ferner die bekannte *Tillandsia usneoides*, die zart rosafarbigen Infloreszenzen von *T. vicentina* (fig. 77), gegen die die blauvioletten Blütten scharf kontrastieren, und die eigenartige *T. punctulata* (fig. 72) mit tief schwarz-purpurnen, weiß bespitzten Blüten. Wenig treten dagegen die *Catopsis*-Arten mit ihren unscheinbaren Blüten hervor, obschon *C. wangerini* (fig. 82) manchmal massenhaft vorkommt.

Nur am Miramundo-Montecristo gefunden wurden *Tillandsia lampropoda* (Abb. 29) und *T. polita.* Während jene die unmittelbaren Randgebiete des noch verbliebenen Nebelwaldes bewohnt (Abb. 4), geht diese weit herab und vermengt sich in einer Höhe von 1500 m bereits mit den Arten des Savannenklimas, scheint also den Arten zu entsprechen, die an den Vulkanhängen die unterste der drei Gruppen bilden. Bezeichnenderweise gleicht sie habituell völlig einer dieser Arten, nämlich der *T. fasciculata* var. *latispica*.

Wo noch größere Gruppen dichtlaubiger Bäume des ursprünglichen Nebelwaldes erhalten sind, fehlen in ihrem Schatten die oben genannten Arten. An ihre Stelle treten häufig einige Arten des Nebelwaldes, besonders *Tillandsia guatemalensis* und *Catopsis morreniana*. Es zeigt sich daran, daß früher in diesem Bereich tatsächlich Nebelwald-Arten verbreitet gewesen sind.

Die Tillandsia juncea-Gruppe. Die Grenzen dieser Artengruppe können mit etwa 1500 und 1100 m angenommen werden, was ungefähr der Pinabetal-Diquidumbal-Region entsprechen dürfte. Allem Anschein nach handelt es sich hier um eine der vorigen entsprechende Artengruppe, die infolge verhältnismäßig großen Lichtbedürfnisses in der natürlichen Landschaft auf Lichtungen, Waldränder und vielleicht die Baumwipfel angewiesen war. Es ist das aber recht schwierig zu beurteilen, weil der Kaffeebau die natürliche Vegetation fast völlig verdrängt hat. Die an ihrer Stelle angepflanzten Schattenbäume aber (*Inga*, *Gliricidia* u. a.) scheinen wenig für Epiphytenbewuchs geeignet zu sein. Da darüber hinaus krankes Holz ausgeschnitten wird und gewöhnlich auch die Bäume noch von Epiphyten gesäubert werden, ist es kaum möglich, sich ein klares Bild zu verschaffen.

Heute findet man diese Artengruppe meist fragmentarisch in verwildertem, mehr oder weniger offenem Gelände und an den Ufern einiger Kraterseen (Laguna de Alegría) am Rand der an den Kraterwänden verbliebenen Waldreste. Mit einigem Vorbehalt können die folgenden Arten hierher gerechnet werden:

Tillandsia juncea
Tillandsia fasciculata var. compressa
Tillandsia rodrigueziana
Tillandsia plagiotropica
? Billbergia mexicana

Besonders bezeichnend ist *Tillandsia juncea* mit borstlichen, starr aufrecht stehenden Blättern und kleinen, dichtgedrängten Ähren (fig. 69) an einem relativ langen Schaft, ferner ist *T. plagiotropica* (Abb. 37) hervorzuheben, die zwar klein und unscheinbar ist, aber durch den Plagiotropismus und die zygomorphe Blattrosette auffällt. Die stattlichste Erscheinung ist *T. rodrigueziana* (fig. 74) mit schmaler, thyrsoider Infloreszenz, grünen Ähren und blaßblauen Blüten. Die Bestimmung von *Billbergia mexicana* ist nicht ganz sicher. Sie wurde auch nur einmal gefunden, so daß nichts Sicheres über ihre Standortansprüche gesagt werden kann.

Die Tillandsia fasciculata-Gruppe. In der Höhenlage zwischen etwa 1100 und 700 m liegen die Verhältnisse hinsichtlich der Kultivierung ähnlich wie in der vorher besprochenen Region. An natürlicher Vegetation ist kaum mehr vorhanden als ein paar Stücke sekundären Waldes. In dem heutigen mehr oder weniger offenen Kulturgelände kommen eine Reihe von Arten vor, die hier wohl ihr Optimum haben, sich aber doch bereits durch eine beachtliche Trockenresistenz auszeichnen und daher nicht selten auch im typischen Savannenklima anzutreffen sind. Eine klare Trennung von der *Tillandsia schiedeana*-Gruppe ist daher nicht möglich, zumal auch umgekehrt die Arten des Savannenklimas bei den günstigen Lichtverhältnissen des Kulturlandes oft recht zahlreich vorkommen.

Folgende Arten können als die bezeichnendsten für die trockensten Gebiete des Übergangsklimas angesehen werden:

Tillandsia recurvata
Tillandsia fasciculata var. latispica
? Tillandsia baileyi
Tillandsia ionantha

Die häufige und weit verbreitete *Tillandsia fasciculata* var. *latispica* (Abb. 25) ist auch in der Hauptstadt und deren Umgebung eine wohlbekannte Erscheinung und wird dort wegen der gelben und roten Färbung der Infloreszenz allgemein „gallito" (Hähnchen) genannt. *Tillandsia recurvata* bildet sehr häufig dichte Kolonien auf den Leitungsdrähten (Abb. 31, fig. 73). Trotz ihrer Kleinheit ist auch *T. ionantha* eine recht auffällige Art, da sie große und zusammenhängende Rasen bildet und das besonders tiefe Blauviolett der Blüten mit den völlig rot gefärbten Rosetten wohl die schönste Farbkombination darstellt, die man an den Arten El Salvadors beobachten kann. *T. baileyi* (fig. 63) wurde nur an zwei Orten gefunden, und es ist daher nicht ganz sicher, ob sie hier an der richtigen Stelle aufgeführt worden ist.

Die Tillandsia flabellata-Gruppe. Wo im Bereich der *Tillandsia juncea*-Gruppe und besonders der *Tillandsia fasciculata*-Gruppe in Bachschluchten (Abb. 13) oder unter besonderen topographischen Bedingungen örtlich besonders günstige Feuchtigkeitsverhältnisse herrschen, werden jene durch eine hygrophilere Artengruppe ersetzt, von denen einige Arten durch die zarten, schwach beschuppten Blätter, die mehr oder weniger zisternenartige Rosette, die meisten auch durch hohe Schattenresistenz an die Formen des Nebelwaldes gemahnen:

? Lindmania micrantha
Pitcairnia hemsleyana
? Tillandsia polystachya
Tillandsia flabellata
Catopsis nutans var. stenopetala

Nur einmal gefunden wurden *Tillandsia polystachya* (fig. 71) und *Lindmania micrantha*, die übrigen stellen recht häufige Erscheinungen dar. Die imposanteste Art ist *Pitcairnia hemsleyana*, die sich vorzugsweise an den Tuffwänden der Barrancos ansiedelt, wo sie mit dem eigenen Wurzelwerk eine dünne Humusschicht festhält. Ihre 1—2 m langen, 6 cm und mehr breiten Blätter hängen von den Wänden herab, während die mächtige scepterförmige Infloreszenz mit den braunroten Floralbrakteen und den gelben Blüten aufgerichtet wird. *Tillandsia flabellata* erinnert mit den langgestielten Ähren etwas an *T. multicaulis*, doch ist in Wahrheit eine endständige Rispe vorhanden (fig. 68), und die Ähren treten nur scheinbar seitlich aus der Rosette hervor, weil der Schaft sehr kurz ist.

Catopsis nutans var. *stenopetala* zeichnet sich durch hängende Infloreszenz und verhältnismäßig große, sich abends öffnende gelbe Blüten aus.

Die Tillandsia brachycaulos-Gruppe. Diese Artengruppe, die nur noch aus 2 Arten besteht, findet sich unter ähnlichen Bedingungen wie die vorige, innerhalb des Savannenklimas, meist unterhalb 500 m, an See- und Bachufern, in Sumpfgebieten usw., doch sind beide Arten wärme- und anscheinend auch lichtbedürftiger:

Tillandsia remota
Tillandsia brachycaulos

Tillandsia brachycaulos weist ein ähnliches Farbenspiel auf wie *T. ionantha*, ist aber größer und wächst einzeln. Ganz abweichend ist die Erscheinung von *T. remota* durch deren lange borstliche Blätter, die, ebenso wie der dünne Schaft, lang von den Zweigen herabhängen (Abb. 32, fig. 70), wie auch durch die winzigen weißen Blüten.

Die Pitcairnia-Arten am Cerro Chulo. Meines Wissens einmalig im Lande ist die massenhafte Entwicklung von *Pitcairnia heterophylla* und *P. flexuosa* am Cerro Chulo, einem kahlen Felsen von etwa 1100 m Höhe im Süden der Hauptstadt, der aus dem Küstenvorland reichlich 500 m steil emporragt. Die daran emporsteigenden Seewinde erzeugen auch in der Trockenzeit ein luftfeuchteres Lokalklima, als es anderswo in gleicher Meereshöhe zu finden ist. Es scheint, daß der Waldbestand vernichtet und der Mutterboden abgeschwemmt wurde. Es sind daher nicht nur die Steilwände völlig nackt, sondern auch auf den schwach geneigten Flächen sind nur sehr geringe Mengen Humus vorhanden.

Diese Felsen sind überzogen von riesigen Mengen der genannten *Pitcairnia*-Arten, die in der Regenzeit den Eindruck hervorrufen, als ob es sich um große grasige Flächen handelte (Abb. 23), während in der Trockenzeit nur ein winziges stacheliges Gestrüpp zurückbleibt (Abb. 24). Anscheinend werden von *P. heterophylla* die steilen Wände bevorzugt, wo sie mit dem eigenen Wurzelwerk, ähnlich der *P. hemsleyana*, eine dünne Humusdecke festhält. Die Achse der Pflanzen ist meist horizontal — genauer: senkrecht zur Unterlage — orientiert, und auch die nistende, gedrängte Infloreszenz erstreckt sich in der gleichen Richtung. Anders *P. flexuosa* (fig. 62). Sie wächst auf weniger abschüssigen Partien und zeigt einen strengen negativen Geotropismus.

Am Beginn der Trockenzeit (November) sind die Felsen übersät von den lachsfarbenen Blüten der *P. heterophylla*, am Anfang der Regenzeit (Mai) erscheinen die intensiver roten, gestielten Blütenstände von *P. flexuosa*.

3. Die Artengruppen des Savannenklimas

Die verschiedenen Vegetationsformationen des trockensten Klimas in El Salvador wurden eingangs geschildert. Ihnen allen ist gemeinsam, daß sie viel Licht bis auf den Boden durchlassen, da die Bäume oder Sträucher locker stehen oder doch dünn belaubt sind. Es dürften daher weniger die Licht- als die Temperaturverhältnisse die Ursache für die Ausbildung der beiden folgenden Artengruppen darstellen.

Die Tillandsia plumosa-Gruppe. In reiner Form findet sich diese aus nur 2 Arten bestehende Gruppe vor allem an den Südhängen der nördlichen Grenzgebirge, in den Kiefern- und Eichenwäldern, besonders zwischen 1200 und 1600 m, während sie sich an den Vulkanen an lichteren Stellen nicht selten mit der *Tillandsia juncea*-Gruppe vermengt. Die beiden hierher gehörigen Arten sind:

Tillandsia selerina
Tillandsia plumosa var. magnusiana

Merkwürdigerweise wachsen beide vorzugsweise in horizontaler Richtung an den Stämmen der Bäume, doch sind die Rosetten durchaus radiär ausgebildet, nicht zygomorph wie bei *T. plagiotropica*, nur die Schaftblätter und die Infloreszenz von *T. seleriana* krümmen sich aufwärts (fig. 76). Während diese eine sehr derbe, bulbose Gestalt besitzt, besteht *T. plumosa* var. *magnusiana* aus einem dichten Büschel feiner, fadenförmiger Blätter, in denen die kleine, einfache Infloreszenz nistet.

Die Tillandsia schiedeana-Gruppe. In den weiten Gebieten des Tieflandes (unter 500 m) herrscht weitaus überwiegend das Savannenklima, und daher besitzt die ihm entsprechende Artengruppe zweifellos von allen die weiteste Verbreitung. Ihre Lieblingsstandorte sind die Morrotales, während Izcanales und *Curatella*-Gebüsch auffällig gemieden werden (vgl. S. 11f.). Abgesehen von der äußeren Beschaffenheit der Borke, die bei *Crescentia* sehr rauh ist, mag die Ursache für die Bevorzugung dieser Bäume durch die Epiphyten auch vielleicht in der Art der Borkenbildung und der damit zusammenhängenden Art und Weise der Abstoßung — in großen oder in kleinen Stücken, in dicken Platten oder feinen, schilfernden Schichten usw. — zu suchen sein.

Die folgenden Arten sind hier zu nennen:

Hechtia guatemalensis
Tillandsia makoyana
Tillandsia xerographica
Tillandsia caput-medusae
Tillandsia schiedeana
Bromelia pinguin
? Bromelia karatas
? Bromelia sylvestris

Die gemeinste Art ist *T. schiedeana* (fig. 75), die infolge starker vegetativer Vermehrung oft ganze Bäume mit einem sparrigen Geflecht überzieht. Ihre Infloreszenzen sind einfach, spindelförmig, meist gelbrot mit gelben Blüten. Dazu gesellt sich meist *T. caput-medusae* (fig. 65) mit fingerförmig angeordneten, leuchtend roten Ähren und bulbosen Rosetten. Eine der größten Arten des Landes ist *T. makoyana* (Abb. 30) mit trichterförmiger Rosette und mächtiger, reich verzweigter, hell purpurfarbiger Infloreszenz. Die Blüten sind gelblichgrün und nur schwer zu entdecken, da sie in der Färbung mit den Floralbrakteen und Sepalen völlig übereinstimmen. Sehr eigenartig ist *T. xerographica*, deren an der Basis flache Spreiten zu einem wirren, dichten Knäuel zusammengeballt sind. Zur

Verankerung an den Zweigen, wie das für *T. streptophylla* Scheidw. und *T. circinnalis* Griseb. angegeben wird (41, p. 208) dienen die Blätter hier jedoch nicht. Die Infloreszenz ähnelt der von *T. fasciculata*, sie ist zart gelb und orangefarben getönt, die Blüten sind sehr blaß lila.

Die vorwiegend terrestrischen *Bromelia*-Arten sind naturgemäß nicht auf bestimmte Baumarten angewiesen, und kommen daher auch in den Izcanales oder auf völlig kahlen Flächen vor. Blühreife Exemplare fallen sogleich auf durch die leuchtend rot gefärbten inneren Rosettenblätter und Brakteen. Entfaltete Blütenstände sind mir jedoch niemals begegnet, da sie in ganz jungem Stadium von der Bevölkerung abgeschlagen und gegessen werden. Häufig beobachtet wurde nur *Br. pinguin*; bei den übrigen Arten sind daher die ökologischen Ansprüche nicht genügend bekannt.

Felsige oder tuffige Steilwände (Abb. 21) sind oft dicht mit den sukkulenten Blattrosetten der *Hechtia guatemalensis* besetzt, deren große, lockere Infloreszenzen unzählige winzige, weiße Blüten hervorbringen.

III. Vermutliche Phylogenie der epiphytischen Tillandsioideen

a) Ökologische Probleme

Die Vielgestaltigkeit der Rosetten läßt die Frage aufkommen, welche Typen als primitiv, welche als abgeleitet anzusehen sind. Dabei handelt es sich natürlich nicht darum, ob die Formen mit normaler Ernährung die ursprünglichen sind, vielmehr konzentriert sich das Interesse auf die Typen III und IV und auf das Problem, ob die trockenresistenten Sonnenepiphyten von den hygrophilen, schattenertragenden Formen abzuleiten sind oder umgekehrt.

Schimper hielt die hygrophilen Typen für ursprünglich (57, p. 119, 147). Er nahm an, daß die Epiphyten sich nur in sehr feuchten Wäldern bei mindestens 2000 mm Niederschlag im Jahr aus terrestrischen Arten entwickeln könnten. Seine Hauptargumente sind die folgenden: In den feuchten Wäldern sind alle Übergänge von terrestrischen zu hochspezialisierten Epiphyten vorhanden, eine Grenze läßt sich überhaupt nicht ziehen. Dagegen sind in den trockenen Wäldern und in den Savannen wohl auch Epiphyten vorhanden, doch sind sie scharf von den Erdbewohnern getrennt. In den Regenwäldern findet man in den bodennahen Schichten hygrophile Arten, die in der Wipfelregion mehr und mehr von trockenresistenten Sonnenepiphyten abgelöst werden. Man müsse daher annehmen, daß das Lichtbedürfnis die Ursache für das Erklimmen der Baumwipfel gewesen sei, daß damit aber zugleich eine Anpassung an die größere Lufttrockenheit notwendig geworden wäre. Solche Arten seien dann in der Lage gewesen, in die Savannen auszuwandern. Einen weiteren Beweis für die Richtigkeit seiner Ansicht sieht Schimper darin, daß autochthone Epiphyten nur in Gebieten mit sehr hohen Niederschlägen vorkommen.

Dagegen lassen sich nun verschiedene Einwände erheben. Zunächst einmal sind die Epiphyten auch im Savannenklima nicht so klar von den terrestrischen Arten getrennt, wie Schimper meinte, besonders dann nicht, wenn man die felsbewohnenden Arten mit einbezieht, und manche Arten wachsen gleich häufig an Felsen und auf Bäumen (in El Salvador *Pitcairnia heterophylla*). Umgekehrt existieren im Nebelwald keine terrestrischen Arten oder primitiven Epiphyten, von denen die epiphytischen *Tillandsioideen* abgeleitet werden könnten (vgl. S. 27). Weiterhin dürfte eine derart ausgeprägte Schichtung der Epiphyten, wie sie von Schimper beschrieben wird, nur unter besonderen Bedingungen vorkommen. Atmosphärische Arten, die zugleich in den Savannen zu leben vermögen, gibt es in der Wipfelregion weder in den Nebelwäldern von El Salvador noch in den Regenwäldern von Trinidad.

Tietze kam sogar zu dem entgegengesetzten Schluß, daß die epiphytischen *Bromeliaceen* von Bewohnern halbwüstenartiger Gebiete abzuleiten seien (74), und zwar folgert er dies daraus, daß die *Pitcairnioideen*, deren Trichome primitiver sind und noch keine resorbierende Funktion haben, weitaus überwiegend in solchen Trockengebieten verbreitet sind. Diese Vorstellung greift auch L. B. Smith auf und vermutet, daß die *Tillandsioideen* wie auch die *Bromelioideen* von hochandinen *Pitcairnioideen* abstammen, die oberhalb der Nebelwälder in einem ungünstigen Feuchtigkeitsklima lebten (66, p. 453).

Auch Pittendrigh sucht den Ursprung der epiphytischen *Bromeliaceen* in einem trockenen Klima. Er führt dafür ein überzeugendes Argument ins Feld: die Trichompumpen bei den Typen III und IV, die nur den Eintritt des Wassers gestatten, stellen eine Anpassung an trockenes Klima dar (50, p. 87). Man könne sich schwer vorstellen, sagt Pittendrigh mit Recht, daß sie unter den humiden Bedingungen in den Regenwäldern entstanden sein sollten.

Weniger überzeugend erscheint es, wenn Pittendrigh zur Begründung seiner Ansicht das hohe Lichtbedürfnis der *Bromeliaceen* heranzieht. Wie schon gesagt wurde, ist es tatsächlich in den meisten Fällen nicht extrem hoch (vgl. S. 32f.). Auch der dritte seiner Beweisgründe dürfte wohl nicht durchschlagend sein. Er zeigt nämlich an Hand einer Tabelle, daß in Trinidad die primitivste Gattung der *Tillandsioideae*, *Tillandsia* selbst, die meisten trockenresistenten Arten besitzt, daß dagegen in den abgeleiteten Genera hygrophile Formen vorherrschen (50, p. 86f.). Das besagt aber nicht viel, denn 1. ist die Abgrenzung der Gattungen *Tillandsia*, *Guzmania*, *Vriesea* und *Thecophyllum* gegeneinander noch keineswegs gesichert, 2. wäre der Beweis noch zu führen, daß das Fehlen der Schuppen an den Petalen bei *Tillandsia* und *Guzmania* wirklich ein primitives und nicht etwa ein abgeleitetes Merkmal ist, 3. stellt die hygrophile Gattung *Glomeropitcairnia* nach Harms die primitivste der Unterfamilien dar (vgl. S. 51), 4. könnte man ebenso gut die Annahme machen, daß von den hygrophilen *Tillandsia*-Arten einerseits die trockenresistenten Formen dieser Gattung, andererseits die hygrophilen Vertreter der anderen Gattungen abstammen. Übrigens verschiebt sich in El Salvador das Verhältnis merklich zugunsten der hygrophilen *Tillandsia*-Arten, die dort die nur schwach vertretenen hygrophilen Gattungen ersetzen.

Die zuerst genannten Gründe dürften aber ausreichen, um die Entstehung der epiphytischen *Bromeliaceen* aus trockenresistenten Formen glaubhaft zu machen. Auch auf die Jugendstadien der Zisternenformen mag hier hingewiesen werden. Man wird sie sicher nicht als notwendige Anpassung an das Nebelwaldklima, sondern eher als Reminiscenz an frühere Lebensweise in trockeneren Gebieten deuten können. Das Gleiche gilt für die Tatsache, daß auch die hygrophilsten Formen Trichompumpen in geringerer Zahl auf den Blattspreiten besitzen, die jedoch der kragenförmigen Flügel fast ganz ermangeln und daher kaum „Schuppen" genannt werden können.

b) Morphologisch-systematische Probleme

Als die primitivste Untergattung von *Tillandsia* sieht L. B. Smith *Allardtia* an, weist allerdings zur Begründung nur auf gewisse Eigentümlichkeiten ihres Areals hin (66, p. 464). Wenn wir jedoch in diesem Punkt dem hervorragenden Kenner der *Bromeliaceen* folgen dürfen, so hätte also das primitivste Subgenus von *Tillandsia* und damit, nach der herrschenden Meinung, der ganzen Unterfamilie sein Hauptverbreitungsgebiet in den Anden von Colombia bis Perú. Gerade dort liegen aber auch die Zentren verschiedener *Pitcairnioideen*-Gattungen wie *Puya*, *Lindmania* und *Pitcairnia* (fig. 16), die alle vorwiegend Felsbewohner großenteils in den Hochanden sind. Man wird daher geneigt sein, hier Zusammenhänge mit der Entstehung der epiphytischen *Tillandsioideen* zu erblicken. Dagegen macht aber Pittendrigh einige Einwände geltend, die seiner Meinung nach eine Ableitung der *Tillandsioideen* von den *Pitcairnioideen* ausschließen. Sie sollen in den beiden folgenden Abschnitten kurz erörtert werden.

1. Die Chromosomenzahl

Die Basiszahl bei den *Pitcairnioideen* beträgt 25, dagegen bei den *Tillandsioideen* 4. Pittendrigh erblickt darin ein wesentliches Hindernis für die Annahme phylogenetischer Beziehungen zwischen beiden Gruppen (50, p. 86). Es fragt sich aber, ob er nicht diesen Umständen ein zu großes Gewicht beimißt. Es wäre dabei etwa folgendes zu bedenken:

1. Die *Tillandsioideen* sind durch bestimmte morphologische Merkmale, die noch zu besprechen sind (Samenbau, Blattgestalt), von den *Pitcairinoideen* unterschieden. Es erscheint daher nicht überraschend, daß auch die Chromosomenverhältnisse andere sind, da hierin ja die Ursache für die morphologischen Verschiedenheiten gesucht werden muß.

2. Trotz der klaren Trennung sind andererseits bei den *Pitcairnioideen* gewisse morphologische Eigentümlichkeiten vorhanden (Gestaltung des Funiculus und des äußeren Integuments, besonders bei *Pitcairnia*. Vgl. S. 60), die als Vorstufen der *Tillandsioideen*-Merkmale angesehen werden müssen und daher nähere Beziehungen zwischen beiden Unterfamilien wahrscheinlich machen. Da es sich hier um gestaltmäßige, qualitativ zu bewertende Erscheinungen handelt, bin ich geneigt, sie höher zu bewerten als die bloße Anzahl der Chromosomen, die im übrigen sehr klein und kaum voneinander unterscheidbar sind, so daß eine Identifizierung der einzelnen Gemini bei verschiedenen Arten oder Gattungen, wenn vielleicht nicht unmöglich, so doch bisher nicht versucht worden ist.

3. Wenn die Chromosomenzahl wirklich so hoch bewertet werden soll, wie Pitten-

drigh es tut, so ist schwer zu verstehen, daß die morphologisch sehr einheitlichen *Bromelioideen* gleich drei verschiedene Basiszahlen haben. Dabei ist noch zu bedenken, daß die Angabe Pittendrighs: „25, seltener 8 oder 9" nicht zutreffend ist. Nach Lindschau, auf die er sich beruft, sind bisher 4 Gattungen mit der Basiszahl 5 (25), 4 Gattungen mit 9 und eine Gattung mit 8 bekannt (31, p. 517f.). Wollte man aus diesen Zahlen nähere Verwandtschaftsbeziehungen ableiten, so müßten *Cryptanthus*, *Neoregelia*, *Nidularium* und *Billbergia* (mit je 9) einerseits, *Canistrum*, *Aechmea*, *Acanthostachys* und *Ananas* (je 5 (25)) andererseits zusammengefaßt werden. Weiter wären die letzten vier zu den *Pitcairnioideen*, *Bromelia* aber zu den *Tillandsioideen* in nähere Beziehung zu bringen. Dafür liegen aber nach den bisherigen Kenntnissen vom morphologischen Standpunkt aus keinerlei sonstige Anhaltspunkte vor.

2. Die Epigynie

Weiterhin hält Pittendrigh eine Ableitung der *Tillandsioideen* von den *Pitcairnioideen* nicht für möglich, weil jene, mit Ausnahme von *Glomeropitcairnia*, oberständige, diese dagegen in den meisten Fällen einen halbunterständigen Fruchtknoten besäßen.

Dazu wäre zu sagen, daß doch wohl der systematische Wert der Epigynie oftmals überschätzt wird. Der Grund liegt wahrscheinlich darin, daß es eines der wenigen Merkmale ist, die ganz allgemein als eindeutig progressiv anerkannt werden. Zur Erkennung natürlicher Verwandtschaftsbeziehungen ist es aber oft wenig geeignet, da die Epigynie eine immer wiederkehrende Grundtendenz in allen Entwicklungslinien darstellt. Das trifft in ganz besonderem Maße für die *Pitcairnioideen* zu, bei denen gerade in diesem Punkt große Instabilität herrscht. So läßt sich z. B. innerhalb der Gattung *Hechtia* die ganze Reihe von völlig oberständigen bis zu 9/10 unterständigen Fruchtknoten verfolgen. Auch bei *Pitcairnia* stellt es eine unberechtigte Verallgemeinerung dar, wenn es meist kurzerhand heißt, der Fruchtknoten sei halbunterständig. Von 54 zentralamerikanischen und westindischen Arten ist das Ovar nach L. B. Smith (67, p. 65—84)

bei 33 Arten mehr als $1/2$ oberständig
davon bei 22 Arten mehr als $3/4$ oberständig
und hiervon wiederum bei 11 Arten „almost wholly superior"

Es spricht also alles dafür, daß die Epigynie sowohl bei *Hechtia* als auch bei *Pitcairnia* erst innerhalb der Gattung, also unabhängig voneinander, aufgetreten ist. Da auch *Brocchinia* ein mehr oder weniger unterständiges Ovar besitzt, muß demnach angenommen werden, daß an wenigstens drei verschiedenen Punkten des Stammbaums eine Einsenkung des Fruchtknotens eingesetzt hat.

Danach ist es wohl nicht berechtigt, auf Grund der Stellung des Fruchtknotens nähere Beziehungen zwischen *Tillandsioideen* und *Pitcairnioideen* zu bestreiten. Die Verhältnisse bei den *Pitcairnia*-Arten mit fast oberständigem Fruchtknoten sind denen bei *Tillandsia* praktisch gleich. Im übrigen kommen auch bei diesen Fälle vor, in denen das Ovar um ein Geringes eingesenkt ist (*T. makoyana*, fig. 40).

Eine Überbewertung der Epigynie bedeutet es auch, wenn heute *Glomeropitcairnia* an das Ende der *Tillandsioideen* gestellt wird. Nach dem Bau der Samen und Früchte nimmt diese Gattung eine vermittelnde Stellung zwischen *Pitcairnioideen* und *Tillandsioideen* ein, und Harms stellte sie mit Recht an den Anfang der letztgenannten (21, p. 91, 116). Vielleicht könnte sie sogar mit noch mehr Berechtigung ihren Platz am Ende der *Pitcairnioideen* erhalten.

3. Der Samenbau

Wichtiger als die Chromosomenzahl und die Stellung des Fruchtknotens scheint für die Beurteilung der natürlichen Verwandtschaftsbeziehungen der eigentümliche Bau der Samen vor allem des äußeren Integuments und des Funiculus bei den *Pitcairnioideen* und *Tillandsioideen* zu sein. Aus Mangel an Material ließ sich eine umfassende Klärung dieser Frage nicht erreichen, doch soll durch eingehende Untersuchung der Anhänge an *Tillandsia*-Samen ein Beitrag hierzu geleistet werden.

aa) Die Samen von Tillandsia (am Beispiel von T. makoyana dargestellt)

Auf die eigenartigen Flugeinrichtungen der Samen von *Tillandsia* und den ihr verwandten Gattungen machte erstmalig Hildebrand vor etwa 80 Jahren aufmerksam. Da er aber nur über ungenügendes Material verfügte, deutete er die pappusartigen Samenanhänge, die vielfach äußerlich große Ähnlichkeit mit denen der Compositenfrüchte besitzen, irrtümlich als Gebilde des Funiculus (25, p. 258). Nach ihm haben Wittmack (79), Fritz Müller (46) und vor allem Szidat (73) schrittweise die wahre Natur des Flugapparates erkannt, der durch Auflösung des äußeren Integuments entsteht. Gleichwohl waren noch verschiedene Fragen offen geblieben, wie auch wenig über den anatomischen Bau der Samenanhänge bekannt geworden ist.

Um hier weitere Klärung zu bringen, wurde die feinere Struktur des Flugapparates an verschiedenen *Tillandsia*-Arten genauer untersucht. Es wird nun zweckmäßig sein, die Verhältnisse zunächst an der am gründlichsten studierten Art, *Tillandsia makoyana*, darzustellen und zum Schluß auf einige Abweichungen bei anderen Arten hinzuweisen.

Die Samenanlagen. Zur Blütezeit stehen die Samenanlagen dicht gedrängt im Zentralwinkel auf fast der ganzen Länge des Fruchtknotens (fig. 40). Der Funiculus ist etwa so lang wie die Integumente, die Samenanlagen scheinen daher bei flüchtiger Betrachtung der Plazenta aufzusitzen. Der Nucellus wird von 2 Integumenten umhüllt (fig. 41). Im Gegensatz zu den Angaben von Wittmack (79, p. 38) ist bei den untersuchten Arten (*T. makoyana*, *T. fasciculata* var. *latispica*, *T. yunckeri*) das äußere Integument das kürzere, und die Mikropyle wird daher zur Blütezeit nur vom inneren Integument gebildet. In der Chalazalgegend ist ein schwänzchenförmiges Anhängsel erkennbar. Ansonsten zeigt der Funiculus keine Besonderheiten, und eine mit Haaransätzen versehene basale Verdickung, wie sie Hildebrand für „*Tillandsia zebrina*“[1]) beschreibt und abbildet (25, p. 257, Taf. IV, fig. 19), ist hier nicht erkennbar.

Wie schon Wittmack geschildert hat (79, p. 38f.), verlängert sich der Funiculus während der Reifung des Samens ganz erheblich, bei *T. makoyana* und anderen bis zu mehr als der zehnfachen Länge des Nucellus. Im gleichen Maße wächst das äußere Integument weit über das innere hinaus, so daß seine Öffnung sich auch bei den reifen Samen neben der Basis des Funiculus befindet. Dementsprechend soll die Öffnung des äußeren Integuments im folgenden als Exostom bezeichnet werden. Auch der Chalazalanhang verlängert sich beträchtlich. Der ausgewachsene Same von *T. makoyana* hat schließlich eine Länge von etwa 5—5,5 cm, wovon auf den Chalazalanhang ungefähr 1 cm, auf den relativ kleinen Nucellus 4 mm, auf das freie Ende des äußeren Integuments 4 cm und mehr entfallen (fig. 42).

Das äußere Integument. Im Verlauf dieser Wachstumsvorgänge hat sich zugleich eine wichtige Differenzierung in den Integumenten vollzogen. Während das innere sich zur Testa ausgebildet und dementsprechend besonders die Wände seiner äußersten Zellschicht stark verdickt hat, ist in dem äußeren Integument der Flugapparat vorgebildet worden. Es besteht zu dieser Zeit aus vier (in den Figuren mit I bis IV bezeichneten) Schichten zum größten Teil sehr langgestreckter Zellen, die auf der ganzen Länge des Integuments streng reihenförmig angeordnet sind. Die Anzahl der Zellreihen ist dabei in jeder Schicht gleich, jeder Reihe in der äußersten Schicht entspricht also je eine in der zweiten bis vierten Zellschicht (fig. 47, 48). Allerdings erfordert es in der Höhe des Nucellus oftmals einige Mühe, dies auch für die innerste Schicht zu konstatieren, da deren Zellreihen gegen die korrespondierenden der übrigen Schichten stark verschoben sein können. In der innersten Schicht sind im übrigen die Einzelzellen mit ihren Enden so weit übereinandergeschoben (fig. 50), daß im Querschnitt der Eindruck entsteht, als wären 3 bis 4 Schichten vorhanden (fig. 45, 48).

Die Zellen der äußersten Schicht erscheinen, etwa auf der Höhe der Nucellus-Mitte, im Querschnitt oval mit mehr oder weniger abgeplatteter Innenseite. Die äußere Wand ist stark, die nach innen gerichtete viel weniger verdickt (fig. 45, 47). Eine Eigentümlichkeit dieser Zellen, die schon Hildebrand aufgefallen war (25, p. 259), sind die gabelförmigen Fortsätze am proximalen, der Chalaza zugewendeten Ende (fig. 51 a, b), die sich dem distalen Ende der voraufgehenden Zellen anlegen (fig. 46). Jeder dieser Gabelzinken ist mit einer feinen, schnabelförmigen Spitze versehen (fig. 51, c, d), die nach innen gerichtet ist und, da größtenteils massiv, aus Wandsubstanz besteht. Nach der Chalaza zu nimmt die Länge dieser Zellen bedeutend ab, und bevor sie in das Gewebe des Funiculus übergehen, sind sie nur mehr etwa so lang wie breit (fig. 52). Gleichzeitig werden die Gabelfortsätze undeutlicher und fehlen schließlich ganz, während die schnabelförmigen Spitzen erhalten bleiben. Verfolgt man die äußere Zellschicht vom Nucellus aus in Richtung auf das Exostom, so werden die Zellen im Querschnitt mehr rundlich, da ihre Breite beträchtlich abnimmt. Die Verdickung der Zellwände ist hier geringer (fig. 48). Die Gabelfortsätze sind kräftig entwickelt, aber sie verlieren allmählich die schnabelförmige Spitze.

Die Zellen der zweiten und dritten Schicht haben im Querschnitt ähnliche

[1]) *T. zebrina* Hort. synonym mit *Vriesea splendens* (Brongn.) Lem. (42, p. 373).

Gestalt wie die der ersten, doch wird hier ganz einseitig die äußere Wand verdickt, während die innere sehr zart bleibt (fig. 47). Ferner fehlen die Fortsätze an den Zellenden. Zur Chalaza hin verschwinden diese Zellschichten nacheinander. Etwa im proximalen Drittel des Nucellus ist nur noch die zweite Schicht vorhanden (fig. 45), und in der Nähe der Chalaza liegt die äußerste Schicht unmittelbar der vierten auf (fig. 43, 44). Im freien Teil des Integuments, der über den Nucellus hinausragt, tritt bei den Zellen der zweiten und dritten Schicht eine ähnliche Breitenabnahme ein wie in der ersten. Sie bekommen dabei im Querschnitt fast quadratische Form (fig. 48).

Während in den bisher besprochenen Schichten die einzelnen Zellen verhältnismäßig locker im Verband liegen und sich meist nur mit einem Teil der Oberfläche berühren, sind die der vierten Schicht sehr dicht ineinandergezwängt, so daß ihre Form dadurch wesentlich mitbestimmt wird (fig. 45). Weiter unterscheiden sich diese Zellen von den übrigen des Integuments durch die ringsum mächtig verdickten Wände, die von zahlreichen Tüpfeln durchzogen werden. Daß die Zellen einer Reihe weit übereinandergeschoben sind, wurde schon erwähnt. Dabei liegt jeweils das proximale Ende einer Zelle an der Innenseite, das distale an der Außenseite der Zellschicht (fig. 50). Wo das distale Ende mit der außen anschließenden Schicht in Berührung kommt, bleibt aber die Wand auffälligerweise völlig unverdickt (fig. 43—47, 50). Bis zum Übergang in den Funiculus ist in dieser Zellschicht keine Veränderung festzustellen. Dagegen liegen die Zellen auf dem freien Teil des Integuments lockerer und sind deutlich kleiner (fig. 48). Die Wände sind schwächer, jedoch auch an der Außenseite des distalen Endes verdickt. Die auffällige Tüpfelung fehlt.

Die chemische Untersuchung der vier Zellschichten ergibt folgendes Bild: Im ursprünglichen Zustand sind die Zellwände der drei inneren Schichten (II—IV) farblos und erscheinen im durchfallenden Licht matt und weiß. Bei der äußersten Zellschicht lassen sich in den Wandverdickungen drei Lagen unterscheiden (fig. 49), von denen die innere und äußere den Wänden der übrigen Schichten gleichen. Die mittlere Lage ist dagegen schwach gelblich gefärbt und glänzt infolge ihres hohen Brechungsvermögens stark. Während die farblosen Lagen annähernd gleichmäßig dick sind, ist die gelbliche entsprechend der verschiedenen Gesamtdicke der Wand auf der Innenseite der Zelle sehr fein und nur schwer erkennbar, in der stark verdickten Außenwand dagegen sehr breit und auffällig.

Färbung mit Jod (Chlorzinkjod, Jodjodkalium oder beides kombiniert) ergibt eine Intensivierung der gelblichen Farbe in der äußersten Zellschicht, die dann leuchtend gelb bis orangefarbig erscheint und auch in der Innenwand der Zelle gut erkennbar wird. Alle übrigen Teile des äußeren Integuments, auch die farblosen Zellwandlagen der äußersten Schicht, bleiben unverändert. Eine Ausnahme macht die vierte Schicht auf dem freien Ende des Integuments. Sie nimmt dort etwas gelbbraune Färbung an.

Mit Sudan III färben sich die Zellwände des äußeren Integuments nicht. Fettsäurehaltige Substanzen, also auch Kork, dürften demnach nicht vorhanden sein.

Phloroglucin bewirkt schöne Rotfärbung in der stark lichtbrechenden Zellwandlage der äußersten Schicht, in die also Lignin eingelagert ist.

Das indifferente Verhalten der übrigen Teile ließ vermuten, daß die Wände aus Zellulose bestehen, bei der es ja oftmals Schwierigkeiten macht, die charakteristische Reaktion zu erzielen. Tatsächlich gelang dies, nachdem die Schnitte 3 Stunden in 70%iger Schwefelsäure gelegen hatten und dann in unverdünnte Chlorzinkjodlösung übertragen wurden, worauf sich nach etwa 10 Minuten die typische Violettfärbung einstellte.

Die Entfaltung des Flugschirms. Bei der Vollreife der Samen bildet sich der Flugschirm unter weitgehender Zerfaserung des äußeren Integuments. Dies geht im Einzelnen folgendermaßen vor sich: Die innerste, vierte Schicht bleibt am proximalen Ende mit dem inneren Integument, der Testa, eng verbunden und bildet mit dem freien Teil den Stiel des Schirms. Die drei äußeren Schichten lösen sich von der innersten, vierten, der ganzen Länge nach ab und bleiben nur am äußersten distalen Ende, am Exostom, mit ihr verbunden (fig. 53). Die Loslösung geschieht in der Weise, daß Scheinhaare gebildet werden, die aus 3 korrespondierenden Zellreihen, je einer aus der ersten, zweiten und dritten Schicht, bestehen (fig. 54). Sie bilden den eigentlichen Schirm. Auch die vierte, innerste Schicht löst sich am freien Abschnitt des Integuments in entsprechender Weise in Scheinhaare auf, die ihrer Herkunft gemäß aber nur aus je einer Reihe stark übereinandergeschobener Zellen bestehen. Sie sollen als „innere" von den oben beschriebenen „äußeren" Scheinhaaren unterschieden werden. Am Exostom bleiben sie weitgehend untereinander verbunden, so daß dort alle inneren Scheinhaare zusammentreffen, an deren Enden je ein äußeres entspringt.

Oftmals tritt aber auch am Exostom ein Zerfall in mehrere große Haarbüschel ein. Dieses „Zerfallen des Schirms in mehrere Stücke" wurde schon von Fritz Müller beobachtet (46, p. 177), doch dürfte es kaum, wie er meinte, für bestimmte Arten charakteristisch sein. Der von ihm erwähnte „obere Schirm", der neben dem hier beschriebenen dadurch entstehen soll, daß sich ein Teil der Scheinhaare in umgekehrter Weise „von unten nach oben" ablöst, konnte weder von Szidat (73, p. 44) noch von mir festgestellt werden. Wohl aber lösen sich häufig einzelne innere Scheinhaare mitsamt dem zugehörigen äußeren vom Exostom ab und sind dann natürlich nur noch „oben", an der Testa, befestigt.

Die Abbruchstellen der äußersten Zellreihen liegen im allgemeinen genau dort, wo die zweite Zellschicht endet (fig. 52). Das ist in dem Bereich der Fall, wo die Zellen der äußersten Schicht in der geschilderten Weise chalazawärts an Länge abnehmen und die Gabelfortsätze reduziert werden. Das letzte Glied eines abgelösten Scheinhaares besitzt daher die von Szidat beschriebene Doppelkralle (73, p. 43), die dem Gesagten zufolge den schnabelförmigen Spitzen an den mit Gabelfortsätzen versehenen Zellen entspricht.

Es liegen also die Abbruchstellen nicht genau an der Chalaza, und einige der verkürzten Zellen der äußersten Schicht bleiben auf der Oberfläche des inneren Integuments zurück. Bei manchen Arten mögen sie sich vielleicht mit dem äußeren Scheinhaar ablösen und die abschilfernden Zellen darstellen, die Wittmack an *Tillandsia pruinosa* Sw. beobachtet hat (79, p. 38).

Nach der Ablösung der äußeren Scheinhaare bleibt die innerste Schicht in der Höhe des Nucellus völlig unverändert zurück, wird also nun zur äußersten Zellschicht des eigentlichen Samens. Das bedeutet, daß dessen Oberfläche jetzt von den ganz zarten Membranen an den distalen Enden der Zellen gebildet wird. Eine auffällige Tatsache, für die schwer eine Erklärung anzugeben ist. Die in einer allgemeinen Betrachtung von Hirt geäußerte Ansicht, daß durch Zerreißen der feinen Häutchen unbenetzbare, weil luftgefüllte Räume entstehen, welche die Schwimmfähigkeit der Samen erhöhen sollen (26, p. 89), paßt für die *Bromeliaceen* wegen ihrer Lebensweise natürlich nicht, auch nicht für die vermutlich felsbewohnenden Vorfahren.

Bei der Ablösung von der inneren Zellschicht krümmen sich die äußeren Scheinhaare zugleich nach auswärts, was namentlich nahe am Exostom in Erscheinung tritt (fig. 53). Hierdurch gelangen sie in eine mehr oder weniger abstehende Lage, in der sie ihre Aufgabe als Tragflächen erfüllen können. Hildebrand hatte seinerzeit diesen Vorgang an „*Guzmania bicolor*"[1]) beobachtet (25, p. 259). Er gibt dazu an, daß die äußeren „Haare" an der „Basis" von zwei Zellreihen gebildet würden (während sie im übrigen nur aus einer bestünden), und daß von diesen beiden die äußere Reihe stark verdickte Zellwände besitze, während die der inneren unverdickt seien. Die äußeren Zellen seien an der Innenwand mit verschieden gestalteten Porenkanälen versehen, und die Verdickungsschichten seien „derart, daß sie leicht und schnell austrocknen und sich daher stärker zusammenziehen als die Zellwände des an der Innenseite des Haares befindlichen Zellstranges". Diese Angabe hat Szidat wörtlich übernommen, bringt sie aber in einem Zusammenhang, in dem der Eindruck entstehen muß, als gälten sie ganz allgemein auch für die verwandten Gattungen wie *Vriesea, Tillandsia* usw. (73, p. 41).

Für die hier behandelte *Tillandsia makoyana* treffen diese Angaben aber nicht zu. Die äußeren Scheinhaare bestehen beinahe auf ihrer ganzen Länge aus 3 Zellreihen und nicht die äußere, sondern die beiden inneren sind stärker verdickt. Trotzdem vollzieht sich auch hier die Krümmung in der von Hildebrand beschriebenen Weise. Daß sie im Zusammenhang mit der Austrocknung der Zellwände stehen muß, läßt sich leicht zeigen, indem man durch Anfeuchten des Flugschirms ein augenblickliches Zurückschnellen in die ursprüngliche Lage hervorruft. Nach der Verdunstung der Feuchtigkeit tritt erneut die Auswärtskrümmung ein.

Die Erklärung für diese Krümmungsbewegungen dürfte jedoch wohl kaum im mikroskopischen Bau der Scheinhaare als vielmehr im unterschiedlichen Quellvermögen der Zellwände zu suchen sein, das seine Ursache natürlich in der chemischen Beschaffenheit und der mikroskopisch nicht sichtbaren Feinstruktur hat. Auch die von Hildebrand erwähnten, bei *Tillandsia makoyana* besonders in der Gegend des Exostoms gleichfalls reichlich vorhandenen Poren in den Wänden der äußersten Zellreihen wirken wahrscheinlich nur beschleunigend auf den Krümmungsvorgang.

Die beschriebene Auswärtskrümmung der äußeren Scheinhaare tritt nicht nur am Exostom ein. Sie läßt sich, wenn auch in geringerem Maße, an den ganzen Scheinhaaren beobachten. Infolge einer mehr oder weniger starken Tordierung

---

[1]) In der Monographie von Mez (42) ist dieser Name nicht auffindbar, wohl aber *G. tricolor* R. & P. als Synonym für *G. monostachya* (L.) Rusby.

wird jedoch die Krümmung streckenweise in Bezug auf den ganzen Samen zu einer Einwärtskrümmung, sodaß insgesamt die äußeren Scheinhaare nur wenig abstehen. Löst sich aber der Same aus der Fruchtkapsel, so kommt im Flug, wie schon Hildebrand erwähnt (25, p. 258f.), das schwere Ende, nämlich der Nucellus, nach unten zu liegen. Der Luftwiderstand findet dann in den Schirmhaaren eine Angriffsfläche und drängt sie automatisch in eine stärker ausgebreitete Stellung bis sie in der Lage sind, den Samen zu tragen (fig. 53).

Über die Zellen der äußersten Schicht bemerkt Szidat: „Mitunter lösen sich diese Zellen mit dem oberen Ende vom Zentralstrang ab, so daß sie nur mit dem Basalende festsitzen" (73, p. 43). Dieses Abspreizen des proximalen Endes jeder einzelnen äußeren Zelle läßt sich bei *Tillandsia makoyana* in der Höhe des Nucellus deutlich beobachten (fig. 51a). Was jedoch Szidat mit dem „Zentralstrang" gemeint hat, ist nicht ganz klar, da ja doch nach seinen, von Hildebrand übernommenen Angaben die äußeren Scheinhaare nur aus je einer Zellreihe bestehen sollten. Bei der vorliegenden Art sind die Zellen der äußersten Reihe mit dem distalen Ende den Zellen der zweiten Reihe angeheftet, während der Zusammenhalt mit denen der eigenen Reihe verloren geht oder in der Nähe der Abbruchstelle doch nur locker ist. Damit mag es auch zusammenhängen, daß der Abbruch gerade dort erfolgt, wo die zweite Zellschicht endet (fig. 52) oder, richtiger gesagt, wo diese beginnt, da es sich ja um das ursprünglich proximale Ende handelt.

Über die biologische Bedeutung des Flugapparates, der den Samen nach Ulbrich eine Stellung zwischen den „Schopf-" und den „Schirmfliegern" zuweisen würde (76, p. 187), ist außer von den schon mehrfach erwähnten Autoren vor allem von Schimper wohl alles Notwendige gesagt (57, p. 26). Für epiphytisch lebende Pflanzen ist selbstverständliche Voraussetzung, daß ihre Samen irgendwie auf die Äste der Bäume gelangen können. Diese Aufgabe wird bei *Tillandsia* und verwandten Gattungen durch Umbildung des äußeren Integuments zu einem Flugschirm gelöst. Weitere Bedingung ist, daß die Samen an der Borke der Äste zu haften vermögen. Hierzu dienen zweifellos die Gabelfortsätze und deren schnabelförmige Spitzen wie auch das Abspreizen der Zellen in der äußersten Schicht.

Die Rolle des Funiculus. Wenn Szidat die überragende Rolle des äußeren Integuments bei der Ausbildung der Flugeinrichtung betont, so kann das vollauf bestätigt werden. Nun hat jedoch Hildebrand, wie eingangs erwähnt, seinerzeit die Vermutung ausgesprochen, es handle sich um echte Haare, die am Funiculus entstünden, und der Funiculus selbst fungiere als Stiel des Flugschirms (25, p. 257f.). Später stellte Wittmack demgegenüber fest, daß auch das Integument an der Haarbildung beteiligt sei (79, p. 38), und Szidat schließlich bezweifelte mit Recht, daß der Funiculus überhaupt eine wichtige Rolle spiele. Trotzdem glaubte er, die Möglichkeit zumindest einer Beteiligung des Funiculus nicht mit Sicherheit ausschließen zu können, da die Zellen völlig denen des Integuments glichen, die Frage daher mikroskopisch nicht entschieden werden könne (73, p. 41).

Dazu kann hier folgendes festgestellt werden: Bei *Tillandsia makoyana* ist der Funiculus an den fast reifen Samen mit unbewaffnetem Auge erkennbar als ein feiner Strang, der dem äußeren Integument aufliegt, und schon mit der Lupe kann man sich leicht überzeugen, daß er in der Gegend des Exostoms frei endet.

Auch bei völlig ausgereiften Samen mit bereits zerfasertem Integument findet man ihn bei durchfallendem Licht schnell heraus, da er viel dunkler erscheint als die durchsichtigen Scheinhaare. Im Gegensatz zum Integument ist er weniger, vor allem sehr unregelmäßig, zerfasert, und meist ist er noch deutlich als ein zusammengehöriges Ganzes erkennbar, das frei zwischen den Scheinhaaren liegt.

Die mikroskopische Untersuchung zeigt, daß sich das Gewebe, welches das Leitbündel des Funiculus umgibt, in mehrfacher Hinsicht von dem des äußeren Integuments unterscheidet (fig. 56):

1. Die Zellen sind sämtlich viel kleiner.
2. Es sind (mit Ausnahme des Leitbündels) nur zwei verschiedene Zellarten vorhanden.
3. Die äußere Zellschicht besitzt keine Gabelfortsätze, ihre Wände sind ringsum ziemlich gleichmäßig verdickt.
4. Das von der äußeren Zellschicht umschlossene Gewebe besteht aus zahlreichen Parenchymfasern mit länglich-ovalem Querschnitt. Die Zellenden sind nicht übereinandergeschoben, es sind also so viele Zellreihen vorhanden, wie der Querschnitt erkennen läßt. Ihre Anordnung ist unregelmäßig, sie lassen sich nicht je einer Reihe der äußeren Schicht zuordnen.

Zwischen dem Gewebe, welches das Leitbündel umgibt, und dem Integument besteht eine scharfe Grenze (fig. 55). Wenn daher Szidat bemerkt:

> „Die innere (Schicht des äußeren Integuments) wird gebildet aus äußerst langgestreckten, haarartigen Zellen... Sie bleiben beim Zerfall des Integuments mit einem Ende fest am Samen haften und lösen sich erst jenseits der Basis in einzelne Stränge auf, deren einer das Gefäßbündel der Raphe einschließt" (73, p. 41),

so beruht das letzte auf einem Irrtum. Überhaupt wird die Vorstellung von Szidat, das „Gefäßbündel der Raphe" sei von Integumentgewebe umgeben, nicht recht verständlich. Die „Raphe" entsteht doch dort, wo der Funiculus dem äußeren Integument aufliegt. Nach Goebel findet nicht einmal eine eigentliche Verwachsung statt, sondern es wird bei anatropen Samenanlagen das äußere Integument an der Konkavseite der Krümmung gehemmt (19, p. 2005). In dem hier behandelten Fall betrifft dies allerdings nur die drei äußeren Zellschichten, während die innerste sich auch unter dem Funiculus fortsetzt (fig. 55).

Weiterhin ist nicht ganz klar, was denn Szidat eigentlich für den Funiculus angesehen hat, von dem er mehrfach spricht (73, p. 41 u. a.), wenn nicht eben das Leitbündel und das Gewebe, von dem es umgeben ist. Bei beiden ist es aber keine Frage, daß sie nicht an der Bildung des eigentlichen Flugapparates beteiligt sind und höchstens durch teilweise Zerfaserung zur Erhöhung des Luftwiderstandes beitragen.

Es bleibt noch einiges über den Chalazalanhang zu sagen. Wittmack hielt ihn für einen Teil des äußeren Integuments, das sich nach rückwärts über die Chalaza hinaus verlängert haben sollte (79, p. 38), und die gleiche Ansicht wird von Szidat vertreten (73, p. 40f.). Ganz allgemein für die feilspanförmigen Samen, zu denen auch die *Tillandsia*-Samen vor der Entfaltung des Flugschirms zu rechnen wären, stellt Hirt fest:

„Die Feilspanform des Samens kommt zustande durch ... die sehr starke Entwicklung der äußeren Samenschale, indem diese beiderseits oder nur an einer Seite sich mehr oder weniger in die Länge zieht" (26, p. 101).

Ein Querschnitt durch den Chalazalanhang von *Tillandsia makoyana* zeigt aber, daß das Gewebe von dem des Integuments verschieden ist und völlig dem des Funiculus gleicht, auch die Zerfaserung des Anhanges geschieht in der entsprechenden unregelmäßigen Weise. Ferner ist der Querschnitt durch den Anhang deutlich zweiteilig, und in der unteren Hälfte besitzt jeder der beiden Teile je ein Leitbündel (fig. 57). Das Leitbündel verläuft nämlich, von der Plazenta kommend, in den Chalazalanhang hinein, wendet dort etwa auf der halben Länge um und strebt erst dann der Chalaza zu, wird daher im Schnitt zweimal getroffen. Es spricht also alles dafür, daß es sich in diesem Fall bei dem Chalazalanhang um ein Gebilde des Funiculus handelt.

Verallgemeinerung für die Gattung Tillandsia. Die Untersuchungen an anderen Arten (*T. fasciculata* var. *latispica*, *T. remota*, *T. yunckeri*, *T. ionantha*, *T. usneoides* u. a.) lassen erkennen, daß in den Einzelheiten artlich gebundene Unterschiede bestehen. In den meisten Fällen fehlt die hier beschriebene dritte Zellschicht des äußeren Integuments. Die Zellen der innersten Schicht sind vielfach weniger oder kaum übereinandergeschoben, z. T. auch nach außen mit stärkeren Zellwänden abgeschlossen. Die äußerste Zellschicht des Funiculus ist manchmal noch deutlicher von der des Integuments verschieden als bei *T. makoyana*.

Folgendes kann dagegen mit einiger Gewißheit als allgemeingültig angenommen werden: Das weit über den Nucellus hinaus verlängerte äußere Integument wird aus mindestens zwei bis drei Zellschichten gebildet, die der hier beschriebenen ersten, (zweiten) und vierten entsprechen. Sie bestehen aus kontinuierlichen Zellreihen, die sich von der Chalaza bis zum Exostom verfolgen lassen. In den einzelnen Zellschichten sind gleich viele miteinander korrespondierende Zellreihen vorhanden. Die innerste Schicht wird bei der Reife zum Stiel des Flugschirms, sie zerfasert in einzelne Zellreihen, bleibt aber mit dem inneren Integument (der Testa) fest verbunden und wahrt auch am Exostom mehr oder weniger den Zusammenhalt. Die Zellreihen der äußeren Schicht(en) bilden die Tragflächen, indem sie sich als einzelne Scheinhaare ablösen, die nur am Exostom mit den entsprechenden Zellreihen der innersten Schicht verbunden bleiben. Der Funiculus liegt dem äußeren Integument auf und ist nur lose angeheftet. Sein Gewebe, das deutlich von dem des Integuments unterschieden ist, zerfasert unregelmäßig und besitzt keinen Anteil an der Bildung des eigentlichen Flugschirms. Der Chalazalanhang ist ein unterhalb der Chalaza entstehendes Gebilde des Funiculus. Das Leitbündel verläuft etwa bis zur Hälfte in dem Anhang und wendet dann zur Chalaza um.

bb) Die Samen der Pitcairnioideen

Szidat unterscheidet bei den Samen der *Pitcairnioideen* zwei Typen: *Pitcairnia*, *Brocchinia* mit ringsum gleichmäßig entwickeltem Integument, das, nach seiner Darstellungsweise, beiderseits über den Nucellus hinaus verlängert ist, und *Hechtia*,

Dyckia, Puya, deren Samen von einem ringförmigen Flügel umgeben werden, der durch ungleichmäßige Entwicklung des Integuments entstehen soll (73, p. 36). Leider sind mir nur wenige *Pitcairnioideen*-Samen zu Gesicht gekommen. Soweit dies der Fall ist, sind jedoch hinsichtlich des Funiculus und des Chalazalanhanges ähnliche Einwände zu machen wie bei *Tillandsia.*

Mit Sicherheit kann von *Pitcairnia hemsleyana* gesagt werden, daß der Chalazalanhang ein Teil des Funiculus ist. Schon äußerlich sind die Samen denen von *Tillandsia* recht ähnlich (fig. 58). Der Unterschied besteht eigentlich nur darin, daß das äußere Integument nicht in gleich hoher Weise spezialisiert ist, da es nicht zu einem Flugschirm zerfällt, sondern einfach durch seine Länge zur Erhöhung des Luftwiderstandes beiträgt. Im übrigen ist das Integument weit über den Nucellusscheitel hinaus verlängert, in den sehr langen Chalazalanhang tritt das Leitbündel ein, um auf halber Länge umzuwenden, und der Funiculus, dessen Gewebe deutlich von dem des Integuments verschieden ist, liegt diesem, als feiner Strang erkennbar, auf.

Ein vollständig ringförmiger Flügel ist bei den Samen der *Dyckia*-Arten vorhanden (fig. 61a). Er besteht aus sehr großlumigen Zellen, die bei der Reife absterben und nur noch Luft enthalten. Wie in den oben erörterten Fällen dürfte auch hier die Vorstellung Szidats, daß es sich um Integument-Gewebe handle, kaum haltbar sein, da sich mitten darin das Leitgewebe des Funiculus befindet. Es bleibt demnach wiederum nur die Annahme, daß man es mit Wucherungen des Funiculus, also mit einer Art Arillus zu tun hat, während das äußere Integument in diesem Fall sehr schwach entwickelt ist (fig. 61b).

Überraschenderweise glaubte Szidat, zwei Stränge von „Gefäßbündeln der Raphe" gefunden zu haben, je einen im Rücken- und einen im Bauchteil des Flügels (73, p. 39). Bei näherem Zusehen zeigt sich jedoch, daß einer der beiden Stränge kein Leitgewebe enthält, sondern ausschließlich aus sklerenchymatischen Zellen besteht und im übrigen, wenn man ihn von der Chalaza her verfolgt, in Richtung auf die Plazenta immer schwächer wird und sich schließlich vollständig verliert. Er dient also offenbar nur der Verstärkung.

Sehr häufig ist übrigens der Flügel nicht vollständig ringförmig, und in der Gattung *Hechtia* finden sich alle Übergänge zu den feilspanförmigen Samen (fig. 60, 59). Alles spricht also für die Homologie von Chalazalanhang und Samenflügel: beide werden allem Anschein nach vom Funiculus gebildet.

c) Phylogenetische Schlüsse

Wenn nach den obigen Ausführungen kein prinzipieller Unterschied zwischen geflügelten und feilspanförmigen Samen zu bestehen scheint, so herrscht doch in bestimmten *Pitcairnioideen*-Gattungen die Feilspanform vor. Dies sind vor allem *Pitcairnia* und *Brocchinia,* aber auch *Lindmania* kann noch hierher gerechnet werden. Es liegt nahe, bei diesen *Pitcairnioideen*-Gattungen den Anschluß für die *Tillandsieen* zu suchen, ja, deren Ableitung von *Pitcairnia* über *Glomeropitcairnia* drängt sich förmlich auf, da bei der letztgenannten Gattung bereits eine Zerfaserung des Integuments eintritt, wenn auch nicht der komplizierte Flugapparat ausgebildet wird (dabei erübrigt es sich wohl, besonders zu betonen, daß die rezenten *Glomeropitcairnia*-Arten wegen des eingesenkten Fruchtknotens selbstverständlich nicht in der direkten Abstammungslinie liegen können). Auf eine solche Verbindung deutet auch die interessante Tatsache, daß gerade die Gattungen mit feilspanförmigen Samen unter den *Pitcairnioideen* eine Reduktion der Randstacheln an den Blättern erkennen lassen, und *Lindmania* sowie einige *Pitcairnia*-Arten haben bereits völlig ganzrandige Blätter wie die *Tillandsioideen*.

Alle diese Dinge bedürfen einer eingehenderen Untersuchung, doch kann schon gesagt werden, daß die von Pittendrigh aus den Chromosomenzahlen und der Stellung des Fruchtknotens gezogenen Schlüsse wohl als verfrüht angesehen werden müssen, daß vielmehr eine Ableitung der *Tillandsioideen* von spezialisierten *Pitcairnioideen*, etwa aus dem Kreise von *Pitcairnia*, durchaus wahrscheinlich ist.

Am einleuchtendsten bleibt daher die Vorstellung von L. B. Smith, daß die *Pitcairnioideen* in den Hochanden ihren Ursprung genommen haben, wo sie zunächst trockenresistente, lichtbedürftige, felsbewohnende Formen ausbildeten. Von *Pitcairnia* oder aus deren Nähe wären dann die *Tillandsioideen* (ob auch *Catopsis* einbezogen werden darf, wäre noch zu prüfen) mit flugfähigen Samen abgezweigt, durch die sie befähigt wurden, die Wälder an den Hängen der Anden zu besiedeln (66, p. 452f.). Dabei dürften zunächst die Randgebiete und die Baumwipfel besiedelt worden sein. Die günstigeren Feuchtigkeitsbedingungen mögen dann zur Ausbildung hygrophiler Typen geführt haben, während die Entwicklung schattenresistenter Arten auch das Eindringen in das Innere der Wälder ermöglichte.

Unentschieden bleiben muß zunächst, ob die trockenresistenten Formen des Tieflandes sich direkt von Bewohnern oberhalb des „Wolkenraums" ableiten, oder ob sie sekundär aus hygrophilen Arten der feuchten Bergregionen entstanden sind. Vielleicht sind aber auch beide Wege beschritten worden. Für eine solche Annahme könnte das Nebeneinander von primitiven Infloreszenzen etwa in der *Tillandsia utriculata*-Verwandtschaft und extrem reduzierten Blütenständen bei *Tillandsia plumosa*, *T. ionantha* u. a. im periodisch trockenen Klima des Tieflandes sprechen.

IV. Die Arten in El Salvador

1. Kritische Aufzählung mit Bemerkungen zur Ökologie

Die Anordnung der Arten und Gattungen erfolgt in der gleichen Reihenfolge wie bei L. B. Smith in N. Am. Fl. (67). In Zweifelsfällen wird die gesuchte Art leicht im Index am Ende der Arbeit zu finden sein. Synonyma sind nur insoweit aufgeführt, als sie zur Identifizierung einer Art erforderlich sind. Eine vollständige Aufzählung aller Synonyma findet sich bei Mez in Engl. Pflr. (42) und bei L. B. Smith (l. c.).

Neunachweise für El Salvador sind mit einem + versehen, Arten die irrtümlich oder höchstwahrscheinlich irrtümlich in der Literatur für El Salvador genannt wurden, sind in Klammern gesetzt.

Folgende Abkürzungen werden im folgenden verwendet:

V = Verbreitung in El Salvador Bl = Blütezeit

St = Standorte in El Salvador ÖT = Ökologischer Typ nach Pittendrigh (vgl. S. 19)

Für die Bezeichnung der Herbarien sind die internationalen Abkürzungen (Index Herbariorum, 1954) verwendet worden. Exemplare der eigenen Sammlung sind durch ein R vor der Sammelnummer kenntlich gemacht.

1. LINDMANIA Mez
in DC. Monogr. Phan. 9. 535 (1896)

Lindmania micrantha (Lindl.) L. B. Smith in Contr. Gray Herb. 104. 77 (1934), Lindmania flaccida Standl. in Jour. Wash. Acad. 13. 364 (1923)

Die aus El Salvador beschriebene *L. flaccida* ist nach Ansicht von L. B. Smith mit *L. micrantha* identisch (67, p. 62), das vorliegende Salvador-Material ist daher gleichfalls zu dieser Spezies zu rechnen. Es sei aber hervorgehoben, daß die Form der Rosettenblätter (fig. 83) — über der Mitte am breitesten, an der Spitze rasch in einen Apiculus zusammengezogen, zur Basis hin allmählich verschmälert —, deren zerstreute Beschuppung an der Unterseite und die kurzen Schaftblätter gut mit der für *L. flaccida* gegebenen Beschreibung übereinstimmen. Da die Infloreszenzen der gesammelten Exemplare unentwickelt waren, konnten entsprechende Feststellungen hinsichtlich der Länge der Pedicelli und der etwaigen einseitswendigen Stellung der Blüten (im Schlüssel bei Mez, 42, p. 342, als Unterscheidungsmerkmal für *L. micrantha*) allerdings nicht gemacht werden.

V: Anscheinend recht selten. Von mir nur einmal gefunden. Vermutlich in mittleren Höhenlagen (eigener Fundort 800 m).

St: Eigener Fundort: Quelliger, schattiger Ort; auf Fels wachsend. Standortbedingungen am Fundort des Typus für *L. flaccida* vielleicht ähnlich („Waldstrom bei Ahuachapán"). Dem steht die Standortangabe für Standley & Padilla 2881, „dry forested hillside", gegenüber, vielleicht schließt sie aber nicht aus, daß es sich um einen feuchten Platz innerhalb des Trockenwaldes handelte.

Bl: Etwa in der Mitte der Trockenzeit (Standley & Padilla 2881 Ende Januar blühend, eigene Exemplare Ende November mit unentwickelten Infloreszenzen).

ÖT: Typ I (Soil-root). Terrestrisch.

Belegexemplare: R 1—2 (HBG): Dpt. Chalatenango, Hda. Sta. Cruz. 25. 11. 1950.

Gesehene Exemplare: Reiche 566 a (M) — Standley & Padilla 2881 (F).

2. PITCAIRNIA L'Hér.
in Sert. Angl. 7. (1788); Nom. conserv.

1. Pitcairnia calderonii Standl. & Smith in L. B. Smith, Contr. Gray Herb. 98. 8 (1932)[1])

[1]) Den Vorschlägen des Stockholmer Nomenklaturkongresses 1950 entsprechend, sind die Artnamen hier grundsätzlich mit kleinen Anfangsbuchstaben geschrieben worden. Desgleichen wurden alle Artbezeichnungen, einem Vorschlag von Mansfeld folgend (38, p. 48), unabhängig vom Geschlecht des Gattungsnamens, stets in der weiblichen Form gebraucht.

V: Diese Art ist bisher nur vom Fundort des Typus bekannt geworden. 1953 wurde sie dort von Lötschert (Frankfurt/Main) wieder aufgefunden.

St: Lavafeld.

Bl: Von Lötschert im Juni in blühendem Zustand gesammelt.

ÖT: Typ I (Soil — Root). Terrestrisch.

Belegexemplare: Lötschert 321 (FR): Dpt. Sonsonate, San Isidro. 5. 6. 1953.

Gesehene Exemplare: Calderón 2595 (F).

+ 2. **Pitcairnia flexuosa** L. B. Smith in Contr. Gray Herb. 114. 6 (1936) (fig. 62)

An dem eigenen Material waren verschiedene Abweichungen von der Originaldiagnose festzustellen. Ein Vergleich mit dem Typus (Hinton 3948) zeigte aber, daß dieser mit dem Salvador-Material völlig übereinstimmt und dementsprechend folgende Unterschiede gegenüber der Originaldiagnose aufweist:

1. Pseudobulben kleiner als 5 cm
2. Blattscheiden nur an den verdeckten Teilen glänzend, die unversehrten Pseudobulben daher äußerlich matt erscheinend
3. Die grünen Blätter (am Typus aus den Blattstümpfen zu erschließen) wesentlich breiter als 4 mm (vielfach mehr als doppelt so breit)
4. Achse der Infloreszenz oft nur wenig hin- und hergebogen
5. Infloreszenz (exclus. Länge der obersten Blüten) erheblich (die meisten Salvador-Exemplare) kürzer als 10 cm

Der aus den Petalen hervortretende Griffel (fig. 86) und die Vermehrung durch z. T. lange, mit Niederblättern besetzte Stolonen (fig. 62) sind in der Originalbeschreibung nicht erwähnt, beides ist aber am Typus erkennbar. Die Blätter der Salvador-Exemplare sind auch in ganz jungem Zustand auf der Fläche kahl und nur am Rande etwas flockig-schuppig. Da am Typus keine grünen Blätter vorhanden sind, konnte ein Vergleich in diesem Punkt nicht gezogen werden.

V: Nur vom Cerro Chulo bei San Salvador bekannt. 1000—1100 m.

St: Am Cerro Chulo auf sehr flachgründigem Boden über Fels, in exponierter Lage, unter relativ günstigen Feuchtigkeitsbedingungen (an den Steilwänden aufsteigende Seewinde). Die weniger steilen Flächen bevorzugend (vgl. *P. heterophylla*). Bei San Isidro auf Lavafeld.

Bl: Beginn der Regenperiode, etwa Ende April und Mai.

ÖT: Typ I (Soil-root). Terrestrisch.

Belegexemplare: R 46—57 (HBG): Dpt. San Salvador, Cerro Chulo. 7. 5. 1951. — R 58—61 (HBG): Ebendort. 4. 9. 1951. — Lötschert 320 (FR): Dpt. Sonsonate, San Isidro. 6. 6. 1953.

Gesehene Exemplare: Hinton 3948 (K), Typus.

+ 3. **Pitcairnia ringens** Klotzsch; Link, Klotzsch & Otto in Ic. Pl. Rar. 63 (1842)

Ein von Lötschert (Frankfurt/M.) gesammeltes Exemplar, das er mir freundlicherweise zur Ansicht übersandte, muß offenbar zu dieser Art gestellt werden. Es weicht ab durch fast kahlen Schaft und teilweise recht deutlich geflügelte Sepalen und nähert sich damit der *P. karwinskyana*, die vielleicht nicht klar von *P. ringens* unterschieden ist.

V: Nur von Nahuizalco bekannt, ± 900 m.

St: Steile Tuffwand.

Bl: Ende Januar einsetzend.

ÖT: Typ I (Soil-root). Terrestrisch.

Belegexemplare: Lötschert 204 (FR): Dpt. Sonsonate, Nahuizalco. 22. 1. 1953.

3. Pitcairnia hemsleyana Mez in DC. Monogr. Phan. 9. 455 (1896)

Zu dieser Spezies wurden von Mez die Exemplare von Salvin und Heyde & Lux 3870 gerechnet. Dagegen will L. B. Smith diese Bezeichnung nur auf den Typus (Salvin) angewendet wissen (67, p. 74) und gibt in seiner Beschreibung an, daß die Petalen nackt seien. Dagegen besitzen sie bei Heyde & Lux 3870 Schuppen, wovon ich mich selbst überzeugen konnte, unterscheiden sich aber sonst in keiner Weise von Salvins Exemplaren. Bei den letztgenannten waren in der Tat keine Schuppen feststellbar. Es ist jedoch zu bedenken, daß das Material nicht gut erhalten ist, und gerade an der Basis der Corolle ist das Gewebe stark zerfallen. Mit Sicherheit kann daher nichts gesagt werden, zumal es Mühe macht, selbst an dem eigenen, gut erhaltenen Salvador-Material die Schuppen wiederzuerkennen, obwohl sie doch seinerzeit an den lebenden Pflanzen leicht zu beobachten waren.

Das eigene Material nun ist absolut identisch mit Heyde & Lux 3870 und, bis auf die fraglichen Schuppen, auch mit Salvins Exemplaren. Dagegen würde sich nach dem Schlüssel von L. B. Smith in N. Am. Fl. (67, p. 63f.) *P. petiolata* (Kth. & Bouché) Bak. ergeben. Diese weicht aber ab durch fast sitzende Blüten, kürzere Sepalen und Petalen, länger zugespitzte obere Schaftblätter, die dicht gedrängt stehen und den Schaft völlig verdecken, außerdem wie die Floralbrakteen gefärbt sind. Es ist daher doch wohl richtiger, die in El Salvador verbreitete Art zu *P. hemsleyana* zu stellen, denn selbst wenn die Petalen bei Salvins Exemplaren tatsächlich nackt sein sollten, wäre dies allein wohl kaum ausreichend, um das Salvador-Material als vom Typus spezifisch verschieden anzusehen.

V: Weit verbreitet und stellenweise recht zahlreich. Zwischen 400 und 1100 m, vereinzelt auch bis 1500 m ansteigend.

St: Schattige, luftfeuchte Orte, vorzugsweise in ständig Wasser führenden Barrancos (Abb. 13). Meist an steilen Tuffwänden und dergleichen mit dem eigenen Wurzelwerk eine dünne Humusschicht haltend.

Bl. Zweite Hälfte der Regenzeit, etwa August und September.

ÖT: Typ I (Soil — Root). Terrestrisch

Belegexemplare: R 25—27, 29—35 (HBG), 28 (F): Dpt. La Libertad, Los Chorros. 10. 11. 1950. — R 36 (HBG): San Salvador. 9. 8. 1951. — R 37—43 (HBG): Dpt. Cuscatlán, Montepeque. 21. 8. 1951. — R 44—45 (HBG): Dpt. Morazán, Cacaguatique. 13. 9. 1951.

Gesehene Exemplare: Salvin (K), Typus ? — Heyde & Lux 3870 (M).

4. Pitcairnia heterophylla (Lindl.) Beer in Bromel. 68. (1857) (Abb. 23)

Die jungen Blätter sind auch oberseits schuppig, verkahlen dort aber noch schneller als auf der Unterseite. Die Pedicelli sind meist noch kürzer als 3 mm.

Die von Mez unterschiedene *P. longifolia* (Morr.) Beer 42, p. 227) ist von L. B. Smith wohl mit Recht eingezogen worden (67, p. 76). Daß die Sepalen gelegentlich die Dornen überragen, hängt damit zusammen, daß der Schaft nicht immer gleichmäßig stark gestaucht ist. Eine Korrelation mit den übrigen Merkmalen der *P. longifolia* (mehr als ½ oberständiger Fruchtknoten, korallenrote Blüten, Griffel so lang wie die Petalen) scheint nicht zu bestehen, vielmehr treten diese auch bei völlig schaftlosen Formen in wechselndem Maße auf.

V: Sehr häufig. Sehr weite regionale Verbreitung, etwa zwischen 400 und 2200 m. Deutlich bevorzugt werden aber Höhen über 1000 m.

St: An luftfeuchten Orten meist sehr reichlich (Abb. 23), aber auch in trockenere Gebiete vordringend. Auf Steinen, an Felsen oder auf Bäumen, dabei senkrechte oder stark geneigte Flächen bevorzugend. Eine dünne Humusdecke mit dem eigenen Wurzelwerk haltend.

Bl: Erstes Drittel der Trockenzeit, etwa November und Dezember, in größeren Höhen aber vielfach länger anhaltend.

ÖT: Typ I (Soil-root). Terrestrisch und epiphytisch.

Belegexemplare: R 13, 15 (HBG), 14 (HBG, B, F): Dpt. Sta. Ana, Hda. San José. 1. 12. 1950. — R 16—17 (HBG): Dpt. Ahuachapán, Laguna Verde. 30. 12. 1950. — R 18 (HBG): Dpt. Ahuachapán, Laguna de las Ninfas. 28. 1. 1951. — R 19 (B), 20 (HBG): Dpt. Sta. Ana, Finca San Jorge. 4. 7. 1951. — R 21—23 (HBG): Volcán de San Vicente. 25. 7. 1951. — R 24 (HBG): Dpt. Sta. Ana, Hda. San José. 23. 8. 1951.

Gesehene Exemplare: Vogel 1066, 1067, J. Donnell-Smith 4959, Tonduz 7185 (M) und zahlreiches weiteres Material aus B, K, BM, F.

3. HECHTIA Klotzsch in Allg. Gartenz. 3. 401 (1835)

Hechtia guatemalensis Mez in Repert. Sp. Nov. 3. 14 (1906)

Das Salvador-Material weicht in einigen Punkten von Pittier 137 ab: Die unteren Primärbrakteen sind an der männlichen Pflanze länger als 10 cm, schmal linealisch, oft fadenförmig zugespitzt und am Rande der ganzen Länge nach gezähnt. Die männlichen Blüten (fig. 88) sind fast ungestielt, die Floralbrakteen daher wenigstens so lang wie der rudimentäre Fruchtknoten (ebenso bei Steyermark 46446), ferner spreizen die Blüten nicht ab, sondern stehen mehr oder weniger aufrecht. Es entsteht dadurch ein ganz anderes Erscheinungsbild. Die weiblichen Pflanzen stimmen bis auf den ebenfalls sehr kurzen Pedicellus (bis 0,5 mm) mit der Beschreibung bei L. B. Smith (67, p. 89) überein. Es wäre vielleicht in Zukunft darauf zu achten, ob diese nachträglich beschriebene weibliche Form wirklich zu der Mez'schen männlichen *H. guatemalensis* gehört oder aber vielleicht mit der in El Salvador beobachteten männlichen Form eine eigene Art repräsentiert.

V: Sehr häufig. Im Tiefland, bis 500 m ansteigend.

St.: Besonders charakteristisch für steile Fels- und Tuffwände der Flußtäler (Abb. 21), meist an sehr sonnigen Plätzen und besonders dort, wo andere Vegetation nicht Fuß zu fassen vermag. Auch an künstlichen Böschungen, die durch Straßenbau und Bahnanlagen geschaffen wurden, auf älteren Lavafeldern und dergleichen.

Bl: Beginn der Regenzeit, etwa im Mai.

ÖT: Typ I (Soil-root). Terrestrisch, selten epiphytisch in kleinen Humusansammlungen in Astgabeln u. a.

Belegexemplare: R 3 (HBG): Dpt. Chalatenango, Río Sumpul. 22. 11. 1950. — R 4, 3675—3676 (HBG), 5 (HBG, ITIC), 6 (HBG, K): Libertad. 8. 5. 1951. — R 7 (HBG, K), 8, 3673—3674 (HBG): Dpt. La Libertad, Sitio del Nino. 15. 6. 1951. — R 9—11 (HBG): Dpt. La Libertad, Río Chilama. 5. 7. 1951.

Gesehene Exemplare: Pittier 137 (B), Typus? — Steyermark 46446 (F) u. a. Material aus F und K.

4. TILLANDSIA L.

in Sp. Pl. 286 (1753)

1. Tillandsia guatemalensis L. B. Smith in Contr. Un. St. Nat. Herb. 29 (7) 281 (1949), Tillandsia cyanea (A. Dietr.) Morr. in Belg. Hort. 29. 297 (1879) (Abb. 28, 38—41)

Eine im Habitus und in den Größenverhältnissen außerordentlich variable Art. Das Salvador-Material liegt ausschließlich in der unteren Hälfte, z. T. sogar noch unterhalb der unteren Grenze der von L. B. Smith angegebenen Variationsbreite (67, p. 113): Infloreszenz bis 30 cm lang (L. B. Smith: „up to 8 dm", ob irrtümlich?), Rispenäste kaum über 6 cm lang, Ähren 5—6-, seltener 8—9-blütig, Ähren kaum länger als 5,5 cm. Die Primärbrakteen sind spitz („acutae"), aber nicht „acuminatae" (L. B. Smith).

Da die Ähren und Rispenäste meist sehr kurz sind, werden die unteren oft von den Scheiden der Primärbrakteen überragt und mehr oder weniger eingehüllt. Im Bestimmungsschlüssel von L. B. Smith (67, p. 105) würden solche Exemplare zu *T. leiboldiana* laufen. Es sind jedoch von diesen alle Übergänge zu solchen Formen vorhanden, in denen die Scheiden der Primärbrakteen sämtlich deutlich kürzer sind als die Rispenäste. Dadurch wird die Abgrenzung der beiden Arten schwierig, zumal *T. guatemalensis* von sehr dichten, fast kompakten bis zu ziemlich lockeren Infloreszenzen variiert (Abb. 38—41). *T. leiboldiana* ist unterschieden durch die längeren, relativ schmäleren Floralbrakteen. In typischen Fällen ist sie darüber hinaus kenntlich an den sehr schlanken, mehr oder weniger rechtwinklig abstehenden, stets einfachen, entfernt stehenden Ähren und an den schmalen oberen Primärbrakteen, die immer noch deutlich länger als breit (lanzettlich bis linealisch), bei *T. guatemalensis* dagegen breit eiförmig bis fast kreisförmig sind. Manche der von Mez zu *T. leiboldiana* gerechneten Exemplare besitzen jedoch eine mehr oder weniger kompakte Infloreszenz oder sehr breite obere Primärbrakteen (Hahn, Bourgeau 1772).

Allgemein verbreitet ist in El Salvador eine Form, die am Grunde der Seitenachsen I. und II. Ordnung ein leeres, meist mehr oder weniger deutlich 2-kieliges Vorblatt besitzt. Am Miramundo-Montecristo findet sich oberhalb 2100 m eine Form ohne steriles Vorblatt, unterhalb dieser Höhengrenze aber ebenfalls die verbreitete Form. Es wäre sehr interessant zu erfahren, ob sich die vorblattlose Form auch in anderen Ländern in entsprechenden Höhenlagen findet, oder ob sie etwa auf den Miramundo in El Salvador beschränkt ist.

V: sehr häufig von 1500—1600 m an aufwärts, gelegentlich auch schon in 1400 m.

St: Im Nebelwald und in entsprechenden Waldresten, vielfach auch in den Kaffeepflanzungen.

Bl: Inmitten der Regenzeit, etwa Ende Juni bis September.

ÖT: Typ IIIa (Tank-absorbing Trichome only). Epiphytisch.

Belegexemplare: R 311—321, 323 (HBG), 322 (ITIC): Dpt. Sta. Ana, Hda. Los Planes. 30. 10. 1950. — R 324—325 (HBG): Dpt. Ahuachapán, Laguna Verde. 30. 12. 1950. — R 326—329 (HBG): Dpt. La Libertad, Finca Los Angeles. 12. 1. 1951. — R 330—331 (HBG): Dpt. Ahuachapán, Laguna de las Ninfas. 28. 1. 1951. — R 332 (HBG): Dpt. Sonsonate, Laguna de las Ranas. 14. 2. 1951. — R 333—336 (HBG): Volcán de San Vicente. 7. 3. 1951. — R 337—339 (HBG): Dpt. Sta. Ana, Hda. Los Planes. 26. 8. 1951. — R 340—343 (HBG): Dpt. Sonsonate, Laguna de las Ranas. 27. 6. 1951. — R 344—347 (HBG): Volcán de San Vicente. 26. 7. 1951. — R 405—408 (HBG): Dpt. Sta. Ana, Hda. Montecristo. 17. 12. 1950. — R 409—414 (HBG): Ebendort. 26. 2. 1951. — R 415—418, 420—421 (HBG), 419 (ITIC): Ebendort. 7. 6. 1951.

Gesehene Exemplare: Hort. bot. Berol. 1856 (B) — Donnell-Smith 2796, Heyde & Lux 4634 (K) — Carlson 732, 733, 930 (F).

(Tillandsia leiboldiana Schlchtd. in Linnaea 18. 414 (1844))

Wurde von Carlson für El Salvador genannt (12, p. 275), doch beruht diese Angabe auf einer irrtümlichen Bestimmung der Exemplare Carlson 732 und 733. Es handelt sich hierbei um *T. guatemalensis*.

2. Tillandsia recurvata L. in Sp. Pl. ed. 2. 410 (1762).

(fig. 73, Abb. 31)

V: Nicht selten. Nur zwischen 600 und 800 m beobachtet, aber wahrscheinlich von größerer regionaler Verbreitung.

St: Allgemein als besonders trockenresistente Art bekannt, in El Salvador aber nur in den etwas luftfeuchteren Gebieten, nicht im eigentlichen Savannenklima beobachtet. Siedelt sich gern auf den Leitungsdrähten an.

Bl: Nicht bekannt.

ÖT: Typ IV b_2 (Tauform). Epiphytisch.

Belegexemplare: R 389, 391—394 (HBG), 390 (B): San Salvador. 7. 4. 1951. — R 395—397 (HBG): Dpt. Sta. Ana, Lago de Coatepeque. 16. 4. 1951.

3. Tillandsia usneoides L. in Sp. Pl. ed. 2. 411 (1762).

(Abb. 7)

V: Nicht selten, zwischen 1400 und 1800 beobachtet.

St: In den unteren Randgebieten der Nebelwälder, aber anscheinend nicht in geschlossenen Waldbeständen. In El Salvador keineswegs eine xerophile Art, sondern die feuchtesten Gebiete des Übergangsklimas bevorzugend. In den Savannen-Formationen fehlt sie vollständig.

Bl: Nicht bekannt.

ÖT: Typ IV b_2 (Tauform). Epiphytisch.

Belegexemplare: R 92 (HBG): Dpt. Sta. Ana, Hda. Los Planes. 24. 2. 1951. — R 93 (HBG): Volcán de San Vicente. 7. 3. 1951. — R 94, 96—97 (HBG), 95 (B), 98 (HBG, F): Dpt. Ahuachapán, Laguna de las Ninfas. 18. 7. 1951. — R 99—102 (HBG): Volcán de San Vicente. 25. 7. 1951.

(Tillandsia dasyliriifolia Bak. in Jour. Bot. 25. 304 (1887))

Von L. B. Smith für El Salvador genannt (67, p. 127). Vgl. Anmerkungen zu *T. makoyana*.

(Tillandsia utriculata L. in Sp. Pl. 286 (1753))

Wird von Standley & Calderón für El Salvador aufgeführt (70, p. 347), jedoch sicher irrtümlich. Diese mexikanisch-westindische Art fehlt im eigentlichen Zentralamerika. Wahrscheinlich handelt es sich um eine Verwechslung mit *T. makoyana*.

+ 4. Tillandsia makoyana Bak. in Handb. Brom. 189 (1889)

Nach Mez existiert von dieser Art nur eine rohe Abbildung (42, p. 460). L. B. Smith identifizierte diese offenbar mit der später beschriebenen *T. cucaensis* Wittm., auf die er daher den Namen *T. makoyana* übertrug (67, p. 128). Unter diesen Umständen besitzt Bernoulli & Cario 694, worauf *T. cucaensis* begründet wurde, praktisch den Wert eines Typus auch für *T. makoyana*. Das eigene Material ist nun absolut identisch mit Bernoulli & Cario 694 und muß daher zu *T. makoyana* gestellt werden.

Nach L. B. Smith ist *T. dasyliriifolia* unterschieden durch die stark hin- und hergekrümmte Rhachis, die nur am Rande etwas nervigen Floralbrakteen, die kürzeren Blüten und Früchte (67, p. 127). Dazu ist zu bemerken, daß der einzige wirkliche Unterschied bei dem Exemplar von Gaumer (Kew, Typus? für *T. dasyliriifolia*) in den kleineren Floralbrakteen (1,5—1,7 cm) und Sepalen ($\pm$ 2 cm) besteht. Krümmung der Rhachis, Nervierung und Gestalt der Floralbrakteen gleichen dagegen durchaus der *T. cucaensis* (Bernoulli & Cario 694).

Wenn die Größenunterschiede an den Blütenteilen für die Trennung der Arten als ausreichend erachtet werden sollen, dann handelt es sich bei dem Salvador-Material um *T. makoyana*. *T. dasyliriifolia* konnte niemals festgestellt werden. Es sei aber noch hinzugefügt, daß nach eigenen Beobachtungen die Nervierung der Brakteen oft schon an einem Individuum stark variiert und sich vor allem in den verschiedenen Entwicklungs- und Reifestadien ändert. Desgleichen ist die Krümmung der Rhachis in den Fruchtständen stärker als bei blühenden Exemplaren (fig. 84). Offenbar verstärkt sich die Krümmung durch die Austrocknung, denn auch in blühendem Zustand gesammeltes Material war nach der Präparierung vielfach stärker gekrümmt als im frischen Zustand. Diese Merkmale erscheinen also nicht sehr zuverlässig; möglicherweise sind beide Arten unter dem älteren Namen *T. dasyliriifolia* zusammenzufassen.

V: Recht häufig. Meist unterhalb 500 m, vereinzelt aber bis etwa 1000 m ansteigend.

St: Vorzugsweise in den Morrotales (*Crescentia*), aber häufig auch an luftfeuchteren Orten an Fluß- oder Seeufern, sofern Licht genügend vorhanden ist.

Bl: Mitte der Trockenzeit, etwa zweite Hälfte Dezember bis Februar.

ÖT: IV a (Intermediate). Epiphytisch.

Belegexemplare: R 267 (HBG): Dpt. Chalatenango, Río Sumpul. 23. 11. 1950. — R 268 (HBG, B), 269 (HBG, B, K), 270—271 (HBG): Dpt. San Vicente, San Marcos Lempa. 29. 12. 1950. — R 272—274 (HBG): Dpt. San Miguel, Borbollón. 12. 2. 1951.

Gesehene Exemplare: *T. cucaensis*: Bernoulli & Cario 694 (B), Typus? *T. dasyliriifolia*: Gaumer (Typus ?), Hinton 3642 (det. L. B. Smith), Langlassé 274 (K), Ekman 2133 (B) und zahlreiches Material aus F.

+ 5. Tillandsia multicaulis Steud. in Nom. Bot. ed. 2. 2. 688 (1841)

An dem eigenen Material überragen die Ähren häufig die Blattrosette, besitzen aber höchstens je 8 Blüten, was überhaupt die Regel zu sein scheint, nicht 9—12, wie von L. B. Smith angegeben wird (67, p. 130). Die Petalen sind bis zu 10 cm lang.

V: Nicht häufig. Zwischen 1600 und 2000 m festgestellt.

St: Im Nebelwald, anscheinend aber vorzugsweise an etwas lichteren Stellen und an Waldrändern.

Bl: Gegen Ende der Trockenzeit, etwa Februar und März.

ÖT: Typ III a (Tank-absorbing Trichome only). Epiphytisch.

Belegexemplare: R 137 (HBG): Dpt. Sta. Ana, Hda. Los Planes. 16. 12. 1950. — R 138, 3680 (HBG): Dpt. Sonsonate, Laguna de las Ranas. 14. 2. 1951. — R 139 (B), 140—141 (HBG), 142 (F): Dpt. Sta. Ana, Hda. Los Planes. 24. 2. 1951. — R 143 (HBG): Dpt. Sonsonate, Cerro Los Naranjos. 24. 3. 1951.

Gesehene Exemplare: Schiede 1007 (B) — Therese v. Bayern (M) — Schipp S—809, Bourgeau 2960, Hahn Alfero 6965, Hübsch (K).

(Tillandsia festucoides Brongn.; Mez in DC. Monogr. Phan. 9. 678 (1896))

Wurde von Standley & Calderón unter dem Namen *T. caricifolia* Morr. für El Salvador genannt (70, p. 64), konnte jedoch von mir niemals aufgefunden werden. Ein Exemplar Standleys aus Ahuachapán (19775) erwies sich als *T. remota*, ebenso ein später von Standley & Padilla gesammeltes Stück (2486), das, ursprünglich als *T. festucoides* bestimmt, von L. B. Smith revidiert und als *T. tenuifolia* bezeichnet wurde. Es darf daher angenommen werden, daß *T. festucoides* in El Salvador nicht vorkommt.

Gesehene Exemplare: Standley 19775, Standley & Padilla 2486 (F).

6. Tillandsia juncea (R. & P.) Poir. in Lam. Encyc. Suppl. 5. 309 (1817) (fig. 69)

Nach Durchsicht umfangreichen Materials scheint es, als ob *T. juncea* und

T. tenuifolia durch kontinuierliche Übergänge miteinander verbunden seien. Besonders bei Exemplaren mit nur 1 oder 2 Ähren verwischen sich die Unterschiede vollkommen. Auch die Unterscheidung von *T. simulata* Small scheint nicht durchführbar zu sein, da auch bei Exemplaren mit vollkommen typischen *juncea*- Infloreszenzen lange, schmale Blattscheiden und mehr oder weniger blattförmige, eingerollte Spreiten vorkommen. Besonders bemerkenswert ist, daß typische *juncea*-Exemplare aus El Salvador, im Gewächshaus zu Hamburg gezogen, blattförmig breite Spreiten und gestreckte Scheiden entwickelten. Möglicherweise sind also alle drei Arten unter dem ältesten Namen, *Tillandsia tenuifolia*, zusammenzufassen.

Das Salvador-Material zeigt durchweg die typischen Merkmale von *T. juncea*: 3 und mehr sehr dicht gedrängte, mehr oder weniger bikonvexe Ähren und involukrumartig gehäufte Primärbrakteen (fig. 69), kurze, breit-dreieckige Blattscheiden und borstliche Spreiten. Die Sepalen sind mindestens so lang wie die Floralbrakteen, oft sogar etwas länger. Die Floralbrakteen sind auch in zweizeiligen Ähren oft kaum gekielt.

V: Nicht selten. Besonders zwischen 1200 und 1600 m, gelegentlich aber bis 800 m herabsteigend.

St: In lichten Wäldern, besonders an Waldrändern, auf Kaffeeplantagen an Orten mit günstigen Feuchtigkeitsbedingungen während der Trockenzeit.

Bl: Auf der Höhe der Trockenzeit, etwa Januar bis März.

ÖT: Typ IV b_1 (Regenform). Epiphytisch.

Belegexemplare: R 177—186 (HBG): Dpt. Usulután, Laguna de Alegría. 21. 1. 1951. — R 187—188, 190—191 (HBG), 189 (B): Dpt. Ahuachapán, Laguna de las Ninfas. 28. 1. 1951. — R 192 (HBG): Dpt. Sta. Ana, Hda. San José. 5. 2. 1951 — R 193—195 (HBG): Ebendort. 18. 12. 1950. — R 196—197, 3681 (HBG): Volcán de San Vicente. 7. 3. 1951.

Gesehene Exemplare: Pittier 12853, Karwinski, Pringle 8178 (M) und zahlreiches weiteres Material aus B, K und F.

(Tillandsia tenuifolia L. in Sp. Pl. ed. 2. 410 (1762))

Von L.B. Smith für El Salvador genannt (67, p. 134). Gemeint ist jedoch *T. remota*, die zu Unrecht mit *T. tenuifolia* vereinigt wurde.

+ 7. Tillandsia remota Wittm. in Engl. Bot. Jahrb. XIV. Bbl. 32. 6 (1891) (fig. 70, Abb. 32)

Diese Art ist deutlich von *T. tenuifolia* verschieden, was besonders am lebenden Material sofort auffällt. Sie unterscheidet sich durch sehr kleine Petalen (bis ± 2 cm lang), die nur lose zusammengelegt sind, also nicht die typische schmale Röhre bilden, wie sie sonst aus der Untergattung *Platystachys* bekannt ist, ferner sind sie weiß, niemals violett gefärbt. Stamina und Stylus sind nur etwa ebenso lang wie die Petalen, die Antheren relativ lang und schmal (fig. 70). Weiterhin sind die Früchte deutlich kleiner (2,5 cm oder weniger lang, kaum 3 mm im Durchmesser) als bei typischen Exemplaren von *T. tenuifolia*, ebenso sind die Ähren schmäler, kaum 0,5 cm breit, und meist deutlich unter 3 cm lang.

In diesen Punkten besteht Übereinstimmung mit Bernoulli & Cario 680. Soweit an dem Herbarmaterial festgestellt werden kann, betrifft dies auch Länge und Gestalt der Petalen und Stamina, auch die Farbe der Petalen scheint weiß zu sein. Im übrigen heißt es auch in der Originalbeschreibung ausdrücklich:

„... corolla paullo exserta, bracteam $^1/_3$ superante; petalis lanceolatis; filamentis petalis brevioribus (cum antheris non visis verosimiliter eis subaequantibus), stylo petalis sublongiore ..."

Die dem Exemplar Bernoulli & Cario 680 im Kew Herbarium beigefügte Zeichnung gehört danach zweifellos nicht zu diesem, da sie eine blauviolette, typische *Platystachys*-Corolle mit weit hervortretenden Stamina zeigt.

Nach alledem ist es fraglos berechtigt, *T. remota* als selbständige Art anzusehen. Die abweichend gestalteten Blüten lassen es sogar zweifelhaft erscheinen, ob sie überhaupt zur Untergattung *Platystachys* gerechnet werden darf. Es kann dafür eigentlich nur die habituelle Ähnlichkeit mit anderen Arten dieser Untergattung angeführt werden.

V: Nicht selten. Meist unterhalb 500 m, vereinzelt bis etwa 1000 m ansteigend.

St: Luftfeuchte Orte in Bachschluchten, an Seeufern, in Sumpfgebieten usw.

Bl: Beginn der Regenzeit, etwa Mai und Juni.

ÖT: Typ IV b_1 (Regenform). Epiphytisch, ausgedehnte, zusammenhängende Rasen bildend.

Belegexemplare: R 69 (HBG, F), 70, 3677 (HBG): Dpt. San Salvador, Apopa. 9. 1. 1951. — R 71 (HBG, B), 72, 3678 (HBG): Dpt. La Libertad, Laguna de Zapotitán. 9. 4. 1951. — R 73, 3679 (HBG): Ebendort. 14. 5. 1951. — R 74 (HBG): Dpt. La Paz, Straße nach Zacatecoluca. 15. 5. 1951.

Gesehene Exemplare: Bernoulli & Cario 680 (K), Typus? — Bernoulli 1193 (B).

+ 8. Tillandsia polystachya L. in Sp. Pl. ed. 2. 410 (1762)
(fig. 71)

Eine äußerst polymorphe Spezies, die nur schwer zu umschreiben und abzugrenzen ist. Als typisch können die großen Scheiden der Rosettenblätter angesehen werden, die mehr oder weniger dazu neigen, einen Pseudobulbus zu bilden. Die Unterscheidung von *T. balbisiana* Schult f., die allein auf dem Vorhandensein einer bulbosen Rosette basiert, dürfte danach kaum durchführbar sein. Übergänge bilden z. B. Moldenke 466, 656 („*T. polystachya*"), Moldenke 425 („*T. balbisiana*"), Langlassé 202, Baker 2138.

Das Salvador-Material zeichnet sich aus durch breitere Ähren (deutlich über 1 cm breit) und größere Floralbrakteen (meist über 2 cm lang), ferner durch eigentümlich unregelmäßig gekrümmte und spiralig gewundene Schaftblätter (fig. 71), relativ kurze, aber zahlreiche, im oberen Teil der Infloreszenz sehr gedrängt stehende Ähren, die tief in die Scheiden der Primärbrakteen eingesenkt, die untersten sogar vollständig von diesen verdeckt sind. Eine eigene Varietät, wie zunächst vermutet, läßt sich hierauf jedoch wohl kaum begründen, da alle diese Merkmale, in verschiedenster Weise miteinander kombiniert, bei zahlreichen anderen Exemplaren festgestellt werden konnten.

V: Nur einmal bei Sta. Tecla (850 m) beobachtet.

St: Am Rand einer Kaffeepflanzung in ziemlich luftfeuchtem Gebiet.

Bl: Nicht bekannt. Anfang April seit längerer Zeit verblüht.

ÖT: Typ IV a (Intermediate). Epiphytisch.

Belegexemplare: 198—204 (HBG): Dpt. La Libertad, Sta Tecla. 3. 4. 1951.

Gesehene Exemplare: Curtiss 588, Pringle 4106, Heyde & Lux 4629 (M) — Moldenke 466, 656, 425 (*T. balbisiana*), Purdie, André 2732, Heyde & Lux 4629, 3538, Yuncker, Dawson & Youse 5963, Langlassé 202, Baker 2138 (K).

+ 9. Tillandsia punctulata Schlchtd. & Cham. in Linnaea 6. 53 (1831) (fig. 72)

Die Salvador-Exemplare sind selten über 20 cm hoch und besitzen stets eine einfache Infloreszenz. Die Schaftblätter sind zinnoberrot gefärbt, die Petalen an wildwachsenden Exemplaren stets von einem sehr tiefen, fast schwarz wirkenden Purpurviolett mit weißer Spitze.

V: Nicht häufig. In 1800—2000 m beobachtet.

St: Untere Randgebiete der Nebelwälder, am Waldrand und in mehr oder weniger offenem Gelände.

Bl: Letztes Drittel der Trockenzeit, etwa im Februar.

ÖT: Typ IVa (Intermediate), Spreiten aber nur schwach beschuppt, in lebendem Zustand grün erscheinend. Epiphytisch. Ausgedehnte Rasen bildend, Vermehrung durch Ausläufer.

Belegexemplare: R 75, 77, 79—80 (HBG), 76 (B), 78 (F): Dpt. Sta. Ana, Hda. Los Planes. 16. 12. 1950. — R 81 (HBG): Ebendort. 24. 2. 1951. — R 82 (HBG): Volcán de San Vicente. 7. 3. 1951.

Gesehene Exemplare: Pringle 8064 (M) — Schiede 1006 a (B).

10. Tillandsia fasciculata Sw. in Prodr. 56 (1788)

Unter diesem Namen ist ein so vielgestaltiger Formenkreis zusammengefaßt, daß die peripheren Glieder einander kaum noch ähnlich sind. Es wird nur durch das Studium eines sehr viel umfangreicheren Materials, als es mir zur Verfügung stand, möglich sein, zu klären, ob es sich hier tatsächlich um eine einzige „highly polymorphic species“ (L. B. Smith, 67, p. 137) handelt oder um einen ganzen Komplex mehr oder weniger ähnlicher, aber doch gegeneinander abgrenzbarer Arten. In El Salvador existieren zwei Formen, die in sich sehr einheitlich sind und, so lange man dieses Gebiet allein betrachtet, leicht voneinander unterschieden werden können.

Tillandsia fasciculata var. latispica Mez in DC. Monogr. Phan. 9. 683 (1896) (Abb. 25)

Diese stellt die Typus-Varietät dar und ist gut charakterisiert. Es fragt sich allerdings, ob sie scharf genug gegen var. *venosispica* Mez abgegrenzt werden kann. Das Salvador-Material besitzt oft fast völlig kahle und glänzende Primärbrakteen. Die Blattscheiden der Rosette sind mehr dunkel-olivfarben als braun.

V: Häufig. Zwischen 0 und 1100 m.

St: Besonders an Stellen mit örtlich erhöhter Luftfeuchtigkeit, an Bachufern

u. dgl., aber auch in die trockensten Gebiete vordringend, oft in den Morrotales. Nur in offenem Gelände mit günstigen Lichtverhältnissen.

Bl: Beginn der Trockenzeit, etwa November und Dezember.

ÖT: Typ IV a (Intermediate). Epiphytisch.

Belegexemplare: R 221, 223—227 (HBG), 222 (B): Dpt. La Libertad, Antiguo Cuscatlán. 17. 11. 1950. — R 228 (HBG): Dpt. San Salvador, Guazapa. 9. 1. 1951. — R 229—230 (HBG): Dpt. Sta. Ana, Lago de Coatepeque. 25. 1. 1951. — R 231 (HBG): Dpt. Morazán, Cerro Cacaguatique. 13. 9. 1951.

Gesehene Exemplare: Pringle 4172 (M) — Karwinski 1447, Moldenke 424 (B) — Standley & Padilla 2903 (F) und weiteres Material aus K.

+ Tillandsia fasciculata var. compressa (Bertero) Rohw. comb. nov.
Tillandsia compressa Bertero, Schultes in R. & S. Syst. Veg. 7. 1210. (1830)
(Abb. 26, 27)

Das Salvador-Material ist zweifellos identisch mit *T. compressa* und *T. buchii* Urb., die unter sich wohl kaum zu trennen sein dürften. Besonders mit Ekman 4706 (*T. buchii*) besteht ausgezeichnete Übereinstimmung.

T. compressa und *T. buchii* sind von L. B. Smith zu *T. fasciculata* gezogen worden (67, p. 136). Da Mez sie jedoch als selbständige Arten behandelte, hat er sie nicht in seinen Schlüssel für die Varietäten von *T. fasciculata* aufgenommen. L. B. Smith mag mit seiner Auffassung wohl im Recht sein, aber es fragt sich, ob es dann genügt, die Mezsche Gliederung von *T. fasciculata* unverändert zu übernehmen (67, p. 137). Es bleibt daher nur der Weg, *T. compressa* (incl. *T. buchii*) als weitere Varietät von *T. fasciculata* zu behandeln. Den Typus von *T. fasciculata* var. *convexispica* Mez habe ich nicht gesehen. Diese steht der *T. compressa* zweifellos am nächsten, scheint jedoch nicht identisch zu sein („spicis densissime fasciculatis". 42, p. 467). Aber auch, wenn das der Fall sein sollte, wäre die oben gewählte Bezeichnung als die ältere zu akzeptieren.

V: Nur an zwei Orten im Bereich der Sta. Ana-Gruppe aufgefunden. Dort in 1000 bzw. 1200 m Höhe.

St: Schattige Orte in relativ luftfeuchtem Gebiet (Kaffeepflanzung bzw. Rest eines Waldbestandes).

Bl: Wahrscheinlich etwa im Mai (Beginn der Regenzeit).

ÖT: Typ IV a (Intermediate). Epiphytisch.

Belegexemplare: R 168 (HBG): Dpt. Sta. Ana, Finca San Jorge. 26. 4. 1951. — R 169—170, 172—176 (HBG), 171 (ITIC): Dpt. Sonsonate, Cerro Verde. 31. 7. 1951.

Gesehene Exemplare: Ekman 4706, Purdie, Brodway 4285 (K).

11. Tillandsia lampropoda L. B. Smith, Yuncker in Field Mus. Publ. Bot. 17. 320 (1938) (Abb. 29)

Die systematische Stellung dieser Art ist schwierig zu beurteilen. L. B. Smith stellt sie zur Untergattung *Allardtia* (67, p. 110). Nach Beobachtungen am natürlichen Standort treten die Stamina aber, wenn auch nur wenig, aus der Corolle hervor (Abb. 29). Wollte man daher *T. lampropoda* zu *Allardtia* rechnen, so müßte das Gleiche auch mit *T. multicaulis*, *T. yunckeri*, *T. remota* und anderen geschehen.

Wegen der großen Blüten und Floralbrakteen, die bei *Allardtia* nur ausnahmsweise vorkommen (hauptsächlich in der Mez'schen Untergattung *Pseudalcantarea*, von denen inzwischen die Hälfte der Arten zu *Vriesia* transferiert wurden), erscheint es natürlicher, *T. lampropoda* zu *Platystachys* zu stellen, wo sie sich zwanglos an die Verwandtschaft von *T. fasciculata* anschließen läßt.

An dem Salvador-Material sind die Sepalen abgerundet und ziemlich zart, nicht ausgesprochen lederig.

V: Nur am Miramundo festgestellt. 1900—2000 m.

St: Unterer Rand des Nebelwaldes und in lichteren, künstlich beeinflußten Waldbeständen.

Bl: Anscheinend nicht sehr scharf begrenzt, hauptsächlich aber im ersten Drittel der Regenzeit, etwa Ende Mai bis Juni. Sehr langsame Blühfolge, Öffnung der Einzelblüten mit mehreren Tagen Abstand.

ÖT: Übergang zwischen IIIa (Tank — Absorbing Trichome only) und IVa (Intermediate): Geräumige Zisterne,aber beschuppte Blattspreiten. Epiphytisch.

Belegexemplare: R 83—84, 86—87 (HBG), 85 (ITIC): Dpt. Sta. Ana, Hda. Los Planes. 24. 2. 1951. — R 88, 90 (HBG), 89 (F): Ebendort. 7. 6. 1951. — R 91 (B): Ebendort. 25. 8. 1951.

+ 12. Tillandsia polita L. B. Smith in Contr. Gray Herb. 137. 385 (1941)

Die Infloreszenz ist meist kürzer und dicker als in der Originaldiagnose angegeben, oft fast kugelförmig. Die Stamina sind deutlich länger als die Petalen.

V: Nur am Südhang des Miramundo-Montecristo beobachtet. Zwischen 1200 und 1900 m, optimal oberhalb 1500 m.

St: Vor allem in lichteren Baumbeständen am unteren Rand des Nebelwaldes, aber abwärts bis in den Ocotal gehend.

Bl: Wahrscheinlich am Beginn der Trockenzeit (ab November).

ÖT: Typ IVa (Intermediate). Epiphytisch.

Belegexemplare: R 232—234 (HBG): Dpt. Sta. Ana, Hda. San José. 5. 2. 1951.

+ 13. Tillandsia rodrigueziana Mez in Repert. Sp. Nov. 16. 73 (1919) (fig. 74)

Die Infloreszenz ist bei den Salvador-Exemplaren stets viel kleiner (höchstens 20 cm lang und 10 cm im Durchmesser), als bei Mez (42, p. 474) und L. B. Smith (67, p. 141) angegeben, steif aufrecht, und die Ähren sind kürzer (meist höchstens 10 Blüten. fig. 74). Die Sepalen sind, wie auch beim Typus (Rodriguez), durchweg etwas länger als die Floralbrakteen (nach Mez und L. B. Smith gleich lang). Die Floralbrakteen sind meist grün, die Corolle hell oder blaß bläulich violett.

V: Nicht häufig. Mittlere Höhenlagen, etwa (1000) 1400—1800 m.

St: Offenes Gelände in Gebieten mit gemilderter Trockenzeit.

Bl: Ende der Trockenzeit, etwa Februar und März.

ÖT: Typ IVa (Intermediate). Epiphytisch.

Belegexemplare: R 160 (HBG): Dpt. Sta. Ana, Hda. Los Planes. 15. 2. 1950. — R 161—167 (HBG): Volcán de San Vicente. 7. 3. 1951.

Gesehene Exemplare: Rodriguez (B), Typus.

+ 14. Tillandsia xerographica Rohw. in Senckenbergiana 34. 1/3. 113. (1953) (Abb. 42)

V: Anscheinend nur in Küstennähe, wenig über Meereshöhe.

St: Anscheinend lichtbedürftige Art des Savannenklimas, besonders zahlreich in einem Morrotal.

Bl: Beginn der Regenzeit, etwa im Mai.

ÖT: Zwischenstufe zwischen IV a (Intermediate) und IV b_2 (Tauform): Zisterne schwach entwickelt, Blattspreiten sehr stark, aber fein, nicht ausgesprochen zottig beschuppt. Epiphytisch, selten terrestrisch (Fels).

Belegexemplare: R 151, 153—157 (HBG), 152 (B), 158 (FR): Dpt. Sonsonate, Los Cóbanos. 10. 5. 1951. — R 159 (HBG): La Libertad. 9. 5. 1951.

Typus: R 157.

+ 15. Tillandsia seleriana Mez ex Loesener in Bull. Herb. Boiss. II. 3. 84 (1903) (fig. 76)

Die Ähren, zumindest die unteren, sind bei dem eigenen Material wie auch beim Typus (Seler 3439) etwa 1 cm lang gestielt, nicht sitzend, wie von L.B. Smith angegeben wird (67, p. 142). Ebenso sind die Rosettenblätter meist kürzer als die Infloreszenz, die Blattscheiden, zumindest die äußeren, sind fast ohne Übergang in die röhrenförmigen Spreiten zusammengezogen, und die Pseudobulben der Rosetten sind eher kegel- als eiförmig zu nennen (fig. 76).

Eine Abbildung dieser Art bei Karsten & Schenck (45) ist irrtümlich als *T. bulbosa* Hook. bezeichnet worden.

V: Meist vereinzelt, nur am Miramundo-Montecristo häufiger. Zwischen 1100 und 1500 m, gelegentlich auch noch höher.

St: Besonders in den Kiefern- und hartlaubigen Eichenwäldern der Regenschattengebiete. Vorzugsweise mit horizontaler Achse an den Stämmen wachsend.

Bl: Zweite Hälfte der Trockenzeit, etwa im Februar.

ÖT: Typ IV b_2 (Tauform), bulbos. Epiphytisch.

Belegexemplare: R 398—399 (HBG): Dpt. Sta. Ana, Hda. San José. 18. 12. 1950. — R 400—403 (HBG): Ebendort. 5. 2. 1951. — R 404 (B): Ebendort. 4. 5. 1951.

Gesehene Exemplare: Caec. & Seler 3439 (B), Typus.

16. Tillandsia butzii Mez in Engl. Pflanzenr. 4. 32. 636 (1935) (fig. 64)

Bei dichtrasigem Wuchs sind die Pseudobulben oft nur sehr schwach entwickelt (kaum 1 cm im Durchmesser), die Scheiden der Schaftblätter sind oft nur so lang oder sogar kürzer als die Internodien. Die Teile der Infloreszenz sind alle etwas kleiner, als von L. B. Smith angegeben (67, p. 143): Ähren 4—6 cm lang, 3—5-blütig, aber mit 3—4 leeren Vorblättern, Floralbrakteen 1,5—2 cm lang und 0,7 bis 1 cm breit. Die Blütenfarbe ist meist rosa bis hell rötlich-violett, selten blauviolett. Der Anteil der Braunfärbung an den Rosettenblättern wechselt sehr stark, manchmal sind diese überwiegend braun, manchmal fast nur grün und weißlich gebändert, und zwar nimmt die Braunfärbung mit zunehmender Beschattung ab.

V: Häufig, wohl auf allen größeren Höhen in El Salvador. Hauptsächlich zwischen 1500 und 2000 m, an besonders günstigen Orten (Laguna de Alegría) auch schon in 1300 m.

St: Offenes Gelände in den unteren Randgebieten der Nebelwälder, nicht in die Wälder selbst eindringend.

Bl: Zweite Hälfte der Trockenzeit, etwa Ende Januar bis Anfang März.

ÖT: Typ IV b_1 (Regenform), bulbos. Epiphytisch.

Belegexemplare: R 376—377, 379—380 (HBG), 378 (B): Dpt. Sta. Ana, Hda. Los Planes. 16. 12. 1950. — R 381—383 (HBG): Dpt. Ahuachapán, Laguna Verde. 30. 12. 1950. — R 384 (HBG): Dpt. Usulután, Laguna de Alegría. 21. 1. 1951. — R 385—386 (HBG): Dpt. Ahuachapán, Laguna de las Ninfas. 28. 1. 1951. — R 387 (HBG): Dpt. Sta. Ana, Hda. Los Planes. 24. 2. 1951. — R 388 (HBG): Volcán de San Salvador. 29. 3. 1951.

Gesehene Exemplare: Pringle 8189 (M) — Liebmann (B) und weiteres Material in K.

17. Tillandsia caput-medusae Morr. in Belg. Hortic. 30. 90 (1880)
(fig. 65)

Die Floralbrakteen sind bis zu 3mal so lang wie die Internodien und stets leuchtend rot gefärbt. Die Individuen des Tieflandes sind meist sehr viel kräftiger entwickelt, als in der Zeichnung von L. B. Smith (65, Vol. 29, p. 464) dargestellt. Bei dieser handelt es sich um ein Kümmerexemplar, wie man sie vor allem an der oberen Verbreitungsgrenze findet.

V: Sehr häufig. Zwischen 0 und 1000 m, mit Kümmerformen vielfach bis etwa 1300 m ansteigend. Für Carlson 1069 vom Volcán de Sta. Ana wird angegeben 1590—2340 m, doch ist mir die Art in derartigen Höhen niemals begegnet.

St: Lichtbedürftige Art des Savannenklimas, mit Vorliebe in den Morrotales. Bei günstigen Lichtverhältnissen aber auch in luftfeuchtere Gebiete vordringend.

Bl: Ende der Trockenzeit und erster Beginn der Regenzeit, etwa April bis Mai.

ÖT: Typ IV b_2 (Tauform), bulbos. Epiphytisch, seltener terrestrisch (Fels).

Belegexemplare: R 253 (HBG): San Salvador. 27. 11. 1950. — R 254 (HBG): San Salvador. 11. 12. 1950. — R 255 (HBG): Dpt. Sta. Ana, Lago de Coatepeque. 25. 1. 1951. — R 256 (HBG): Dpt. Usulután, Laguna de Alegría. 21. 1. 1951. — R 257 (HBG): Dpt. Sta. Ana, Hda. San José. 5. 2. 1951. — R 258 (HBG), 259 (B): Dpt. Sta. Ana, Lago de Coatepeque. 16. 4. 1951. — R 260—261 (HBG): Dpt. La Libertad, Sta. Tecla. 7. 4. 1951. — R 262—263 (HBG): Dpt. La Libertad, Laguna de Zapotitán. 9. 4. 1951. — R 264 (HBG): San Salvador. 23. 4. 1951. — R 265—266 (HBG): Dpt. Sonsonate, Sta. Emilia. 27. 4. 1951.

Gesehene Exemplare: Karwinski, Donnell Smith 2010, Reiche 435, 585 (M) — Hinton 2856 (K) — Carlson 1069 (F).

+ 18. Tillandsia baileyi Rose, Small in Fl. SE. U. S. 246, 1328 (1903)
(fig. 63)

Das Salvador-Material weicht von Bailey 3206 wie auch von anderen nordamerikanischen Exemplaren ab durch viel feinere Beschuppung, fast glatte Sepalen und reicher verzweigte Infloreszenz (meist 3—5 Ähren). Angaben in der Beschreibung bei L. B. Smith wie „sheaths ovate" und „pseudobulbs ovoid"

(67, p. 144) beruhen wahrscheinlich darauf, daß die äußersten Rosettenblätter fehlten. Diese sind bei den eigenen Exemplaren fast kreisrund und geben den Pseudobulben eine fast kugelförmige oder gar kegelförmige Gestalt. Ein aus Guatemala stammendes Exemplar (Standley 80349) stimmt mit dem Salvador-Material völlig überein, und es ist vielleicht möglich, diese als eigene Varietät anzusehen.

V: Nur von zwei Fundorten bekannt, in 430 bzw. 700 m Höhe über Meeresspiegel.

St: Waldrand (Regengrüner Wald) am Seeufer und Kulturland im Gebiet mit schwach gemilderter Trockenzeit.

Bl: Beginn der Trockenzeit, etwa Ende Oktober oder im November beginnend.

ÖT: Typ IV b_1 (Regenform), bulbos. Epiphytisch.

Belegexemplare: R 275 (HBG): Dpt. Sta Ana, Desagüe. 6. 2. 1951. — R 276—279, 281—283 (HBG), 280 (F): San Salvador. 23. 4. 1951.

Gesehene Exemplare: Camp, Bailey 3206, Typus? (K) — Jones 89079 (BM) — Standley 80349 (F).

19. Tillandsia flabellata Bak. in Jour. Bot. 25. 242 (1887)
(fig. 68)

Die in El Salvador gesammelten und beobachteten Exemplare sind durchweg etwa doppelt so groß wie in der Originalbeschreibung und bei Mez (42, p. 484) angegeben, und auch noch wesentlich größer als in der Beschreibung nach L. B. Smith (67, p. 145): Blattscheiden bis 10 cm lang, Spreiten bis 2,5 cm breit, Ähren bis 30 cm, der fertile Teil bis 13 cm lang. Die Spreiten der Primärbrakteen sind zumindest bei den oberen viel kürzer als die Ähre, meist ist nur eine kurze, der Scheide aufgesetzte Spitze vorhanden. Die Floralbrakteen sind oft nur schwach nervig, an der Innenseite und an der Spitze der Außenseite auch zur Blütezeit noch ziemlich dicht beschuppt, die hinteren Sepalen etwa 3—4 mm verwachsen.

V: Nicht selten, zwischen 650 und 1450 m.

St: Luftfeuchte, schattige Orte, besonders charakteristisch für die Barrancos.

Bl: Ende der Trockenzeit und erstes Drittel der Regenzeit, etwa April bis Juni.

ÖT: Typ IVa (Intermediate). Epiphytisch.

Belegexemplare: R 348 (B), 349—350 (HBG): Dpt. Sta. Ana, Hda. San José. 1. 12. 1950. — R 351 (HBG): Dpt. La Libertad, Finca Los Angeles. 12. 1. 1951. — R 352 (HBG): Dpt. Sta. Ana, Lago de Coatepeque. 25. 1. 1951. — R 353—360 (HBG): Dpt. La Libertad, Los Chorros. 3. 4. 1951. — R 361 (HBG): Dpt. La Libertad, Sta. Tecla. 7. 4. 1951. — R 362 (HBG): Dpt. Sta Ana, Finca San Jorge. 26. 4. 1951.

Gesehene Exemplare: Standley & Padilla 3031 (F).

20. Tillandsia vicentina Standl. in Jour. Wash. Acad. 13. 364 (1923)
(fig. 77)

Die Identität des Salvador-Materials erscheint nicht zweifelhaft, doch weicht es in einigen Punkten von der Originalbeschreibung ab, da die Rosettenblätter meist nur etwa so lang wie der Schaft und auf der Oberseite graugrün, die Ähren gewöhnlich höchstens 5—6- oft nur 2—3-blütig und etwa 0,5 cm lang gestielt sind. Die Floralbrakteen sind bis 5mal so lang wie die Internodien und oft ungekielt, die hinteren Sepalen bis zu 0,7 cm hoch verwachsen. Die Spreiten der Rosettenblätter sind abgespreizt oder zurückgeschlagen. Die horizontal abstehenden Ähren sind so gestellt, daß die schmalen Seiten nach oben und unten weisen, und zwar findet die Drehung eigentümlicherweise zwischen dem addossierten 2-kieligen Vorblatt und dem folgenden leeren, aber brakteenförmigen Hochblatt statt.

Zwei Exemplare stellen möglicherweise einen Bastard mit *T. rodrigueziana* dar, da sie neben den *vicentina*-Merkmalen lange Sepalen (länger als die Floralbrakteen), kahle Floralbrakteen, aufrecht-abstehende, in sich gekrümmte Ähren und nur kurze Spreiten an den unteren Primärbrakteen besitzen.

V: Nicht selten, zwischen 1500 und 2000 m.

St: Offenes Gelände, Waldränder in den unteren Randgebieten der Nebelwälder.

Bl: Zweite Hälfte der Trockenzeit, etwa Mitte Februar bis Mitte April.

ÖT: Typ IVa (Intermediate). Epiphytisch.

Belegexemplare: R 299 (HBG): Dpt. Sta. Ana, Hda. Los Planes. 31. 10. 1950. — R 300—301 (HBG): Ebendort. 16. 12. 1950. — R 302 (HBG), 303 (B): Ebendort. 24. 2. 1951. — R 304 (B), 305 (HBG): Volcán de San Vicente. 7. 3. 1951. — R 308 (ITIC), 309—310 (HBG): Dpt. Sonsonate, Cerro Los Naranjos. 24. 3. 1951.

× *T. rodrigueziana* (?): R 306—307 (HBG): Dpt. Ahuachapán, Laguna de las Ninfas. 28. 1. 1951.

+ 21. Tillandsia cryptopoda L. B. Smith in Ceiba 1. 229 (1951)
Tillandsia miniatispica Rohw. in Senckenbergiana 34. 1/3 110 (1953)
(fig. 67)

Die Infloreszenz ist in den weitaus meisten Fällen einfach, solche mit 2 Ähren, wie in der Originalbeschreibung angegeben, gehören zu den Ausnahmen.

V: Nur am Miramundo-Montecristo festgestellt. Oberhalb 2200 m.

St: Nebelwald und windgescherter Busch auf der Kuppe des Miramundo (hier anscheinend optimal entwickelt).

Bl: Letztes Drittel der Trockenzeit, etwa Ende Februar und März.

ÖT: Typ IVa (Intermediate). Epiphytisch.

Belegexemplare: R 124 (HBG): Dpt. Sta. Ana, Hda. Montecristo. 17. 12. 1950. — R 125, 127, 129—135 (HBG), 126 (FR), 128 (B): Ebendort. 26. 2. 1951. — R 136 (HBG): Ebendort. 27. 8. 1951.

Typus für *T. miniatispica*: R 131.

22. Tillandsia schiedeana Steud. in Nom. Bot. ed. 2. 2. 688 (1841)
(fig. 75)

Die Sepalen sind oftmals ziemlich stark nervig.

V: Gemein. Zwischen 0 und 1500 m, hauptsächlich aber unterhalb 1000 m.

St: Lichtbedürftige Art des Savannenklimas, ganz besonders in den Morrotales. Bei ausreichendem Licht auch in feuchteren Gebieten.

Bl: Zweite Hälfte der Trockenzeit, etwa Februar bis erste Hälfte April.

ÖT: Typ IV b_2 (Tauform). Epiphytisch, öfter auch terrestrisch (Fels).

Belegexemplare: R 363 (HBG, B), 364 (HBG): Dpt. Sta. Ana, Hda. San José. 1. 12. 1950. — R 365—366 (HBG): San Salvador. 11. 12. 1950. — R 367 bis 368 (HBG): Dpt. Usulután, Laguna de Alegría. 21. 1. 1951. — R 369 (HBG): Dpt. Sta. Ana, Lago de Coatepeque. 25. 1. 1951. — R 370 (HBG, B): Dpt Sta. Ana, Hda. San José. 5. 2. 1951. — R 371—372 (HBG): Dpt. San Salvador, Guazapa. 9. 1. 1951. — R 373 (HBG): Volcán de San Vicente. 7. 3. 1951. — R 374—375 (HBG): Dpt. La Libertad, Sta. Tecla. 7. 4. 1951.

Gesehene Exemplare: Vogel 1075, Pringle 4376, 6860, 8063, Karwinski, Kerber 295, Eggers 1806, Baker 2086, Purpus 363, Pittier 12852 (M) und zahlreiches weiteres Material aus B, K und F.

+ 23. Tillandsia candelifera Rohw. in Senckenbergiana 34. 1/3. 109. (1953) (fig. 66)

V: Nur am Miramundo-Montecristo festgestellt, dort von 2000 m an aufwärts.

St: Nebelwald.

Bl: Zweite Hälfte der Trockenzeit, etwa Februar bis März.

ÖT: Typ IIIa (Tank-absorbing Trichome only). Epiphytisch.

Belegexemplare: R 144—146 (HBG), 147 (FR): Dpt. Sta. Ana, Hda. Los Planes. 16. 12. 1950. — R 148 (HBG), 149 (B): Dpt. Sta. Ana, Hda. Montecristo. 7. 6. 1951.

Typus: R 144.

+ 24. Tillandsia yunckeri L. B. Smith, Yuncker in Field Mus. Publ. Bot. 17. 322 (1938) (fig. 78)

Zur Blütezeit sind die Infloreszenzen kompakt und zapfenförmig (fig. 78). Erst beim Reifen der Früchte findet das Abspreizen der Ähren und damit der Primärbrakteen statt, das auf der Photographie des Typus bei der Originalbeschreibung zu erkennen ist. Violett überlaufen sind die Blätter nur bei stärker belichteten Pflanzen.

V: Nur am Miramundo-Montecristo gefunden. Von 2000 m an aufwärts.

St: Nebelwald.

Bl: Erster Höhepunkt der Regenzeit, etwa im Juni.

ÖT: Typ IIIa (Tank-absorbing Trichome only). Epiphytisch.

Belegexemplare: R 235—237 (HBG): Dpt. Sta Ana, Hda. Los Planes. 30. 10. 1950. — R 238 (B), 239 (ITIC), 240 (HBG): Ebendort. 16. 12. 1950. — R 241—242 (HBG): Dpt. Sta. Ana, Hda. Montecristo. 17. 12. 1950. — R 243—245 (HBG): Ebendort. 26. 2. 1951. — R 246—248 (HBG): Ebendort. 7. 6. 1951.

+ 25. Tillandsia ponderosa L. B. Smith in Contr. Gray Herb., Stud. Brom. XIII. (1944)

An der Identität des Salvador-Materials mit der von L. B. Smith beschriebenen Art kann kein Zweifel herrschen, doch weicht es etwas ab durch geringere Größe (kaum über 50 cm hoch), innen violette Blattscheiden, nur auf der Unterseite deutlich beschuppte Blätter, zurückgebogene Schaftblätter, nur bis etwa 10 cm lange Ähren und blauviolette Petalen.

V: Am Miramundo-Montecristo zahlreich, oberhalb 2200 m. Einmal auch auf

Los Esesmiles beobachtet. Nach brieflicher Mitteilung durch Lötschert (Frankfurt/M.) auch am Volcán de San Vicente.

St: Nebelwald.

Bl: Ende der Trockenzeit, etwa im Februar.

ÖT: Übergang zwischen IIIa (Tank-absorbing Trichome only) und IVa (Intermediate): Geräumige Zisterne, aber beschuppte, schmal-dreieckige Blattspreiten. Epiphytisch.

Belegexemplare: R 249—252 (HBG): Dpt. Sta. Ana, Hda. Montecristo. 26. 2. 1951.

+ 26. Tillandsia plumosa Bak. var. magnusiana (Wittm.) Rohw. comb. nov.

Tillandsia magnusiana Wittm. in Engl. Bot. Jahrb. 11. 66 (1901)

Wohl mit Recht wurde *T. magnusiana* von L. B. Smith zu *T. plumosa* gezogen (67, p. 153), da sie sich allein durch das Fehlen eines deutlichen Schaftes unterscheidet. Immerhin wurde aber in El Salvador stets nur die schaftlose Form angetroffen, und es mag daher berechtigt sein, sie als Varietät aufrecht zu erhalten.

In der Beschreibung von L. B. Smith heißt es „petals 18 mm long, yellowish green", doch muß dies wohl auf einem Versehen beruhen. Bei dem eigenen Material waren die Petalen etwa 6 cm lang und (hell-)blauviolett, was auch mit den Angaben von Mez annähernd übereinstimmt (42, p. 497). Die Infloreszenz besteht, wie bei *T. ionantha* (s. d.), aus einer einfachen Ähre, in der jede Blüte nur von einer Braktee gestützt wird.

V: Nicht selten. Zwischen 1100 und 1600 m.

St: Lichtbedürftige, trockenresistente Art besonders der Kiefern- und hartlaubigen Eichenwälder.

Bl: Ende der Trockenzeit und erster Beginn der Regenzeit, etwa April und Anfang Mai.

ÖT: Typ IV b_2 (Tauform). Epiphytisch.

Belegexemplare: R 205, 207—211 (HBG), 206 (F): Dpt. Sta. Ana, Hda. San José. 5. 2. 1951. — R 212 (HBG): Volcán de San Vicente. 7. 3. 1951. — R 213—220 (HBG): Dpt. Sta. Ana, Hda. San José. 4. 5. 1951.

Gesehene Exemplare: *T. plumosa* s. str.: Karwinski, Andrieux 57 (M) — *T. magnusiana*: Purpus 3393, Liebmann 3 (B).

+ 27. Tillandsia tephrophylla Harms var. guzmanioides (L. B. Smith) Rohw. comb. nov.

Tillandsia capitata Griseb. var. guzmanioides L. B. Smith in Contr. Gray Herb. Stud. Brom. X. 18 (1939)

T. tephrophylla ist in allen Teilen wesentlich größer als *T. capitata*, besitzt einen abwärts gekrümmten Schaft und zeichnet sich durch sehr große, breite Primärbrakteen aus, deren Scheiden die Ähren weit überragen und völlig verdecken. Die Blätter und Primärbrakteen sind viel weniger starr als bei *T. capitata*. *T. tephrophylla* sollte daher als selbständige Art aufrecht erhalten werden (von L. B. Smith wurde sie zu *T. capitata* gezogen). Die var. *guzmanioides* gehört dann ohne Frage zu *T. tephrophylla*, der sie habituell völlig gleicht und von der sie nur durch Merkmale der Beschuppung und die zartblättrigen, rot gefärbten Primärbrakteen abweicht.

V: Nur ein einziges Exemplar auf der Kuppe des Miramundo in 2350 m Höhe gefunden.

St: Windgescherter Busch oberhalb des Nebelwaldes.

Bl: Nicht bekannt.

ÖT: IVa (Intermediate). Epiphytisch.

Belegexemplare: R 150 (HBG): Dpt. Sta. Ana, Hda. Montecristo. 26. 2. 1951.

Gesehene Exemplare: *T. tephrophylla*: Ekman 16693, Typus (B) — *T. tephrophylla* var. *guzmanioides*: Matuda 2308, Typus ? (K) — *T. capitata*: Wright 3274, Typus (GOET).

+ 28. Tillandsia plagiotropica Rohw. in Senckenbergiana 34. 1/3. 112. (1953) (Abb. 37)

Der *T. capitata* Griseb. nahestehend, aber ohne deutlichen Schaft, Infloreszenz daher in der Rosette nistend, mit relativ schmäleren (länglich-eiförmigen) Primärbrakteen, größeren (bis über 2 cm langen), die Sepalen überragenden Floralbrakteen und längeren, relativ schmäleren Sepalen.

V: Nicht selten. Zwischen 1000 m und 2200 m beobachtet, am verbreitetsten aber zwischen 1300 und 1650 m.

St: Offenes Gelände und Waldränder in den Randgebieten der Nebelwälder.

Bl: Nicht genau bekannt. Wahrscheinlich um den Beginn der Regenzeit, etwa in der zweiten Aprilhälfte einsetzend.

ÖT: Übergang zwischen Typ IV b_1 und IV b_2 (Regen- und Tauform), Blätter sehr grob, aber nicht ausgesprochen zottig beschuppt.

Belegexemplare: R 290 (HBG): Dpt. Ahuachapán, Laguna de las Ninfas. 28. 1. 1951. — R 291—292, 294 (HBG), 293 (B), 295 (FR): Dpt. Ahuachapán, Laguna Verde. 30. 12. 1950. — R 296 (HBG): Dpt. Usulután, Laguna de Alegría. 21. 1. 1951. — R 297—298 (HBG): Dpt. Ahuachapán, Laguna de las Ninfas. 18. 7. 1951.

Typus: R 290.

Gesehene Exemplare: Wright 3274 (GOET), Typus für *T. capitata*.

+ 29. Tillandsia brachycaulos Schlchtd. in Linnaea 18. 422 (1844)

Das Salvador-Material besitzt häufig 3-blütige Ähren. Blühende Exemplare sind meist gänzlich leuchtend rot gefärbt.

Einige der gesammelten Exemplare scheinen Bastarde mit *T. caput-medusae* darzustellen, da sie in der Beschuppung und Form der Rosettenblätter, der Ausbildung des Schaftes und der Länge der Ähren und deren Internodien genau zwischen diesen beiden Arten stehen. Da an dem gleichen Fundort die beiden reinen Arten festgestellt wurden, hat diese Annahme einige Wahrscheinlichkeit. Es ist nicht ausgeschlossen, daß auch *T. brachycaulos* var. *multiflora* L. B. Smith (64, XIII) in Wahrheit einen solchen Bastard darstellt.

V: Nicht selten. Etwa zwischen 0 und 1000 m.

St: An Orten mit erhöhter Luftfeuchtigkeit, an Bach- und Seeufern, in Sumpfgebieten usw., aber stärkere Beschattung meidend.

Bl: Erstes Drittel der Regenzeit, etwa Mai bis Anfang Juni.

ÖT: Typ IVa (Intermediate). Epiphytisch, selten terrestrisch (Fels).

Belegexemplare: R 103, 105 (HBG), 104 (F): Dpt. Sta. Ana, Desagüe. 6. 2. 1951. — R 106 (HBG): Dpt. La Libertad, Sta. Tecla. 28. 3. 1951. — R 107 (B), 108 (HBG): Dpt. La Libertad, Laguna de Zapotitán. 9. 4. 1951. — R 109 bis 112 (HBG): Dpt. Sonsonate, Los Cóbanos. 10. 5. 1951. — R 113—116 (HBG): Dpt. La Libertad, Laguna de Zapotitán. 1. 6. 1951. — R 117—120 (HBG): Ebendort. 29. 6. 1951. — R 121 (HBG): Dpt. Sta. Ana, Agua Caliente. 12. 7. 1951. — R 122—123 (HBG): Dpt. Chalatenango, Río Sumpul. 21. 11. 1950.

× *T. caput-medusae* (?): R 284—288 (HBG): Dpt. La Libertad, Laguna de Zapotitán. 1. 6. 1951. — R 189 (HBG): Ebendort. 29. 6. 1951.

+ 30. Tillandsia ionantha Planch. in Fl. Serres 10. 101 (1855), L. B. Smith in Contr. Gray Herb. 137. 384 (1941)

Tillandsia erubescens Schlchtd. sensu Mez in Engl. Pflanzenr. IV. 32. 496. (1935)

An dem Salvador-Material stellen die Infloreszenzen tatsächlich einfache Ähren dar. Anhaltspunkte dafür, daß es sich um eine reduzierte Rispe handelt, in der jede Ähre nur durch je eine Blüte repräsentiert wird, sind nur insofern gegeben, als die Einzelblüten vielzeilig angeordnet sind. Zwei Brakteen vor jeder Blüte, wie L. B. Smith angibt (67, p. 155), sind nicht vorhanden (fig. 85).

V: Nicht sehr häufig. Zwischen 400 und 1300 m.

St: Offenes Gelände oder lichte Baumbestände und Pflanzungen, bis in ziemlich trockene Gebiete vordringend.

Bl: Ende der Trockenzeit, etwa April bis Anfang Mai.

ÖT: Übergang zwischen Typ IV b_1 (Regenform) und IV b_2 (Tauform), Blätter grob, aber nicht ausgesprochen zottig beschuppt.

Belegexemplare: R 62—63, 66 (HBG), 64 (HBG, F), 65 (HBG, B): Dpt. Sta. Ana, Lago de Coatepeque. 16. 4. 1951. — R 67—68 (HBG): Dpt. Sta. Ana, Texistepeque. 4. 5. 1951.

Gesehene Exemplare: Liebmann 1 (B).

5. VRIESEA Lindl.

in Bot. Reg. 29. pl. 10 (1843) Nom. conserv.

+ 1. Vriesea cornus-cervi Rohw. spec. nov.

(fig. 79, 89, Abb. 31)

Acaulis, florifera 100—150 cm alta. Folia numerosa, rigidula, rosulam crateriformem formantia; vaginae ellipticae, ± 15 cm longae, sensim in laminas subpatentes, 50—80 cm longas, lingulatas, acutas, breviter apiculatas, basi ± 6—10 cm latas, virides, concolores, obscure punctulato-lepidotas angustatae. Scapus erectus, folia distincte superans, vaginis internodiis longioribus, superioribus acutis vel obtusis, inferioribus in laminas breves, lineares, apiculatas productis obtectus. Inflorescentia ± 50—70 cm longa, bipinnatim paniculata, e ramis paucis (3—5) composita; bracteae primariae 5—6 cm longae, late ovatae, obtusae, breviter apiculatae, patentes vel subpatentes, dimidiatam basin sterilem ramorum axillarum ± involventes; spicae elongatae, ± (10) 15—20 (25) -florae, laterales patentes vel subpatentes, 15—30 cm longae, basi sterili 5—10 cm longa, sueto 2 prophyllis bracteis florigeris isomorphis, internodia paulo superantibus praeditae, spica terminalis erecta, ad 40 cm, parte sterili ad 25 cm longa prophyllis ± 5—6 erectis, bracteis primariis isomorphis, internodia paulo superantibus aucta; rhachis angulata, ± 0,3 cm crassa, ± flexuosa, internodiis indistincte obconicis; bracteae florigerae secunde-versae, quam internodia 3-plo longiores, suborbiculatae, late ovatae vel late ellipticae, obtusae, 3,5—4,5 cm longae, apicem versus saltem ± carinatae, rigidae, per anthesin claro-cinereae, extus fere glabrae, intus brunneo-punctulatae. Flores campanulaeformes, secunde-versi, 0,5—0,75 cm longe pedicellati; sepalis coriaceis, atro-brunneis, laevibus, ellipticis, apice rotundatis, 1,5—2,0 cm longis, quam bracteae multo brevioribus; petalis oblongis, obtusis vel rotundatis, 3—3,5 cm longis, sordide viridibus quam stamina paulo longioribus, squamis acuminatis, ± denticulatis.

Der *Vriesea sanguinolenta* Cogn. & Marchal nahestehend, die aber allmählicher zugespitzte, mit langem Apiculus versehene, meist gefleckte Rosettenblätter besitzt, ferner sich durch mehr aufrecht stehende Rispenäste, viel größere Blüten (Sepalen länger als die Floralbrakteen) und weiße Petalen unterscheidet.

V: Nicht selten. Etwa von 1600—1800 m an aufwärts.

St: Nebelwald.

Bl: Zweite Hälfte der Trockenzeit, etwa Februar bis April.

ÖT: Typ IIIa (Tank-absorbing Trichome only). Epiphytisch.

Belegexemplare: R 434—435 (HBG): Dpt. Sta. Ana, Hda. Los Planes. 16. 12. 1950. — R 436—439 (HBG): Dpt. Sonsonate, Laguna de las Ranas. 14. 2. 1951. — R 440 (HBG): Volcán de San Vicente. 7. 3. 1951.

Typus: R 436.

+ 2. Vriesea montana (L. B. Smith) L. B. Smith & Pittendr. in Jour. Wash. Acad. Sci. 43. 3. 68 (1953). (descr. nov. Rohw.); Thecophyllum montanum L. B. Smith, Yuncker in Field Mus. Publ. Bot. 17. 319 (1938)

(Abb. 34)

Acaulis, 4—6 dm alta, folia dense crateriformi-rosulata, 25—40 cm longa, obscure punctulato-lepidota, supra lineis tenerrimis undulatis vel saepe zonaliter confluentibus brunneo-purpureis transverse picta; vaginis ellipticis, 1 dm longis; laminis lingulatis, acutis, 30—50 mm latis, planis; scapo erecto, medio 5 mm diametro, glabro; scapus vaginis erectis, quam internodia paulo longioribus, late ellipticis, breviter triangulari-laminatis obtectus; inflorescentia pauciflora, subdensa, 5—10 cm longa; bracteis primariis ex elliptico vel suborbiculato acuminatis, flores subae quantibus, nullo modo imbricatis, flores 2 vel interdum infima 3 collaterales in axillis gerentibus; bracteis florigeris suborbicularibus, obtusis 6—9 mm longis, quam sepala distincte brevioribus, late convexis nullo modo carinatis, coriaceis, laevibus, obscure punctulatis; flores subsessiles, sepalis late ellipticis, obtusis, 12—15 mm longis, coriaceis, extus glabris laevibusque, petalis oblongis, obtusiusculis, 3 cm longis, ligulis 2 crassiusculis acuminatis auctis, sordide flavo-viridibus, tubum brevem, 1,2 cm in diam. metientem formantibus; antheris angustis, 0,5 cm longis; capsula 3 cm longa, cylindrica, 8 mm in diam. metiens, apice rotundata.

Alle 6 Stamina sind, wie auch der Griffel, aufwärts geschlagen und liegen dem nach oben gerichteten Petalum an. Die Floralbrakteen sind beim Salvador-Material, wie in der Originalbeschreibung, fast kreisförmig, nicht elliptisch, wie andernorts von L. B. Smith angegeben (67, p. 175f.).

Die Transferierung dieser Spezies zur Gattung *Vriesea* erfolgte mit der Bemerkung der Autoren, daß eine nähere Begründung wie überhaupt eine Untersuchung über den Wert der Gattungsmerkmale von *Vriesea, Thecophyllum* und *Guzmania* später erfolgen werde. Da in der Tat in El Salvador ein in allen Einzelheiten übereinstimmender Blütenbau zwischen *Vriesea cornus-cervi* (fig. 89) und *V. montana* festgestellt werden konnte, scheint die Transferierung der letztgenannten Art durchaus gerechtfertigt zu sein.

Noch nicht klar ist allerdings die Stellung anderer *Thecophyllum*-Arten. Innerhalb der Gattung *Theocophyllum* müßte *V. montana* neben *Th. irazuensis* gestellt werden, da es keineswegs die Regel zu sein scheint, daß (wie in der Originalbeschreibung angegeben) in den Achseln der unteren Primärbrakteen 3 Blüten stehen. Bei allen in El Salvador gesammelten und beobachteten Exemplaren waren stets nur deren zwei vorhanden. *Th. irazuensis* unterscheidet sich durch eine dichtblütigere Infloreszenz und sehr kurz gestielte Blüten, so daß die Floralbrakteen fast ebenso lang wie der Kelch sind (L. B. Smith: „much shorter than the sepals" (67, p. 171), trifft aber für den Typus (Wercklé 16206) nicht zu). Auch sind die Sepalen sehr hell, während sie wenigstens beim Salvador-Material intensiv braun gefärbt sind. Ob aber *V. montana* überhaupt von *Th. irazuensis* spezifisch verschieden ist, wäre noch zu prüfen. Ein von L. B. Smith als *Th. irazuensis* bestimmtes Exemplar (Manuel Valerio 1719) ist jedenfalls zweifellos identisch mit *V. montana*.

V: Von 1800—2000 m an aufwärts. Häufiger nur am Miramundo-Montecristo und an der Laguna de las Ranas.

St: Nebelwald.

Bl: Höhepunkt der Regenzeit, etwa Juni und Juli.

ÖT: Typ IIIa (Tank-absorbing Trichome only). Epihpytisch.

Belegexemplare: R 422—426 (HBG): Dpt. Sta. Ana, Hda. Montecristo. 17. 12. 1950. — R 427 (HBG): Dpt. Sonsonate, Laguna de las Ranas. 14. 2. 1951. — R 428 (HBG): Dpt. Sta. Ana, Hda. Montecristo. 26. 2. 1951. — R 429 (HBG): Dpt. Sonsonate, Laguna de las Ranas. 27. 6. 1951. — R 430—433 (HBG). Ebendort. 16. 7. 1951.

Gesehene Exemplare: *Th. irazuensis*: Wercklé 16206 (B), Typus — Manuel Valerio 1719 (F).

6. CATOPSIS Griseb.
in Fl. Brit. W. Ind. 599 (1864)

1. Catopsis nutans (Sw.) Griseb. var. stenopetala (Bak.) L. B. Smith in N. Am. Fl. 19. 2. 193 (1938)
(fig. 81)

L. B. Smith unterscheidet von der zwittrigen typischen Varietät die diözische var. *stenopetala*. An fruchtenden Exemplaren ist allerdings nicht zu erkennen, um welche der beiden es sich handelt. Da aber alle blühenden Exemplare sich als diözisch erwiesen und auch fruchtende Individuen stets mit männlichen untermischt angetroffen wurden, ist die Annahme wohl berechtigt, daß in El Salvador nur die diözische Varietät vorkommt.

Die Rosettenblätter sind zungenförmig bis sehr breit dreieckig und kurz zugespitzt, bis über 3,5 cm breit. Die unteren Floralbrakteen sind oftmals ebenso kurz wie die oberen.

V: Häufig. Zwischen 0 und 1600 m, am häufigsten in Höhen über 600 m.

St: Luftfeuchte, schattige Orte. In Kümmerformen zuweilen auch im Savannengebiet anzutreffen.

Bl: Mitte der Regenzeit, etwa Juli und August. Die Blüten öffnen sich nachts (fig. 91) und strömen einen derart intensiven Duft aus, daß eine einzige Blüte einen großen Raum damit erfüllen kann.

ÖT: IIIc (Ephemeral Tank). Epiphytisch.

Belegexemplare: R 490 (HBG, B), 491 (HBG): Dpt. Chalatenango, Las Minas. 21. 11. 1950 .— R 492, 494—496 (HBG), 493 (HBG, B): Dpt. Ahuachapán, Laguna Verde. 30. 12. 1950. — R 497 (HBG): Dpt. Sta. Ana, Hda. San José. 1. 12. 1950. — R 498—499 (HBG): Dpt. Ahuachapán, Laguna de las Ninfas. 28. 1. 1951. — R 500 (HBG): Dpt. San Salvador, Guazapa. 9. 1. 1951. — R 501 (HBG, B), 502—503 (HBG): San Salvador. 30. 1. 1951. — R 504—505 (HBG): Dpt. Sta. Ana, Hda. San José. 5. 2. 1951. — R 506—508 (HBG): San Salvador. 11. 12. 1950. — R 509 (HBG): Dpt. Sta. Ana, Desagüe. 6. 2. 1951. — R 510—513 (HBG): Dpt. San Salvador, Los Planes Renderos. 13. 8. 1951. — R 514 (HBG): Dpt. La Libertad, Laguna de Zapotitán. 29. 6. 1951. — R 515—516 (HBG): Dpt. Sta. Ana, Hda. San José. 23. 8. 1951.

Gesehene Exemplare: Karwinski, Vogel 1070, 1071, Therese v. Bayern (M) — Standley & Padilla 2837, 2907 (F) und weiteres Material aus B und K.

+ 2. Catopsis morreniana Mez in DC. Monogr. Phan. 9. 628 (1896)
Catopsis bakeri Mez in Bull. Torr. Bot. Club 30. 435 (1903)
Catopsis brevifolia Mez & Wercklé, Mez in Bull. Herb. Boiss. II. 4. 1127 (1904)
(fig. 80)

C. brevifolia wurde von L. B. Smith noch aufrecht erhalten (67, p. 196), doch ist der Typus (Wercklé 135) nicht verschieden von solchen Exemplaren, die durch L. B. Smith als *C. morreniana* bestimmt worden sind. Mez gibt an (für *C. brevifolia*) „folia sensim peracuta", was von L. B. Smith mit „blades very narrowly triangular" übersetzt wurde. Tatsächlich trifft dies aber nicht zu, vielmehr sind die Blätter breit dreieckig, breit zugespitzt, z. T. fast stumpflich, längere Blätter mit einem Apiculus versehen; auch sind sie nicht wesentlich kürzer als bei den von Mez und L. B. Smith als *C. morreniana* bestimmten Exemplaren, soweit sie mir zu Gesicht gekommen sind.

Dagegen weicht das Salvador-Material in recht auffälliger Weise von allem gesichteten Material ab durch viel kräftigeren und höheren Wuchs (30—50 cm hoch), längere und breitere Rosettenblätter (2—2,5 cm breit), die schmäler zugespitzt sind und mehr allmählich in den Apiculus übergehen. Die männliche Infloreszenz ist reicher verzweigt (stets mit Rispenästen II. Ordnung), die sterilen Abschnitte der Rispenäste sind stark abgeplattet, oft plan-konvex bis schwach konkav-konvex und 1—1,5 mm breit, die einzelnen Ähren sind dichtblütiger. In beiden Geschlechtern sind die Floralbrakteen wesentlich kürzer (meist weniger als halb so lang) als die Sepalen (fig. 90). Dieses letzte wurde von Mez als Unterscheidungsmerkmal für *C. bakeri* angesehen, von der jedoch nur die weibliche Form beschrieben wurde. Der Typus (Baker 2460) stimmt bis auf die etwas kürzer zugespitzten Rosettenblätter gut mit dem weiblichen Salvador-Material überein. Es wäre vielleicht möglich, daß *C. bakeri* als Varietät bestehen bleiben kann, und daß diese die in El Salvador verbreitete ist, doch ist eine Entscheidung hierüber zur Zeit nicht möglich.

V: Sehr häufig. Von 1600 m an aufwärts.

St: Nebelwald.

Bl: Mitte der Regenzeit, etwa Juni bis Anfang August.

ÖT: Typ IIIc (Ephemeral Tank), ob IIIb (Nest-root secondarily)? Epiphytisch. Oft große Rasen bildend.

Belegexemplare: R 465 (HBG): Dpt. Sta. Ana, Hda. Los Planes. 10. 10. 1950. — R 466—467 (HBG): Ebendort. 16. 12. 1950. — R 468—470 (HBG): Dpt. Sonsonate, Laguna de las Ranas. 14. 2. 1951. — R 471—472 (HBG): Dpt. Sta. Ana, Hda. Los Planes. 24. 2. 1951. — R 473—476 (HBG): Volcán de San Vicente. 7. 3. 1951. — R 478-481 (HBG): Dpt. Sonsonate, Laguna de las Ranas. 27. 6. 1951. — R 482—489 (HBG): Ebendort. 16. 7. 1951.

Gesehene Exemplare: *C. morreniana*: Hort. bot. Monac., Purpus 360 (M) — Matuda 3394 (K). *C. bakeri*: Baker 2460 (B), Typus — Lankester 6 (K). *C. brevifolia*: Wercklé 135 (B), Typus.

+ 3. Catopsis oerstediana Mez in DC. Monogr. Phan. 9. 630 (1896) (Abb. 35)

Die Pflanzen sind sehr verschieden groß, oft kaum 15 cm, andere bis zu 60 cm lang. Die Blätter laufen in eine kurze grannenartige Spitze aus und sind, im Gegensatz zu der Originalbeschreibung, auffallend stark kreidig. Die Infloreszenz ist bis 20 cm lang (aber manchmal nur 2,5 cm!), die unteren Rispenäste sind in der Regel nochmals geteilt, die einzelnen Ähren bestehen meist aus 10—12 Blüten. Die Floralbrakteen sind sehr breit, oft fast kreisförmig, schwach kapuzenförmig, meist nur wenig kürzer als die Sepalen. Dasselbe gilt auch für ein Exemplar aus Honduras (Yuncker, Dawson & Youse 6026).

V: Nur am Miramundo-Montecristo festgestellt. Dort in 2000—2100 m.

St: Unteres Randgebiet des Nebelwaldes, Waldränder und Sekundärbusch.

Bl: Erste Hälfte der Regenzeit, etwa Ende Juni und Juli.

ÖT: Typ IIIc (Ephemeral Tank). Epiphytisch.

Belegexemplare: R 451—452 (HBG): Dpt. Sta. Ana, Hda. Montecristo.

7. 6. 1951. — R 453—463 (HBG): Dpt. Sta. Ana, Hda. Los Planes. 7. 6. 1951. — R 464 (HBG): Ebendort. 25. 8. 1951.

Gesehene Exemplare: Oersted 18 (B), Typus ? — Yuncker, Dawson & Youse 6026 (K).

+ 4. Catopsis wangerini Mez & Wercklé, Mez in Bull. Herb. Boiss. II. 4. 1126 (1904)

Catopsis pusilla Mez & Wercklé, Mez in Repert. Sp. Nov. 14. 248 (1916)
Catopsis cucullata L. B. Smith in Contr. Gray Herb. 104. 72 (1934)
Catopsis triticea L. B. Smith in Contr. Gray Herb. 127. 19 (1939)
(fig. 82, Abb. 43)

Wohl sicher mit Recht wurde *C. pusilla* durch L. B. Smith zu *C. wangerini* gezogen. Sie ist von weiblichen Exemplaren dieser Art nicht zu unterscheiden Nach Angaben von Mez ist *C. pusilla* diözisch. Von ihm selbst bestimmtes Material (Wercklé 17437) erwies sich aber bei einer Nachuntersuchung als wahrscheinlich zwittrig. Die leider schon in einem ziemlich späten Stadium befindlichen Blüten eines der Exemplare enthielten wohlentwickelte Stamina, in deren Antheren noch etwas Pollen enthalten war. An den übrigen Exemplaren war eine Überprüfung nicht möglich, da sie bereits völlig verblüht waren.

Zwar ist damit noch nicht jeder Zweifel an der Zwittrigkeit der untersuchten Pflanze behoben. Es könnte von anderen Exemplaren etwas Pollen in die geöffneten Pollenfächer hineingelangt sein. Sicher ist, daß die Stamina weitaus stärker entwickelt sind, als ich es sonst bei weiblichen Individuen in dieser Gattung gesehen habe, so daß es also zur Zwittrigkeit höchstens noch ein kleiner Schritt wäre. Da das Salvador-Material bis auf die Verteilung der Geschlechter und eine etwas lockere Infloreszenz den genannten Exemplaren von *C. pusilla* wie auch den weiblichen Individuen von *C. wangerine* völlig gleich ist, kann es also ohne Bedenken zu der letztgenannten gerechnet werden, zumal ja durch L.B. Smith schon mehrere Fälle bekannt geworden sind, in denen die gleiche Art diözische und zwittrige Formen entwickelt, so etwa bei *C. nutans* und *C. morreniana* (67, p. 193, 196).

Unter diesen Umständen ist aber die zwittrige *C. cucullata* (Abb. 43) kaum noch aufrecht zu erhalten. Die Unterscheidung nach der Länge der Sepalen, die diese beiden an sich sehr ähnlichen Formen in dem Schlüssel von L. B. Smith weit auseinanderrückt (67, p. 191f.), läßt sich nicht durchführen. Beim Typus für *C. cucullata* (Comm. Geogr. Expl. Rep. Mex. 366) sind die Sepalen 8,5—10 cm lang, bei *C. wangerini* s. lat. (Wercklé 105, 16193, 17437) etwa 6—9 mm. Die Floralbrakteen sind auch bei *C. wangerini* mehr oder weniger eingekrümmt, wenn auch vielleicht nicht ganz so stark wie beim Typus von *C. cucullata*, doch ist zu bedenken, daß dies in den späteren Reifestadien weniger deutlich ist, da die Brakteen mehr ausgebreitet, meist auch an der Spitze beschädigt sind. Die Infloreszenz schließlich unterscheidet sich wesentlich nur dadurch, daß sie bei *C. cucullata* hängt, doch auch in diesem Punkt waren beim Salvador-Material und bei Wercklé 17437 alle Übergänge zu erkennen.

Durch die Beschreibung der *C. triticea* wird die Angelegenheit noch zweifelhafter. L. B. Smith bemerkt zu dieser Art:

„... staminate plants of C. triticea run down to the vicinity of C. Wangerini ... Pistillate specimens run down to the vicinity of C. cucullata ...“ (64, 127. p. 19) Die weibliche *C. triticea* soll sich von *C. cucullata* unterscheiden durch die geraden Floralbrakteen und die aufrechte Infloreszenz. Es ist aber sehr fraglich, ob die beigefügte Zeichnung (64, 127. pl. 1, fig. 8—10) richtig orientiert ist. Nach eigenen Beobachtungen am lebenden Material wachsen die Rosetten der *Catopsis*-Arten aufrecht, sind aber oft seitlich an einem Ast angeheftet (da die Jugendstadien geotropisch nicht reizbar sind). Wenn man nun die Zeichnung um 90° dreht, so daß die Rosette aufgerichtet wird, so hat man eine stark nickende Infloreszenz und überhaupt fast genau die Verhältnisse wie beim Typus von *C. cucullata*, einschließlich der Krümmung am Grunde der Rosette.

Es erscheint mir danach nicht möglich, *C. cucullata* und *C. triticea* als selbständige Arten anzusehen, es muß vielmehr angenommen werden, daß es sich bei *C. wangerini* um eine sehr variable Art handelt, bei der sich vielleicht einige Varietäten unterscheiden lassen.

V: Nicht sehr häufig. Zwischen 1800 und 2000 m beobachtet.

St: Untere Randgebiete der Nebelwälder, Waldränder und offenes Gelände.

Bl: Zweite Hälfte der Regenzeit, etwa August und September.

ÖT: Typ IIIc (Ephemeral Tank). Epiphytisch.

Belegexemplare: R 441 (HBG): Dpt. Sta. Ana, Hda. Los Planes. 30. 10. 1950. — R 442—443 (HBG): Ebendort. 16. 12. 1950. — R 444 (HBG): Volcán de San Vicente. 7. 3. 1951. — R 445 (HBG): Volcán de San Salvador. 29. 3. 1951. — R 446—450 (HBG): Dpt. Sta. Ana, Hda. Los Planes. 25. 8. 1951.

Gesehene Exemplare: *C. wangerini*: Wercklé 105, 16193 (B). *C. pusilla*: Wercklé 17437 (B). *C. cucullata*: Comm .Geogr. Expl. Rep. Mex. 366 (F), Typus.

7. AECHMEA R. & P.
in Fl. Per. Prodr. 47 (1794)

Aechmea magdalenae (André) André, Bak. in Handb. Bromel. 65 (1889)

V: Nach Standley & Calderón in Sonsonate, San Salvador, Morazán und La Unión (70, p. 62), von mir aber nur einmal südlich Suchitoto (Dpt. Cuscatlán) gefunden. Dort etwa in 700 m über Meeresspiegel.

St: Bei Suchitoto am Bachufer auf feuchtem Boden, der jedoch während der Trockenzeit austrocknen dürfte.

Bl: Anscheinend während des ganzen Jahres blühend (vgl. Mez, 42, p. 168).

ÖT: Typ I (Soil-root). Terrestrisch.

Belegexemplare: R 517—519 (HBG): Dpt. Cuscatlán, Hda. Chanques 21. 8. 1951.

8. GREIGIA Regel
in Gartenfl. 14. 137 (1865)

+ Greigia sanctae-martae L. B. Smith in Contr. Un. St. Nat. Herb. 29. 7. 289 (1949)

Diese Art war bisher nur aus der Sierra Nevada de Sta. Marta in Colombia bekannt. Von diesem Fundort liegt El Salvador nicht weniger als 1800 km in Luftlinie entfernt. *G. sanctae-martae* dürfte danach wohl auch in den übrigen zentralamerikanischen Ländern zu erwarten sein.

V: Nur vom Miramundo-Montecristo bekannt. Von 2200 m an aufwärts.

St: Nebelwald.

Bl: Nicht genau bekannt. Ende August waren Blütenknospen vorhanden.

ÖT: Anscheinend Typ II (Tank-root). Terrestrisch und in primitiver Form epiphytisch.

Belegexemplare: R 524—525 (HBG): Dpt. Sta Ana, Hda. Montecristo. 17. 12. 1950. — R 526—527 (HBG): Ebendort. 26. 2. 1951. R 528—530 (HBG): Ebendort. 27. 8. 1951.

9. BILLBERGIA Thunb.
in Pl. Bras. Dec. 30. (1821)

? Billbergia mexicana Mez in Repert. Sp. Nov. 16. 6 (1919)

Nur einmal mit altem, stark zerfallenem Fruchtstand gefunden, der den Transport nicht mehr überstanden hat. Gestalt und Textur der Blätter sind aber dem Typus von *B. mexicana* (Langlassé 374) absolut gleich. Auch die Infloreszenz, eine einfache, lockere, hängende Ähre, stimmte überein. Es erscheint danach möglich, daß es sich um diese, bisher nur vom Fundort des Typus bekannte, Spezies handelt.

V: Nur einmal am Südhang des Miramundo-Montecristo. 1100 m.

St: Bachufer im Kiefernwald.

Bl: Nicht bekannt.

ÖT: Typ IVa (Intermediate)? Epiphytisch.

Belegexemplare: R 531 (HBG): Dpt. Sta. Ana, Hda. San José, 1. 12. 1950.

Gesehene Exemplare: Langlassé 374 (B).

10. BROMELIA (Plumier) L.
in Sp. Pl. 285 (1753)

1. Bromelia karatas L. in Sp. Pl. 285 (1753)

Von Standley & Calderón für El Salvador genannt (70, p. 63) und wohl auch zu erwarten, von mir aber wildwachsend nicht festgestellt. Es ist möglich, daß sie wegen der starken Nutzung übersehen wurde (vgl. S. 48).

2. Bromelia werckleі Mez in Repert. Sp. Nov. 16. 2 (1919)

Wird von L. B. Smith für El Salvador aufgeführt, von mir jedoch nicht aufgefunden (67, p. 218).

3. Bromelia pinguin L. in Sp. Pl. 285 (1753)

(Abb. 36)

V: Nicht selten. Unterhalb 500 m.

St: Meist an sonnigen Plätzen und auf Böden, die während der regenlosen Periode stark austrocknen.

Bl: Etwa Ende der Trockenzeit, Anfang der Regenzeit, April, Mai.

ÖT: Typ II (Tank — Root). Terrestrisch, selten epiphytisch.

Gesehene Exemplare: Wullschlägel 557, Sintenis 6797, Cirtiss 387, Wagner (M) — Curtiss 387, Gaumer 1832 (B) und weiteres Material in K.

+ 4. Bromelia sylvestris Willd., Link in Enum. 1. 308 (1821)

Der *B. pinguin* sehr ähnlich, vor allem durch die kleinere Statur unterschieden. Die übrigen Merkmale, die im allgemeinen angegeben werden, wie die breiteren Floralbrakteen, sitzende Blüten usw., sind sehr inkonstant und oft an dem gleichen Exemplar verschieden. Vielleicht sind geringe Unterschiede im Blütenbau (kürzere Sepalen bei *B. sylvestris*) vorhanden, doch fragt sich, ob dies zur Trennung der beiden Arten ausreicht.

V: Nur einmal am Lago de Güija gefunden. 430 m.

St: Rand des Regengrünen Waldes, am Ufer des Sees, auf wenig verwittertem Lavafeld.

Bl: Anfang Mai mit unreifen Früchten beobachtet.

ÖT: Typ II (Tank-root) ? Terrestrisch.

Belegexemplare: R 522—523 (HBG): Dpt. Sta. Ana, Desagüe. 3. 5. 1951.

Gesehene Exemplare: Berlandier 214, Liebmann 67, Preuß (B) und weiteres Material in K.

2. Schlüssel für die Gattungen und Arten

Bei den meisten *Bromeliaceen*-Arten in El Salvador dauert die Reifung der Früchte sehr lange. In vielen Fällen kann man daher während des ganzen Jahres entweder Blüten- oder Fruchtstände antreffen, immer aber wenigstens während eines halben Jahres. Der folgende Schlüssel ist so eingerichtet, daß eine Bestimmung nach vegetativen Merkmalen und nach dem Aufbau der Infloreszenz möglich ist. Angaben über die Blüten oder Färbung der Infloreszenz während der Blütezeit dienen nur zur Ergänzung.

1. Blätter wenigstens am Grunde mit Randstacheln. Pflanzen meist terrestrisch 2

— Blätter ganz ohne Stacheln. Pflanzen meist epiphytisch 7

2. Grüne Blätter nur an der Basis mit Randstacheln. Bei einigen Arten werden die grünen Blätter in der Trockenzeit abgeworfen, und es bleiben nur zu widerhakigen Dornen reduzierte Blätter zurück .... 2. Pitcairnia

— Blätter der ganzen Länge nach mit Stacheln besetzt, alle gleichartig 3

3. Blätter ± dreieckig, in eine lange, fast fadenförmige, meist bald vertrocknende Spitze ausgezogen. Blätter etwas fleischig, oberseits glasig-durchscheinend. Infloreszenz eine große, lockere Rispe mit vielblütigen schlanken Seitenähren .... 3. Hechtia

— Blätter linealisch, oft lederig, aber nicht fleischig. Infloreszenz dichter bis kompakt, mit wenigblütigen oder gedrungenen Seitenähren oder aber einfach ährenförmig 4

4. Blätter steif aufrecht stehend, eine schlauchförmige Rosette bildend. Infloreszenz eine einfache, lockere, ± hängende Ähre .... 9. Billbergia

— Blätter wenigstens an der Spitze ± überhängend, gebüschelt, keine schlauchförmige Rosette bildend. Infloreszenz zusammengesetzt oder sonst sehr kompakt 5

5. Hauptachse fortwachsend, Infloreszenzen zahlreich, seitenständig in den Blattachseln, ± kopfförmig (Art des Nebelwaldes) . . . . 8. Greigia

— Hauptachse mit einer endständigen Infloreszenz abschließend (Arten des Tieflandes) 6

6. Infloreszenz deutlich gestielt, aus 1 bis mehreren großen, kompakten, fast kugelförmigen, ananasähnlichen Ähren bestehend . . . . 7. Aechmea

— Infloreszenz in der Rosette nistend oder durch einen Stiel über diese erhoben, dann aber stark rispig verzweigt und Ähren anders gestaltet als bei voriger . . . . 10. Bromelia

7. Blätter über der Scheide eingeschnürt, danach wieder verbreitert, oberhalb der Mitte am breitesten. Blätter zart. Terrestrische Art. Blüten sehr klein (7 mm) . . . . 1. Lindmania

— Blattspreiten linealisch oder sonst an der Basis am breitesten 8

8. Infloreszenz sehr groß, 50 cm bis über 1 m lang, eine geweihartige Rispe mit wenigen (± 3—5) langen Seitenästen, Knospen zweizeilig, Blüten und Früchte einseitswendig oder Infloreszenz kleiner, scheinbar einfach, Blüten paarweise collateral in den Achseln der Primärbrakteen, Blätter rotbraun quergebändert (oder wenigstens die Bänderung im durchfallenden Licht erkennbar) . . . . 5. Vriesea

— Infloreszenz anders gestaltet, Blätter nur bei einer bulbosen Art gebändert . 9

9. Ähren vielzeilig, fast stets mit mehr als 5 Blüten, Floralbrakteen sich nicht deckend. Blattrosetten ± schlauchförmig, Blätter breit, zart, höchstens sehr fein beschuppt. Früchte bis höchstens 3mal so lang wie breit, im Querschnitt rund . . . . 6. Catopsis

— Ähren zweizeilig (selten vielzeilig und dann fast stets mit weniger als 5 Blüten, mit schmalen bis fadenförmigen Blättern, die keine schlauchförmige Rosette bilden und zumindest an der Basis grob und deutlich sichtbar beschuppt sind), zuweilen Infloreszenz aus einer einzigen Blüte bestehend. Früchte mindestens 4—5mal so lang wie breit, im Querschnitt mehr oder weniger stumpfdreikantig . . . . 4. Tillandsia

1. Lindmania

. . . . L. micrantha (S. 62)

2. Pitcairnia

1. Grüne Blätter sehr groß und breit, ± 1—2 m lang, 4—7 cm breit, in der Trockenzeit bleibend. Infloreszenz zylindrisch, kompakt, mindestens 20 cm lang und 3 cm im Durchmesser, aufsteigend. Floralbrakteen (violett-)braun, Blüten gelblich, Petalen in 3/0-Stellung (fig. 87) . . . . 4. P. hemsleyana (S. 64)

— Grüne Blätter kleiner und viel schmäler (weniger als 2 cm breit), in der Trockenzeit abfallend. Infloreszenz locker, oder, wenn gedrängt, sehr kurz . 2

2. Infloreszenz in der Rosette nistend oder sehr kurz gestielt, kopfig-gedrängt, filzig-schuppig. Petalen in 3/0-Stellung (fig. 87), lachsfarbig bis rot . . . . 5. P. heterophylla (S. 65)

— Infloreszenz lang gestielt, locker 3

3. Blüten sehr kurz gestielt, Pedicelli nicht mehr als 2 mm lang, untere Brakteen länger als der Kelch .... 1. P. calderonii (S. 62)

— Blüten deutlich gestielt, die unteren Pedicelli mindestens 1 cm lang, Brakteen kürzer als der Kelch 4

4. Brakteen höchstens so lang wie die Pedicelli, Infloreszenz locker, Hauptachse zart, ± hin- und hergekrümmt, obere Schaftblätter entfernt, kürzer bis höchstens so lang wie die Internodien ....2. P. flexuosa (S. 63)

— Brakteen länger als die Pedicelli, Infloreszenz dichtblütiger, Hauptachse kräftig, gerade, obere Schaftblätter viel länger als die Internodien............ .... 3. P. ringens (S. 63)

3. Hechtia

.... H. guatemalensis (S. 65)

4. Tillandsia

1. Pflanze ohne Blattrosette, Internodien gleichmäßig gestreckt. Pflanze ohne Wurzeln, lang von den Zweigen herabhängend. In allen Teilen stark zottigschuppig .... 3. T. usneoides (S. 67)

— Pflanze mit Blattrosette oder doch mit annähernd rosettenartig gehäuften Blättern am unteren Teil der Hauptachse 2

2. Blattscheiden stark gewölbt, Blattrosette zwiebelförmig verdickt erscheinend. Spreiten schmal, röhren- oder rinnenförmig, oft schlangenförmig hin- und hergekrümmt 3

— Blattrosette nicht zwiebelförmig, Spreiten nicht röhrenförmig 6

3. Rispe aus 4 bis vielen Ähren bestehend, diese relativ kurz (höchstens 4mal so lang wie breit), ± gedrängt stehend. Floralbrakteen stark beschuppt. Blattspreiten gerade oder an der meist horizontal orientierten Pflanze einseitswendig aufwärts gekrümmt. Ähren von der Hauptachse ± abstehend, rosa oder hellrot. Blüten blauviolett ....15. T. seleriana (S. 75)

— Rispe aus höchstens 3 Ähren bestehend oder sonst die Ähren lang und schmal (mindestens 4mal so lang wie breit). Floralbrakteen kahl oder fein angedrückt beschuppt 4

4. Blätter braun, grün und weißlich quergebändert, sehr fein schuppig. Oft in dichten Rasen wachsend. Blüten meist rot oder rosa, selten violett 16. T. butzii (S. 75)

— Blätter nicht quergebändert 5

5. Blätter grob filzig bis zottig beschuppt, graugrün. Ähren genähert, fast fingerförmig angeordnet. Floralbrakteen dem bloßen Auge kahl erscheinend, glänzend, leuchtend rot. Blüten (hell-)blauviolett 17. T. caput-medusae (S. 76)

— Blätter sehr fein beschuppt, bei flüchtiger Betrachtung kahl erscheinend, ± bleigrau, z. T. violett geadert. Ähren entfernter als bei voriger, nicht fingerförmig inseriert. Floralbrakteen feinschuppig, daher matt erscheinend 18. T. baileyi (S. 76)

6. Eine oder mehrere seitenständige, ährenförmige Infloreszenzen, die den Achseln der Rosettenblätter entspringen, Hauptachse steril endend. Ähren breit

und flach, gelbrot. Blüten sehr groß (bis ± 10 cm lang), tief blauviolett .... 5. T. multicaulis (S. 69)

— Infloreszenz terminal, oft stark verzweigt (bei T. flabellata manchmal scheinbar seitenständige Ähren, da Schaft von der Rosette verdeckt) 7

7. Infloreszenz aus einer oder ausnahmsweise zwei Ähren bestehend 8

— Infloreszenz eine Rispe, aus mindestens 3 Ähren zusammengesetzt (manchmal die Ähren von den Primärbrakteen verdeckt, Infloreszenz daher scheinbar einfach) 15

8. Blattrosette undeutlich, nur wenige im unteren Teil der Hauptachse zusammengedrängte Blätter. Pflanze einen ± deutlichen, verzweigten Stamm bildend 9

— Deutliche Blattrosette vorhanden 10

9. Blätter fadenförmig, auch an der Basis schmaler als 1 mm, weich und biegsam. Schaft höchstens mit einem Blatt .... 2. T. recurvata (S. 67)

— Blätter an der Basis breiter, starr, meist ± rechtwinklig von der Hauptachse abgeknickt. Schaft mit mehreren Blättern. Ähre spindelförmig, strohgelb oder, meist, gelbrot. Blüten gelb ....22. T. schiedeana (S. 78)

10. Schaft fehlend, Ähre in der Rosette nistend oder darin völlig verborgen. Kleine Pflänzchen 11

— Schaft vorhanden, Ähre daher gestielt erscheinend (oft aber der Schaft von den Spreiten der Rosettenblätter verdeckt) 12

11. Blätter lang fadenförmig auslaufend, fransig-schuppig. Floralbrakteen aus der Rosette emporragend. Pflanze meist horizontal orientiert, meist einzeln wachsend. Oberste Rosettenblätter und Brakteen hellrot oder rosa, Blüten hellviolett .... 26. T. plumosa var. magnusiana (S. 80)

— Blätter breiter, nicht fadenförmig, grob- aber nicht fransig-schuppig. Ähre völlig verborgen, nur die Blütenkrone hervortretend. Oft dichte Rasen bildend. Vielfach die ganze Rosette rot, Blüten tief blauviolett 30. T. ionantha (S. 82)

12. Ähre sehr groß, ± 5—6 cm breit, 10—20 cm lang oder länger, obere Schaftblätter scheidenförmig, spitz. Floralbrakteen sehr dicht imbrikat, ± 8mal so lang wie die Internodien. Infloreszenz ± stark karminrot überlaufen oder ganz rot. Blüten gelb .... 11. T. lampropoda (S. 73)

— Ähren kleiner, zumindest schmaler (höchstens 3 cm breit 13

13. Innere Sepalen geflügelt, etwa zur Hälfte verwachsen. Blattspreiten frisch (gelblich-)grün, mit bloßem Auge kaum sichtbar beschuppt, an der Basis kaum 1 cm breit, an der Spitze lang fadenförmig auslaufend. Schaftblätter (besonders die oberen) ± aufgeblasen, hellpurpurn. Floralbrakteen grün, Blüten schwarzpurpurn mit weißer Spitze .... 9. T. punctulata (S. 72)

— Innere Sepalen höchstens gekielt. Blattspreiten an der Basis ± 1 cm breit oder breiter, wenigstens an der Unterseite grauschuppig 14

14. Blattspreiten zart, ± aufrecht stehend, aschgrau. Ähre zinnoberrot, Blüten gelb .... 21. T. cryptopoda (S. 78)

— Blattspreiten sehr starr, weit auswärts gekrümmt, wenigstens unterseits silbergrauschuppig 29

15. Deutlicher Schaft vorhanden (oft von den Rosettenblättern verdeckt)... 16

— Schaft fehlend oder kurz und undeutlich (bei T. flabellata lange schmale Ähren, die oft scheinbar seitlich aus der Rosette hervortreten) 30

16. Blätter faden- oder borstenförmig, auch unmittelbar über der Scheide schmaler als 0,5 cm 17

— Blätter über der Scheide breiter als 0,5 cm 18

17. Schaft steif aufrecht, deutlich dicker als die Blattspreiten. Ähren im Querschnitt rundlich, gehäuft, Primärbrakteen involukrumartig angeordnet. Infloreszenz ± karminrot, Blüten blauviolett ...... 6. T. juncea (S. 69)

— Schaft ± nickend bis hängend, fein, kaum dicker als die Blattspreiten. Besonders die unteren Ähren entfernt stehend, flach, mit der Kante zur Hauptachse gewendet („Lolium-Stellung"). Blüten klein, weiß 7. T. remota (S. 70)

18. Primärbrakteen die Ähren ganz einhüllend, Infloreszenz (wenigstens zur Blütezeit) kompakt, zapfenförmig, kopfförmig oder zylindrisch 19

— Primärbrakteen die Ähren nicht oder nur zum Teil verdeckend (evtl. die untersten ausgenommen) 22

19. Untere Primärbrakteen im Vergleich zu den Rosettenblättern mit reduzierter Spreite, von den Rosettenblättern verschieden. Arten des Berglandes ... 20

— Untere Primärbrakteen rosettenblattartig, mit sehr langen Spreiten (oft noch länger als die Rosettenblätter), Art des Tieflandes (bis ± 1000 m) .. 31

20. Blätter grauschuppig, lang dreieckig zugespitzt. Infloreszenz nickend oder hängend, kurz (kaum 10 cm lang), etwa kopfförmig oder oval im Umriß. Primärbrakteen beschuppt, Ähren klein, Floralbrakteen beschuppt, höchstens ± 2 cm lang .. 27. T. tephrophylla var. guzmanioides (S. 80)

— Blätter kahl oder dem bloßen Auge kahl erscheinend, grün, breit, ± zungenförmig. Infloreszenz aufrecht, länger als 10 cm, zapfenförmig oder zylindrisch. Primärbrakteen kahl, Ähren groß, Floralbrakteen kahl, 3 cm lang oder länger 21

21. Primärbrakteen aufgeblasen, plötzlich in die Spreite verschmälert. Infloreszenz zapfenförmig, bei der Reife Ähren und Brakteen meist spreizend. Ähren mit deutlich 2-kieligem, adossiertem Vorblatt. Vorblatt bei den unteren Ähren höchstens 2/3 so lang wie die ganze Ähre. Infloreszenz leuchtend dunkelrot, Blüten blauviolett ....24. T. yunckeri (S. 79)

— Primärbrakteen nicht aufgeblasen, allmählich in die Spitze verschmälert. Infloreszenz zylindrisch, Ähren und Brakteen bei der Reife nicht spreizend. Vorblatt, wenn vorhanden, nicht 2-kielig, fast so lang wie die ganze Ähre. Infloreszenz heller rot als bei voriger. Blüten blauviolett.. 23. T. candelifera (S. 79)

22. Floralbrakteen weniger als 2mal so lang wie die Internodien der Rhachis. Brakteen und Kelch rundlich, nicht gekielt. Infloreszenz sehr groß, bis über 1 m, hellpurpurn. Brakteen, Kelch und Blütenkrone gelblichgrün. An fruchtenden Exemplaren die Rhachis stark hin- und hergebogen 4. T. makoyana (S. 68)

— Floralbrakteen mindestens 2mal so lang wie die Internodien, sich ± deckend 23

23. Ähren am Grunde höchstens mit 1 leeren Vorblatt. Arten des Nebelwaldes oder feucht-temperierter Gebiete 24

— Ähren mit mindestens 2 leeren Vorblättern 25

24. Ähren sehr breit (mindestens 3 cm), von den aufgeblasenen Primärbrakteen etwa zur Hälfte verdeckt. Blätter unterseits silbergrau, sehr lang und fein zugespitzt, an der Spitze ± spiralig eingerollt. Infloreszenz sehr dicht, leuchtend rot. Ähren und Brakteen bei der Reife ± spreizend. Blüten blauviolett, groß (± 6 cm lang). .... 25. T. ponderosa (S. 79)

— Ähren schmal, auch mit reifen Früchten schmaler als 3 cm. Blätter linealisch, kurz zugespitzt, grün. Rispenäste schon zur Blütezeit ± spreizend, die unteren oft geteilt, 2—3 Ähren tragend. Infloreszenz rot überlaufen bis ganz rot. Blüten klein (± 2 cm lang), blau .... 1. T. guatemalensis (S. 66)

25. Ähren am Grunde ohne adossiertes Vorblatt. Floralbrakteen bzw. leere Vorblätter zur Basis hin allmählich stark an Größe abnehmend, Stipes am Grunde ohne Anschwellung 26

— Ähren am Grunde mit ± deutlich adossiertem, meist 2-kieligem Vorblatt. Am Grunde des Stipes oft eine gelenkige Anschwellung 27

26. Ähren am Ende des Schaftes fast kopfig gedrängt, am Grunde mit ± 7 leeren Vorblättern. Floralbrakteen spitz, nicht eingekrümmt und nicht kapuzenförmig. Blüten blauviolett .... 12. T. polita (S. 74)

— Ähren entfernter, Infloreszenz im Umriß lang und schmal. Floralbrakteen abgerundet, eingekrümmt, kapuzenförmig, grün. Blüten hellviolett bis blaßlila .... 13. T. rodrigueziana (S. 74)

27. Ähren der Hauptachse angedrückt, tief in die Scheiden eingesenkt, die unteren oft fast ganz verdeckt. Schaftblätter auffällig zurückgebogen und hin- und hergekrümmt .... 8. T. polystachya (S. 71)

— Alle Ähren die Scheiden der Primärbrakteen weit überragend, ± von der Hauptachse abstehend 28

28. Floralbrakteen beschuppt. Unterhalb der endständigen Ähre ± 3—7 spiralig angeordnete Vorblätter. Ähren meist 12 oder mehr. Blätter zahlreich, besonders unterseits silbergrau. Ähren lachsfarbig bis hellrot, Blüten blauviolett .... 20. T. vicentina (S. 77)

— Floralbrakteen kahl, ± glänzend, unterhalb der endständigen Ähre keine spiralig angeordneten Vorblätter oder sonst höchstens ± 5—6 mehr als 2 cm breite Ähren vorhanden 29

29. Spreiten der Rosettenblätter am Grunde sehr breit (4 cm und mehr), fest, aber sehr biegsam, zurückgeschlagen und hin- und hergekrümmt, ein wirres Knäuel bildend. Schaftblätter bogenförmig zurückgekrümmt. Infloreszenz zart gelblich und orangefarben getönt. Schaftblätter ± rosa gefärbt. Blüten blaß lila bis fast weiß .... 14. T. xerographica (S. 75)

— Spreiten der Rosettenblätter am Grunde höchstens ± 3 cm breit, steif, aufrecht oder bogenförmig nach außen gekrümmt. Schaftblätter steif aufrecht bis aufrecht-abstehend .... 10. T. fasciculata (S. 72)

a) Ähren wenige (kaum mehr als 5, meist nur 1—2), dick, im Querschnitt oval, oft sehr lang (bis über 20 cm). Bei zusammengesetzter Infloreszenz unterhalb der endständigen Ähre eine Anzahl spiralig stehender Vorblätter... .... var. compressa (S. 73)

b) Ähren fast stets mehr als 5, ± bikonvex, aber nicht oval im Querschnitt. Unterhalb der endständigen Ähre keine spiralig angeordneten Vorblätter. Infloreszenz gelb und rot, Blüten blauviolett .... var. latispica (S. 72)

30. Ähren sehr lang und schmal, etwa die untere Hälfte steril, mit leeren Vorblättern besetzt. Schaft sehr kurz. Ähren fingerförmig genähert, oft scheinbar seitlich aus der Rosette hervortretend, rot, Blüten blauviolett .... 19. T. flabellata (S. 77)

— Ähren sehr kurz, Infloreszenz in der Rosette nistend................. **31**

31. Spreiten der Primärbrakteen kurz (bis 3 cm lang), die Scheiden die Ähren nicht vollständig verdeckend. Rosettenblätter ziemlich starr, an der meist horizontal orientierten Pflanze ± einseitswendig nach unten gekrümmt oder doch die nach unten gerichteten Blätter deutlich länger als die oberen... 28. T. plagiotropica (S. 81)

— Spreiten der unteren Primärbrakteen sehr lang (bis 20 cm), denen der Rosettenblätter gleichend oder noch länger. Pflanze meist vertikal orientiert, Rosettenblätter nicht einseitswendig. Die Ähren völlig von den Scheiden der Primärbrakteen verdeckt. Blätter meist relativ zart. Oft die ganze Pflanze rot. Blüten tief blauviolett ....29. T. brachycaulos (S. 81)

5. Vriesea

1. Infloreszenz sehr groß, mit wenigen, reichblütigen, langgestreckten Seitenästen. Blüten und Früchte einseitswendig. Blätter einfarbig grün. Blüten gelblichgrün, kurz-glockenförmig, sich abends öffnend.. 1. V. cornus-cervi (S. 82)

— Infloreszenz höchstens 10 cm lang, Rispenäste reduziert, je 2 Blüten tragend (fig. 92). Blüten wie bei voriger .... 2. V. montana (S. 83)

6. Catopsis

1. Kelch mindestens 0,8 cm, Frucht mindestens 1,2 cm lang. Infloreszenz eine einfache Ähre oder eine wenig verzweigte Rispe (meist 1—4 einfache Seitenäste) Primärbrakteen kaum länger als 2 cm. Infloreszenz nickend bis hängend. **2**

— Kelch meist weniger als 0,8 cm, Frucht meist weniger als 1,2 cm lang (wenn etwas länger, dann Primärbrakteen sehr groß, blattartig, zumindest die unteren 5 cm lang oder länger), Rispe fast stets reich verzweigt, mit mehr als 4 Seitenästen, die häufig nochmals zusammengesetzt sind. Infloreszenz aufrecht **3**

2. Floralbrakteen so lang oder länger als der Kelch. Petalen den Kelch nur wenig überragend, weiß, nicht duftend. Infloreszenz meist einfach, dichtblütig. Blüten zwittrig .... 4. C. wangerini (S. 87)

— Floralbrakteen kürzer als der Kelch. Petalen den Kelch weit überragend, in Nagel und Platte gegliedert, gelb. Blüten funktionell diözisch, sich gegen Abend öffnend, sehr intensiv duftend. Infloreszenz bei kräftigen Exemplaren zusammengesetzt, Ähren lockerblütig 1. C. nutans var. stenopetala (S. 84)

3. Primärbrakteen kürzer als die Rispenäste, seltener die untersten etwa ebenso

lang. Rispenäste entfernt, ± abstehend, Scheiden der Primärbrakteen sich nicht deckend. Häufig dichte Rasen bildend ... 2. C. **morreniana** (S. 85)

— Primärbrakteen, zumindest die unteren, viel länger als die Rispenäste, ihre Scheiden sich deckend oder doch fast die Basis der nächstfolgenden erreichend. Pflanzen einzeln oder höchstens zu wenigen wachsend. Infloreszenz strohgelb, auch die Rosettenblätter ± gelbgrün. Blüten klein, weiß ....3. C. **oerstediana** (S. 86)

7. **Aechmea**

.... Ae. **magdalenae** (S. 88)

8. **Greigia**

.... G. **sanctae-martae** (S. 88)

9. **Billbergia**

.... ? B. **mexicana** (S. 89)

10. **Bromelia**

(Schlüssel nach L. B. Smith, 67, p. 217f.)

1. Infloreszenz eine dichte kopfförmige Rispe, ohne Schaft, in der Mitte der Blattrosette nistend 2

— Infloreszenz eine verlängerte, lockere Rispe, am Ende eines deutlichen Schaftes 3

2. Beschuppung des Ovars sehr grob, schwarzbraun, Tubus der Corolle über 2 cm lang .... 1. B. **karatas** (S. 89)

— Beschuppung des Ovars fein, lederfarbig („buff") oder weiß, Tubus der Corolle nicht über 12 mm lang .... 2. B. **wercklei** (S. 89)

3. Floralbrakteen pfriemförmig, Petalen an der Spitze dicht filzig. Pflanze oft über 2 m hoch .... 3. B. **pinguin** (S. 89)

— Floralbrakteen breiter, dreieckig, Petalen kahl oder an der Spitze schwach beschuppt. Pflanze etwa 1m hoch .... 4. B. **sylvestris** (S. 90)

C. Commelinaceae

I. Geographie

Es ist zur Zeit noch nicht möglich, sich ein völlig richtiges Bild über die Verbreitung der *Commelinaceen* innerhalb Amerikas zu machen. Es beruht das zum großen Teil auf der Unklarheit, die vielfach über die Abgrenzung der Arten und Gattungen herrscht sowie auf den Schwierigkeiten bei der Bestimmung von Herbar-Material. Die Fundortangaben sind daher oft mit einem nicht zu unterschätzenden Unsicherheitsfaktor behaftet, und es bedürfte der kritischen Überarbeitung des gesamten Belegmaterials, um hier Besserung zu schaffen. Eines der auffälligsten Beispiele hierfür ist die Beschreibung von *Commelina alpestris* (1947!) und die Angabe, sie sei in Guatemala endemisch (71, p. 12). In Wahrheit handelt es sich aber einfach um *C. elliptica* (vgl. S. 160), die aus Mexico, Guatemala, Venezuela, Bolivien und Argentinien bekannt ist und wohl in allen höheren Gebirgen des warmen Amerika verbreitet sein dürfte. Diese Unsicherheit muß also im folgenden in Kauf genommen werden.

Die Zahl der *Commelinaceen*-Arten in El Salvador beträgt nach der hier vertretenen Auffassung 24. Das ist im Vergleich zur Gesamtzahl in Zentralamerika, die sich auf 48 beläuft, eine beachtliche Menge. Läßt man aber Guatemala, das eine Sonderstellung einnimmt, unberücksichtigt, so verringert sich die Gesamtzahl auf 34, d. h. also, mehr als $\frac{2}{3}$ aller bisher aus dem Raum von El Salvador und Honduras bis Panamá bekannten Arten sind im Gebiet vertreten, ein angesichts der Kleinheit des Landes auffallend hoher Prozentsatz.

Es läßt sich daraus schon erkennen, daß das Florengefälle von El Salvador aus in Richtung Panamá sehr gering sein muß. In der unten folgenden Tabelle sind Guatemala, Costa Rica und Perú zum Vergleich mit El Salvador herangezogen unter Verwendung der N. Am. Fl. (67), der Floren von Guatemala (71), Costa Rica (69) und Peru (34). Um die Bedeutung der Zahlen, die sich für die *Commelinaceen* ergeben, in das richtige Licht zu rücken, sind die entsprechenden Zahlen für die *Bromeliaceen* gegenübergestellt:

	Zahl der Arten	mit El Salvador gemeinsame Arten	Anteil der gemeinsamen Arten an der Gesamtzahl (El Salv. + Vergleichsland
Commelinaceae			
El Salvador	24		
Costa Rica	26	18	56,3%
Perú	± 32	11	± 24,4%
Guatemala	41	21	47,7%
Bromeliaceae			
El Salvador	49		
Costa Rica	146	18	10,2%
Perú	± 191	3	± 1,7%
Guatemala	65	28	32,5%

Wie man sieht, erstreckt sich das geringe Florengefälle der *Commelinaceen* bis tief nach Südamerika hinein. Prozentual ist die Zahl der El Salvador und Perú gemeinsamen *Commelinaceen*-Arten erheblich höher als die der El Salvador und Costa Rica gemeinsamen *Bromeliaceen*. Das bedeutet also, daß sehr viele *Commelinaceen*-Arten eine außerordentlich weite Verbreitung besitzen und daß es offenbar nur wenige Endemismen gibt. Insbesondere im Bereich zwischen Honduras und Panamá scheinen endemische Arten überhaupt nicht vorhanden zu sein. Dabei darf man die Größe dieses Gebietes nicht unterschätzen. Es handelt sich um einen stark gebirgigen Landstreifen von immerhin 1600 km Länge und bis zu 600 km Breite, er übertrifft also die Alpen an Ausdehnung erheblich.

Die oben geschilderten Verhältnisse ändern sich wesentlich in Guatemala. Zwar sind fast alle salvadoreñischen Arten auch aus Guatemala bekannt, auf der anderen Seite treten aber hier nicht weniger als 20 Arten auf, die in El Salvador fehlen, und darunter sind 15, die nach dem bisherigen Stand der Kenntnisse als endemisch gelten können oder doch auf den Raum von Guatemala bis Zentral-Mexico beschränkt sind. Trotz der unmittelbaren Nachbarschaft ist also der *Commelinaceen*-Bestand Guatemalas stärker von dem El Salvadors verschieden als der von Costa Rica.

	Guatemala	El Salvador	Costa Rica
Gibasis			
geniculata	+		+
aguensis	+		
Tradescantia			
guatemalensis	+	+	
crassifolia	+		
velutina	+		
Cymbispatha			
commelinoides	+	+	+
belizensis[1]	+		
standleyi[1]	+		
Campelia			
zanonia	+	+	+
standleyi	+		
hirsuta	+		
Rhoeo			
discolor	+		
Zebrina			
pendula	+	+	+
huehueteca	+		
Phyodina			
cordifolia			+
warscewicziana	+		
Leptorhoeo			
floribunda	+	+	+

[1]) Wahrscheinlich zu *Cymbispatha* gehörig. Vgl. S. 145, 146.

	Guatemala	El Salvador	Costa Rica
Leptocallisia			
multiflora	+		
monandra	+		+
Tripogandra			
cumanensis	+	+	+
disgrega	+	+	+
elongata	+	+	+
amplexicaulis	+		+
angustifolia	+		
Callisia			
repens	+	+	+
Neodonnellia			
grandiflora	+		
Cochliostema			
odoratissima			+
Commelina			
diffusa	+	+	+
erecta	+	+	+
robusta	+	+	+
elliptica	+		
tuberosa	+	+	
pallida			+
standleyi			
Dichorisandra			
hexandra	+	+	+
Floscopa			
robusta			+
Murdannia			
nudiflora		(+)	
Phaeosphaerion			
leiocarpa	+	+	+
persicariaefolia	+		+
rufipes	+	+	+
Tinantia			
leiocalyx	+	+	+
longipedunculata		+	+
glabra	+	+	
erecta	+	+	+
standleyi	+	+	+
violacea	+	+	
parviflora		+	
Weldenia			
candida	+		

Auch Mexico scheint seinerseits wieder wesentliche Abweichungen gegenüber Guatemala aufzuweisen, und dasselbe gilt auch wieder für die USA gegenüber Mexico. Allerdings ist in dem letzten Falle fraglich, ob nicht etwa das Vorkommen so zahlreicher *Tradescantia*-Arten (3) auf einer engeren Artauffassung beruht, als sie in den weniger durchforschten Ländern Zentral- und Südamerikas üblich ist.

Die in Guatemala zusätzlich auftretenden Arten gehören weitaus überwiegend der Tribus der *Tradescantieen* an. Noch in El Salvador wird diese durch nur 9 Arten repräsentiert, in Guatemala sind es bereits 25, und in Zentral- und Südmexico dürfte die Zahl noch höher liegen. Soweit sich bisher übersehen läßt, liegt damit der Schwerpunkt der Artverteilung für die *Tradescantieen* in den letztgenannten Gebieten. Ein Teil der Gattungen ist entweder ganz auf Guatemala und Mexico beschränkt (*Setcreasea*, *Neodonnellia*) oder greift mit nur einer Art nach dem übrigen Zentralamerika, evtl. auch weit nach Südamerika über (*Gibasis*,*Campelia*, *Callisia*, *Leptocallisia*). Eventuell ist auch *Cymbispatha* hier anzuschließen mit wahrscheinlich 4 Arten in Mexico und Guatemala, von denen eine bis Panamá verbreitet ist, während eine weitere in Südamerika vorkommt. Rein südamerikanische Gattungen unter den Tradescantieen sind nicht bekannt, und eigene südamerikanische Arten haben nur *Tradescantia*, *Tripogandra*, *Cymbispatha* und *Phyodina* entwickelt, von denen aber auch noch einige den nächstverwandten zentralamerikanischen Formen sehr ähnlich sind (z. B. *Cymbispatha geniculata*, *Tripogandra glandulosa*, *Tr. multiflora*). Bei den Vertretern anderer Gattungen dieser Tribus in Südamerika handelt es sich um solche, die durch die ganzen heißen Gebiete Amerikas verbreitet sind und also zugleich in Zentralamerika und Mexico vorkommen (z.B. *Callisia repens*, *Leptorhoeo floribunda*, *Campelia zanonia*, *Gibasis geniculata*).

Die *Tradescantieen* sind, im Gegensatz zu den *Commelineen*, ausschließlich amerikanisch. Die oben angeführten Tatsachen lassen nun die Vermutung aufkommen, daß ihr geographisches Ursprungsgebiet noch enger begrenzt und vielleicht in Guatemala und Mexico gesucht werden könnte. Die Häufung der Arten und Gattungen in diesem Gebiet allein wird zur Begründung einer solchen Ansicht nicht ausreichen. Sehr interessant ist aber, daß alle Arten der Gattung *Gibasis*, die als die primitivste der Tribus anzusehen ist, in Mexico vorkommen, und daß nur eine von ihnen darüber hinaus verbreitet ist (*G. geniculata*, diese dann allerdings gleich bis nach Südamerika). Weiter sind auch *Thyrsanthemum* und *Tradescantia laxiflora* in Mexico endemisch, die am ersten als Stammformen der *Tradescantieen* in Frage kommen (s. hierzu den Abschnitt über die Systematik der *Tradescantieen*).

Im Ganzen gewinnt man daher den Eindruck, als seien die *Tradescantieen* in Mexico und eventuell im nordwestlichen Zentralamerika zuerst aufgetreten und hätten dort eine ganze Anzahl neuer Gattungen hervorgebracht, von denen dann einzelne, besonders anpassungsfähige Arten sich bis weit nach Südamerika ausgebreitet haben, wobei es aber in den weiter entfernt gelegenen Gebieten bisher nur in wenigen Fällen zur Abspaltung eigener Arten gekommen ist.

Die *Commelineen* sind in der, etwas veränderten, Fassung von Woodson (vgl. S. 114) großenteils als südamerikanisch zu bezeichnen. Es gehören hierzu die

Gattungen *Pyrrheimia, Floscopa, Geogenanthus, Cochliostema* und *Dichorisandra. Aneilema* und *Murdannia* sind überwiegend altweltliche Gattungen, sind aber mit einigen Arten in der Neuen Welt, hauptsächlich in Südamerika, vertreten. *Commelina* und *Phaeosphaerion* sind ziemlich gleichmäßig durch die ganzen warmen Länder Amerikas verbreitet. Von einem Schwerpunkt der Gattung *Commelina* in Mexico kann wohl nicht gesprochen werden, da hier zu Unrecht eine große Zahl von Arten unterschieden wurde (vgl. S. 162). *C. dianthifolia* und *C. tuberosa* s. lat. dürften die einzigen für dieses Gebiet charakteristischen Arten sein, während *C. elliptica*, wie die meisten übrigen Arten der Gattung, weit verbreitet ist.

Abweichend von der Mehrzahl der *Commelineen*-Gattungen haben *Weldenia* und *Tinantia* ihren Schwerpunkt in Mexico und Zentralamerika. Hierauf wird noch zurückzukommen sein, da dies besonders bei *Tinantia* im Zusammenhang mit Fragen der Systematik von Interesse ist.

Das Gebiet von Honduras und El Salvador bis Panamá läßt sich also dahin charakterisieren, daß es eine eigene, charakteristische *Commelinaceen*-Flora nicht besitzt. Diese setzt sich vielmehr zusammen aus

1. weit verbreiteten Arten der *Tradescantieen* und der Gattung *Tinantia*, die von Mexico und Guatemala aus nach Zentralamerika und darüber hinaus vordringen,
2. weit verbreiteten Arten der Gattungen *Commelina* und *Phaeosphaerion*,
3. einigen anpassungsfähigen Arten aus südamerikanischen Gattungen, die bis nach Zentralamerika vordringen (vor allem *Dichorisandra hexandra*).

Nur in den Randgebieten des betrachteten Raumes kommen außerdem einige weitere Arten mit enger begrenztme Areal vor. So geht *Cochliostema odoratissima* von Süden her bis Costa Rica, auf der anderen Seite reicht das Verbreitungsgebiet der mexikanisch-guatemaltekischen Arten *Leptocallisia multiflora, Campelia hirsuta, Tradescantia guatemalensis* und *Commelina tuberosa* bis in die im Südosten angrenzenden Nachbarländer.

Bemerkenswert ist, daß sich, übereinstimmend mit den *Bromeliaceen*, im Raum von Mexico eine eigene Formengruppe herausgebildet hat. Während es sich jedoch bei den *Bromeliaceen* nur um einzelne Untergattungen oder höchstens Gattungen handelt, die untereinander keine direkten Beziehungen aufweisen, sondern selbständig an verschiedenen Stellen des *Bromeliaceen*-Stammbaumes aus andinen Gruppen hervorgegangen sind, hat sich bei den *Commelinaceen* eine ganz eigene, phylogenetisch einheitliche Gruppe gebildet, die keinen unmittelbaren Anschluß an die südamerikanischen Formen gestattet. Es scheinen vielmehr umgekehrt einige mexikanische Formen die ursprünglichsten Typen der Familie darzustellen.

Es wäre verfrüht, hieraus weitreichende Schlüsse zu ziehen. Auf folgendes sei aber noch hingewiesen. Eine weitere Parallele zu den *Bromeliaceen* besteht insofern, als auch bei diesen eine südamerikanische Formengruppe vorhanden ist, nämlich die vornehmlich im brasilianischen Raum entwickelte Unterfamilie der *Bromelioideen*, die nur wenig Beziehungen zum zentralamerikanisch-mexikanischen Raum hat und mit den hier entstandenen, das Feld beherrschenden *Tillandsioideen*-Gruppen phylogenetisch nicht direkt verbunden ist. Beide haben vielmehr ihren gemeinsamen Ursprung in primitiven Formen des Anden-Gebietes.

Ebenso klar getrennt erscheinen nun auch die *Commelinaceen*-Gruppen mexikanischen und südamerikanischen Ursprungs. Es fehlt aber hier die Möglichkeit, sie mit einiger Sicherheit auf eine gemeinsame, in Amerika beheimatete ursprüngliche Gruppe zurückzuführen. Es wurde zwar auf *Thyrsanthemum*, die wahrscheinlich primitivste *Commelinaceen*-Gattung hingewiesen. Tatsächlich würde die Ableitung der südamerikanischen Gattungen von *Thyrsanthemum* oder einer nahe verwandten hypothetischen Form, die in Bezug auf die Samenanlagen noch primitiver zu denken wäre, vom morphologischen Standpunkt keinen Widerspruch in sich bergen. Bezeichnenderweise wurde früher *Thyrsanthemum* sogar zu *Dichorisandra* gerechnet. Andererseits klafft aber doch eine sehr große Lücke zwischen jener und den südamerikanischen Gattungen, so daß sich eine solche Herleitung jedenfalls zur Zeit noch nicht überzeugend begründen ließe; vor allem wäre auch zu klären, welche Beziehungen die südamerikanischen Gattungen zu den z. T. recht ähnlichen afrikanischen Formen haben.

Vorderhand muß daher die Frage nach den Beziehungen zwischen den mexikanischen und südamerikanischen Gruppen unbeantwortet bleiben. Es kann hier nur auf die Tatsache aufmerksam gemacht werden, daß die räumliche Verbindung heute nur durch hochspezialisierte Arten hergestellt wird, und daß zwar in Zentralamerika eine gegenseitige Durchdringung mexikanischer und südamerikanischer Formen stattfindet, daß diese aber morphologisch klar voneinander getrennt sind und es wahrscheinlich machen, daß beide sich zumindest lange Zeit unabhängig voneinander entwickelt haben.

Das Bild der *Commelinaceen*-Flora von El Salvador entspricht dem, wie es für den ganzen Raum von Honduras bis Panamá beschrieben wurde. Von insgesamt 24 Arten sind 18 solche, die eine weite Verbreitung, zumindest von Mexico durch ganz Zentralamerika, besitzen:

Zebrina pendula
Cymbispatha commelinoides
+ Campelia zanonia
+ Leptorhoeo floribunda
+ Tripogandra cumanensis
Tripogandra disgrega
+ Tripogandra elongata
+ Callisia repens
+ Commelina diffusa
+ Commelina robusta
+ Commelina erecta
+ Dichorisandra hexandra
Phaeosphaerion leiocarpa
Phaeosphaerion rufipes
+ Tinantia erecta
Tinantia standleyi
Tinantia longipedunculata
Tinantia leiocalyx

Von diesen sind die mit + versehenen Arten annähernd durch die ganze Neotropis,

z. T. auch darüber hinaus, verbreitet. Eine Bereicherung dieses Bestandes bilden zwei Arten aus dem Gebiet von Mexico und Guatemala, die gerade noch El Salvador erreichen, *Tradescantia guatemalensis* und *Commelina tuberosa* sowie die neuen *Tinantia*-Arten, deren geographische Stellung naturgemäß noch unklar ist. 9 *Tradescantieen* und 7 *Tinantia*-Arten stehen dem einzigen Repräsentanten typisch südamerikanischer Gattungen, *Dichorisandra hexandra*, gegenüber. Die übrigen sind *Commelina*- und *Phaeosphaerion*-Arten sowie eine *Murdannia*-Art, von der noch nicht sicher ist, ob ihr Vorkommen als spontan angesehen werden kann.

II. Ökologie

1. Standorte der Commelinaceen in El Salvador

Nur wenige Arten dürften in El Salvador Bestandteile der Klimaxformationen sein. Mit einiger Bestimmtheit kann dies für *Cymbispatha commelinoides* var. *typica* und var. *glabrata* gesagt werden, und vermutlich trifft es auch für *Dichorisandra hexandra* und *Campelia zanonia* zu. Den meisten Arten begegnet man dagegen weder in den Wäldern noch in den Savannen, sondern immer auf mehr oder weniger offenen Böden, die keine geschlossene Pflanzendecke besitzen. Natürliche Standorte für diese Arten sind unter anderem die vielen Erosionsschluchten des Landes, deren Sohle in längeren Zeitabständen ganz vom Wasser überflutet wird, während die steilen Seitenwände allmählich nachrutschen, so daß die Vegetation immer wieder gestört wird und die Regenerierung einer geschlossenen Formation nicht möglich ist. Eine sehr viel größere Rolle spielen aber die künstlich geschaffenen Standorte wie Wegränder, Äcker und Plantagen.

Da viele Arten sehr rasch zur Blüte gelangen und in ununterbrochener Folge eine große Zahl von Samen produzieren, die nicht weniger schnell zur Reife gebracht werden, nimmt es nicht wunder, daß sie als Unkräuter vielfach von großer Bedeutung sind. Verschiedenen Arten kommt außerdem noch die rasche vegetative Vermehrung durch Kriechsprosse zugute, ganz besonders etwa bei *Commelina diffusa* und *Callisia repens*. So nehmen die *Commelinaceen* gewöhnlich, wenn nicht nach Arten-, so doch nach Individuenzahl mit den *Compositen* und *Gramineen* unter den Unkräutern einen der ersten Plätze ein, sei es nun im Maisfeld, im Garten oder auf der Kaffeeplantage. Es wurden dort die folgenden Arten als zur Unkrautflora gehörig festgestellt:

Tradescantia guatemalensis
Cymbispatha commelinoides (bes. var. rotundifolia)
Leptorhoeo floribunda
Tripogandra cumanensis
Tripogandra disgrega
Callisia repens
Commelina diffusa
Commelina erecta
Tinantia erecta

Tinantia leiocalyx
Tinantia longipedunculata
Tinantia violacea

Trotz einer gewissen Neigung zur Sukkulenz bei vielen Arten kann man nicht sagen, daß es sich bei ihnen um Xerophyten handle. Die in El Salvador vorkommenden Arten sind vielmehr durchweg feuchtigkeitsliebende Formen. Daß sie gelegentlich im Verein mit Xerophyten wachsen, wie z. B. für *Zebrina purpusii* angegeben wird (9, p. 57), besagt bei der Eigenart des zentralamerikanischen Klimas noch nichts, da selbst die relativ trockenen Gebiete etwa ein halbes Jahr lang unter ausgesprochen humiden Bedingungen stehen und auch feuchtigkeitsliebenden Pflanzen die Möglichkeit zur Entwicklung bieten. Das Auftreten von so trockenresistenten Typen wie *Agaven*, *Kakteen*, *Euphorbien*, bestimmter *Bromeliaceen* usw. erklärt sich daraus, daß diese die Trockenheit mit ihren oberirdischen Organen überdauern. Gerade das aber tun die *Commelinaceen* nicht, sondern sie verschwinden dort, wo sich die Trockenperiode uneingeschränkt auswirkt, sehr rasch vollständig von der Erdoberfläche.

Trotzdem sind es auch während der Regenzeit nur wenige Arten, die man auf Böden mit ungünstigem Wasserhaushalt, etwa auf der durchlässigen, von Bimstein gebildeten „tierra blanca" antrifft. Ganz entschieden bevorzugt werden humose und tonhaltige Böden, die, unabhängig vom Grundwasserstand, wegen der besonderen Klimabedingungen wenigstens in der Regenperiode ständig feucht oder frisch sind. Auch grundwassernahe Böden, Bachufer und selbst sumpfige und überschwemmte Orte werden besiedelt.

2. Standortbedingungen und Gestaltung der vegetativen Sproßabschnitte

Die erwähnte Sukkulenz der *Commelinaceen* ist nicht so sehr ausgeprägt, daß ihr Habitus dadurch wesentlich beeinflußt würde, doch ist in den meisten Fällen ein hypodermales Wassergewebe vorhanden, das bei starker Entwicklung den Blättern ein eigentümlich glasiges Aussehen verleihen kann (am stärksten bei *Callisia repens*). Auch die Stengel besitzen gewöhnlich mehr oder weniger großzelliges, wasserhaltiges Gewebe. Welchen Zweck diese Erscheinungen erfüllen, ist nicht ganz klar. Zum Teil lassen sie sich einigermaßen einleuchtend mit dem Bedürfnis der Wasserspeicherung erklären. So ist *Leptorhoeo floribunda* wohl in El Salvador diejenige Art, die am weitesten auf Böden mit ungünstigem Wasserhaushalt vordringt. Sie besitzt denn auch, wenigstens auf solchen Standorten, ziemlich fleischige Blätter. Ebenso ist *Callisia repens* zwar auf günstigere Bodenverhältnisse angewiesen, doch bleiben die oberirdischen Sproßteile während der Trockenzeit vollständig erhalten. Dieser Fall tritt bei den *Commelinaceen* an sich schon nur dort ein, wo die Trockenperiode gemildert wird, vornehmlich also in größeren Höhen. Auch dort aber sind die Pflanzen offenbar noch gezwungen, Wasser zu speichern, und man sieht während der regenlosen Monate deutlich, wie die Vorräte aufgebraucht, die Blätter entsprechend dünner werden und unter Umständen gar zu schrumpfen beginnen. Auch bei *Campelia zanonia* ist die Neigung zur

Sukkulenz einigermaßen verständlich. Sie gehört gleichfalls zu den immergrünen Formen in feuchtigkeitsbegünstigten Gebieten und ist dort in der Lage, auf flachgründigen Felsböden und auf Gesteinsblöcken, die kaum Wasserreserven bilden können, zu existieren, ja, sie zeigt sogar die Fähigkeit zu einer primitiven Form des Epiphytismus.

Umgekehrt überrascht es auch nicht, daß die in den immerfeuchten Gebieten wachsende *Cymbispatha commelinoides* var. *typica* bzw. var. *glabrata* sehr zarte Blätter besitzt und von Sukkulenz kaum noch etwas erkennen läßt. Ähnliches gilt auch für die var. *rotundifolia* und *Tradescantia guatemalensis*, die zwar auch in weniger feuchten Gebieten vorkommen, dort aber während der Trockenperiode absterben.

Demgegenüber ist für die Ausbildung deutlich fleischiger Blätter bei *Commelina diffusa*, die immer nur unter günstigen Feuchtigkeitsbedingungen wachsend angetroffen wurde, ein Grund nicht recht erkennbar, und noch weniger ist das bei der schon als hydrophil zu bezeichnenden *Tripogandra cumanensis* der Fall. Ferner gehört hierher die auffallend starke Stammsukkulenz bei *Tinantia*, und zwar besonders gerade bei den Arten des feuchten Berglandes, obwohl es sich um Annuelle handelt, die mit Beginn der Trockenperiode absterben. Vielleicht wäre es möglich, wenigstens bezüglich des Wassergewebes in den Stengeln, daran zu denken, daß es durch seine Turgescenz eine Stützfunktion ausübt, zumal das eigentliche Stützgewebe meist nur schwach entwickelt ist; doch kann hier nichts Näheres darüber gesagt werden. Es sind mir auch keine Hinweise auf eine solche Möglichkeit aus der Literatur bekannt.

Bei einer Reihe von Arten liegen die Sprosse ihrer ganzen Länge nach flach dem Boden auf, oder es sind doch nur die blühenden Abschnitte mehr oder weniger aufgerichtet. Das trifft vor allem für *Cymbispatha commelinoides* var. *typica*, var. *glabrata*, *Callisia repens* u. a. zu. Andere zeigen eine Differenzierung in einen liegenden Sproßabschnitt, der nur spreitenlose Niederblätter besitzt, und einen aufgerichteten Teil mit wohlentwickelten Laubblättern. Am ausgeprägtesten ist dies bei *Campelia zanonia*, die oft ein unterirdisches, verzweigtes Rhizom besitzt. Die Angabe von Standley & Steyermark: „stems usually simple" (71, p. 10) bezieht sich daher nur auf die aufrecht wachsenden Sproßteile. Zwischen beiden Extremen gibt es alle Übergänge bei Arten wie *Commelina diffusa*, *Murdannia nudiflora*, *Commelina erecta* usf. Auch die Individuen einer Art verhalten sich oft je nach den Standortbedingungen etwas verschieden. Besondere Erwähnung verdienen schließlich noch *Commelina erecta* und besonders *Dichorisandra hexandra* wegen ihrer Neigung, im Gebüsch zu klettern.

Allgemein läßt sich beobachten, daß die beblätterten Sproßabschnitte, wenn sie dem Boden aufliegen, dorsiventral ausgebildet sind. An den zweizeilig angeordneten Blättern sind durch Tordierung des kurzen, stielartigen Basalabschnittes die Unterseite dem Erdboden zugewendet, die Oberseite nach oben gekehrt. Hiermit im Zusammenhang steht die asymmetrische Ausbildung der Spreitenbasis. Die Tordierung geht, wie es Troll für *Cyanotis kewensis* geschildert hat (75, p. 330 u. 371f.), in der Weise vor sich, daß die ursprünglich dem Erdboden zugekehrte Blatthälfte an der Basis eine Streckung, die gegenüberliegende eine Verkürzung erfährt. Dabei wird die in der endgültigen Lage des Blattes zur Sproßspitze hin gerichtete Hälfte der Spreitenbasis schmaler, die abgewandte Hälfte breiter ausgebildet.

Dieser Vorgang vollzieht sich unter dem Einfluß der Schwerkraft, wie sich daran erkennen läßt, daß an den senkrecht stehenden Achsen derselben Individuen die Blätter nicht gedreht werden, sondern die ursprüngliche Orientierung und auch die symmetrische Basis behalten, während an schräg gestellten Achsen Übergänge zu beobachten sind. Es wäre daher vielleicht besser, die Einteilung von J. Clark in „radiäre" und „dorsiventrale" Typen (15, p. 489 u. a.), die auch Brückner verwendet hat (8, p. 27), zu ersetzen durch „vielzeilige" bzw. „zweizeilige" Typen, bei welch letzteren dann an plagiotropen Achsen die Dorsoventralität induziert wird.

Daß unter diesen Umständen die Symmetrieverhältnisse der Spreitenbasis wenig diagnostischen Wert besitzen, sei am Rande erwähnt. Unterschiede bestehen nur insofern, als an relativ schmalen Blättern die Asymmetrie weniger augenfällig ist als an breiten.

Nach den Untersuchungen von J. Clark (15) erscheint es sicher, daß die primäre Hauptachse allgemein vielzeilig gebaut ist, während zweizeilige Blattstellung nur, aber nicht immer, an den Seitenachsen auftritt. Da vielfach die primäre Hauptachse weitgehend rückgebildet ist und oft frühzeitig abstirbt, können aber viele Formen ausschließlich aus zweizeilig beblätterten Trieben bestehen.

In einigen Fällen nun war es Clark gelungen, zweizeilige Stecklinge zur Bildung vielzeiliger Seitentriebe zu veranlassen, den gewöhnlichen Vorgang also umzukehren. Da jedoch nur an den unteren Knoten vielzeilige, an den oberen aber wieder zweizeilige Seitentriebe entstanden, schloß er daraus, daß die ungünstigeren ernährungsphysiologischen Verhältnisse die Zweizeiligkeit bewirkten (15, p. 490).

Daß die Bildung zweizeiliger Triebe möglicherweise auf diesem Wege ausgelöst wird, soll nicht bestritten werden, doch ist die teleologische Deutung, die J. Clark diesem Vorgang gibt, nicht recht mit den eigenen Beobachtungen in El Salvador in Einklang zu bringen. Er meint nämlich, daß die Ausbildung „dorsiventraler" Seitenachsen, die dem Boden aufliegen, besonders bei solchen Pflanzen vorkämen, die auf ungünstigen, nährstoffarmen oder trockenen Böden wachsen, um hierdurch eine zusätzliche Bewurzelung an den Knoten und somit eine vermehrte Nährstoffaufnahme zu ermöglichen (15, p. 486).

Dem steht entgegen, daß in El Salvador gerade solche Formen vielfach ausschließlich aus kriechenden, zweizeiligen Trieben bestehen, die unter günstigen Nährstoff- und Wasserverhältnissen leben, wie das beispielsweise für *Cymbispatha commelinoides*, *Tradescantia guatemalensis*, *Commelina diffusa* usw. zutrifft, während umgekehrt *Leptorhoeo floribunda*, von der gesagt wurde, daß sie zu den genügsamsten Arten gehört, eine ausgesprochene Neigung zur Bildung aufrechter Triebe zeigt, die nicht stärker wurzeln, als es etwa die völlig aufrecht wachsenden *Tinantia*-Arten tun. Weiter besitzt *Dichorisandra hexandra* zweizeilige Seitentriebe, die aber nicht etwa dem Boden aufliegen, sondern durch die Hauptachse hoch darüber emporgehoben sind.

3. Klimarhythmus und Periodizität

Es wurde schon hervorgehoben, daß sich die *Commelinaceen* in anderer Weise in den Klimarhythmus einpassen als die *Bromeliaceen*. Es bleiben die oberirdischen Teile nur dort während des ganzen Jahres erhalten, wo es günstige Feuchtigkeitsbedingungen erlauben. Die meisten Arten verschwinden während der Trockenzeit von der Erdoberfläche. Das kommt bei den einzelnen Arten, oft innerhalb der gleichen Gattung, auf verschiedene Weise zustande, und es lassen sich entsprechend drei Typen unterscheiden:

Mit typischen Annuellen haben wir es bei *Tinantia*, anscheinend bei allen Arten der Gattung, zu tun. Sobald die Vegetationsbedingungen günstig werden, keimen die Samen aus, die Pflanze wächst heran und beginnt nach einiger Zeit zu blühen. Sie bringt dann fortgesetzt neue blühende Triebe hervor, bis sie schließlich beim Einsetzen der Trockenzeit oder aber schon vorher, infolge Erschöpfung, abstirbt. Ein in der Pflanze selbst verankerter jahreszeitlicher Rhythmus ist danach nicht vorhanden. Das einzelne Individuum mag eine begrenzte Lebensdauer haben, der an einer Art in ihrer Gesamtheit zu beobachtende Rhythmus aber ist lediglich eine unmittelbare Folge der Witterungsbedingungen. Eine über den Durchschnitt sich ausdehnende Regenzeit wird daher auch eine längere Blütezeit zur Folge haben und umgekehrt.

Zu den Geophyten kann *Commelina tuberosa* gerechnet werden. Es handelt sich hier um ausdauernde Pflanzen, die mit Hilfe ihrer Wurzelknollen die Trockenzeit zu überstehen vermögen. In diesem Fall liegt eine auch für das Individuum jahreszeitlich begrenzte Blühperiode vor, wie wenigstens in Bezug auf deren Ende festgestellt werden konnte. Die Blütezeit schließt bereits Ende August ab, obwohl die für die Vegetation günstige Zeit bis mindestens Ende Oktober anhält. Ähnliche Umstände finden sich auch bei *Dichorisandra hexandra*, die gleichfalls mit Hilfe großer Wurzelknollen überdauert. Die Hauptblütezeit liegt auch hier etwa im August. Eine weitere durch Wurzelknollen ausgezeichnete Art ist *Commelina robusta*, doch konnte nicht festgestellt werden, wie sich diese verhält, da sich zu selten Gelegenheit bot, sie zu beobachten.

Am häufigsten sind unter den Arten von El Salvador potentiell unbegrenzt fortwachsende Kriechsproß-Systeme. Sie stellen hinsichtlich ihrer Lebensweise einen Übergang zwischen den beiden erstgenannten Typen dar. Wo die Feuchtigkeitsverhältnisse es gestatten, etwa im Nebelwald, auf Grundwasserböden, an Ufern ständig Wasser führender Bäche und Flüsse usw., vermögen sie sich vielfach während des ganzen Jahres zu erhalten. Regelmäßig ist dies der Fall bei *Cymbispatha commelinoides* var. *typica*, var. *glabrata*, *Callisia repens*, *Campelia zanonia* und *Tripogandra cumanensis*. Viele andere, die an solchen Orten ihre Hauptverbreitung haben, die während der regenlosen Periode völlig austrocknen, sterben in dieser Zeit ab. Hierher gehören vor allem *Commelina diffusa*, *C. erecta*, *Murdannia nudiflora*, *Tripogandra disgrega*, *Tradescantia guatemalensis*, *Cymbispatha commelinoides* var. *rotundifolia* und *Leptorhoeo floribunda*. Ein prinzipieller Unterschied zwischen beiden Gruppen besteht jedoch nicht, und besonders *Commelina diffusa* und *Tradescantia guatemalensis* findet man an geeigneten Orten vielfach während des ganzen Jahres kräftig wachsend und blühend. Sie werden also gewissermaßen nur unter dem Einfluß der äußeren Faktoren zu Annuellen.

Wenigstens am Beginn der Regenzeit ist der Unterschied zwischen ausdauernd und einjährig lebenden Individuen deutlich erkennbar. Bei diesen ist die primäre Hauptachse noch erhalten, von der die mehr oder weniger kriechenden und an den Knoten wurzelnden Seitenachsen nach allen Richtungen abzweigen. Bei günstigen Wachstumsbedingungen verwischt sich dieses Bild jedoch allmählich, indem die Seitenachsen sich kräftig weiterentwickeln und verzweigen, während die ältesten Teile schließlich absterben und dadurch der Zusammenhalt der Seitensprosse untereinander verloren geht. Auf diese Weise entstehen die Verhältnisse, wie wir sie bei den ausdauernden Individuen während des ganzen Jahres vorfinden. Diese besondere Lebensweise ist also geknüpft an die kriechenden Sprosse, und darin dürfte wohl auch deren Bedeutung liegen.

Hinsichtlich der Blühperioden verhalten sich die Kriechsproß-Systeme verschieden. *Commelina diffusa* wurde, wann immer sie angetroffen wurde, blühend beobachtet. *Callisia repens* scheint dagegen nur am Beginn der Trockenzeit zu blühen. *Tripogandra cumanensis* wiederum läßt keine Bindung an die Jahreszeit erkennen. Es können ganze Bestände monatelang im vegetativen Zustand verharren, während andere zur gleichen Zeit blühen. Zu keiner Zeit ließ sich feststellen, daß überhaupt keine blühenden Exemplare dieser Art anzutreffen gewesen wären. Danach dürfte in diesem Fall ein den Pflanzen innewohnender Rhythmus vorhanden sein, der aber nicht durch die periodischen Klimaschwankungen eine gleichmäßige Ausrichtung erfährt. Es ist dies eine Erscheinung, die bei den *Pontederiaceen* noch viel weiter verbreitet ist. Zweifellos ist sie eine Folge der immerfeuchten Standorte, an denen die Pflanzen weitgehend von den Klimaeinflüssen unabhängig sind, und es ist danach kein Zufall, daß sie unter den *Commelinaceen* gerade an *Tripogandra cumanensis* zu beobachten ist.

4. Blütenbiologische Beobachtungen

Wie die Beobachtung der Blüten an lebenden Pflanzen ergab, zeigen eine Reihe von Arten und Gattungen eigentümliche Stellungsverhältnisse der Stamina, durch die bei Blüten mit radiärem oder schwach zygomorphem Grundriß eine ausgeprägte Zygomorphie zustandekommt. Diese Erscheinung wird hier vor allem für einige Fragen der Systematik von Bedeutung sein. Da es sich aber vermutlich um Vorgänge handelt, die mit dem Bestäubungsmechanismus zusammenhängen, seien sie an dieser Stelle mitgeteilt.

Zuvor sind jedoch einige Klarstellungen notwendig. Eichler gibt für die *Commelinaceen* an:

„Präfloration des ... äußeren Kreises eutopisch nach $^1/_3$ (Sep. 3 dadurch nach vorn), in der Krone ebenfalls nach $^1/_3$, doch dem Kelch gegensinnig." (18, I.p. 141)

Nun ist aber an der Basis der Perianthsegmente, wenigstens bei den hier zu besprechenden Arten, nur eine valvate Deckung vorhanden, es ist daher an den geöffneten Blüten nicht mehr erkennbar, in welcher Reihenfolge die Sepalen und Petalen angeordnet sind. Aber auch die Deckung ihrer Ränder in der Knospenlage, weiter zur Spitze hin, ist hierfür kein zuverlässiges Kriterium, was schon daraus hervorgeht, daß neben der imbrikaten bei der gleichen Art, ja, demselben Individuum, des öfteren auch eine contorte Deckung vorkommt. Bei *Tripogandra pflanzii* (Gewächshausmaterial Bot. Gart. Hbg.) beispielsweise wurde sogar beobachtet, daß die Deckung derPetalen gelegentlich in der unteren Hälfte anders war als in der oberen (fig. 134). Trotzdem kann gesagt werden, daß sich in den meisten Fällen die Sepalen, etwas oberhalb der Basis, in der Weise mit ihren Rändern decken, wie es von Eichler beschrieben wird, was ja auch mit den Ergebnissen Schumanns über den Blütenanschluß wenigstens in Bezug auf das 1. Sepalum übereinstimmt (63, p. 133ff.). Dagegen scheinen sich die Petalen, wo hinsichtlich der Corolle überhaupt mit einiger Sicherheit etwas festgestellt werden kann, meist in dem gleichen Sinne zu decken wie der Kelch (fig. 129—133), nicht gegensinnig, wie von Eichler angegeben, und zwar liegen das 1. bis 3. Petalum den entsprechenden Sepalen jeweils gegenüber.

Weiterhin heißt es bei Eichler:

„Bald sind die Blüthen actinomorph (Tradescantia u. a.), bald zygomorph (Commelina etc.); die Symmetrie-Ebene führt in letzteren durch den ersten Kelchtheil, schneidet also die Mediane der Blüthe unter einem schiefen Winkel“ (18, I. p. 141).

Das stimmt in allen Fällen, in denen je drei nebeneinander liegende Stamina fertil bzw. steril oder umgestaltet sind. Es gibt jedoch auch median zygomorphe Blüten, und zwar kommen sie bei denjenigen Formen vor, deren innerer Staminalkreis anders gestaltet ist als der äußere, die also dem Typus von *Tripogandra* bzw. der Brücknerschen „*Triandrae*“ angehören.

Bei *Murdannia nudiflora*, deren Blüten durch Rudimentation des Stamen vor dem 3. Sepalum zygomorph geworden sind, verläuft die Symmetrie-Ebene durch eben dieses Sepalum (fig. 131, 150 a, b), das ja in die Median-Ebene fällt. Während aber in den schräg zygomorphen Blüten etwa von *Commelina* (fig. 130, 153—155), *Phaeosphaerion*, *Tinantia* (fig. 152) oder *Aneilema* (fig. 149) eine Drehung der Blüte stattfindet, um die Symmetrie-Ebene mit der Lotrechten zur Deckung zu bringen, stimmen bei *Murdannia nudiflora* beide von vornherein überein. Eine Drehung findet nicht statt, so daß im Gegensatz zu *Commelina* usw. nur ein Petalum (p_3?) aufwärts gerichtet ist, und damit 2 Sepalen (s_1+s_2) schräg nach oben weisen.

Zu dieser schwachen Zygomorphie im Grundriß der Blüte von *Murdannia nudiflora* kommt nun noch eine nur am lebenden Material zu beobachtende Stellungs-Zygomorphie, und zwar werden die beiden fertilen Stamina nach unten geschlagen derart, daß sie sich unterhalb des Fruchtknotens berühren, während die Staminodien aufgerichtet werden und sämtlich vor dem oberen Petalum zu liegen kommen (fig. 150 a, b). Genau das Gleiche gilt auch für *Murdannia simplex* (Vahl) Brenan (*Aneilema sinica* Ker-Gawl), wie aus einer nach lebendenPflanzen angefertigten Zeichnung von J. Kirk hervorgeht, die sich im Herbarium vonKew befindet. Es wäre daher bei den im Grundriß radiären Arten der Gattung darauf zu achten, ob auch sie eine solche Stellungszygomorphie erkennen lassen, und ob auch sie nur ein Petalum nach oben kehren.

Bemerkenswerterweise fanden sich an allen lebend beobachteten *Tripogandra*-Arten (*Tr. cumanensis, Tr. disgrega, Tr. elongata, Tr. pflanzii*) die gleichen Merkmale miteinander kombiniert. Auch dort ist ein Petalum (p_3 ?) nach oben gekehrt, die beiden übrigen nach unten gerichtet, die inneren Stamina liegen vor dem oberen Petalum, die äußeren unterhalb des Fruchtknotens (fig. 132, 151). Der Unterschied gegenüber *Murdannia nudiflora* besteht nur darin, daß die inneren Stamina nicht steril, sondern im Gegenteil größer sind als die äußeren und sich besonders durch eigenartige Gestaltung der Filamente und Konnektive herausheben.

Ein sehr merkwürdiger Fall von Stellungszygomorphie ist schließlich bei *Dichorisandra hexandra* gegeben. Alle 6 Stamina sind gleich gestaltet (Größenunterschiede zwischen inneren und äußeren, wie bei Eichler angegeben (18, I. p. 141), konnten nicht festgestellt werden), wenden aber alle ihre morphologische Innenseite nach oben (fig. 133, 138b). Es sind hier zwei Petalen (p_2+p_3 ?) nach oben gerichtet. Dementsprechend behält das vor dem unteren Petalum (p_1 ?) liegende Stamen seine normale Lage bei, während bei dem gegenüber, vor dem oberen Sepalum (s_1) stehenden eine Torsion des kurzen Filamentes um 180^0 eintritt, bei den übrigen entsprechend um 120^0 bzw. 60^0.

III. Systematik

Bei der Bestimmungsarbeit an dem in El Salvador gesammelten Material zeigte sich, daß die Systematik der *Commelinaceen* noch immer einige wesentliche Mängel aufweist, die zu einem eingehenden Studium herausforderten, um zu versuchen, wenigstens einige Besserung zu schaffen. Da es hierzu nicht genügt, den Artenbestand eines kleinen Landes wie El Salvador zu untersuchen, mußte der Rahmen sehr viel weiter gespannt werden. Um aber andererseits nicht allzu weit von der eigentlichen Aufgabe, einen Ausschnitt aus der Flora von El Salvador zu bearbeiten, abzuweichen, erschien eine Beschränkung auf die *Tradescantieen* ratsam, da es sich hierbei um eine rein amerikanische Gruppe handelt, die darüber hinaus ihr Zentrum in Mexico und im nordwestlichen Zentralamerika hat. Auf eine Überarbeitung der zum größeren Teil altweltlichen „*Commelineen*" im Sinne Woodsons muß hier daher verzichtet werden, und es sollen nur einige Einzelfragen erörtert werden, die zentralamerikanische Gruppen betreffen.

a) Geschichtlicher Überblick

Die Systematik der *Commelinaceen* hat seit jeher erhebliche Schwierigkeiten bereitet. Merkmale, denen man sonst einen hohen systematischen Wert beizumessen gewohnt ist, wie bestimmte Reduktionstendenzen im Andröceum, atrope und anatrope Samenanlagen, Sympetalie und Choripetalie und so fort, treten scheinbar völlig regellos und in der mannigfaltigsten Weise miteinander kombiniert auf. Mit einigem Recht stellte daher Brückner fest:

„Im übrigen gibt es nicht zwei Merkmale, die völlig parallel zueinander laufen ... ein fest begrenztes Merkmal läßt sich nicht angeben, das in der Familie die Grundlage für eine fortschreitende Reihe bildet." (8, p. 53)

Das mußte sich in dem Augenblick zeigen, wo der Versuch unternommen wurde, zu einem natürlichen System zu gelangen. C. B. Clarke hatte eine für unsere heutigen Vorstellungen noch sehr künstlich anmutende Einteilung gegeben (16, p. 118ff):

Tradescantieae:	Stamina fertilia 6—5
Commelineae:	Stamina fertilia 3—2
Pollieae:	Fructus indehiscens

Durch Brückner wurde dann eine wesentliche Verbesserung geschaffen dadurch, daß er nicht nur die Anzahl der fertilen Stamina, sondern auch deren Zugehörigkeit zu einem oder zu verschiedenen Kreisen des Andröceums berücksichtigte (8, p. 54—56):

Tradescantieae:	6 (5) fertile Stamina oder Reduktionserscheinungen in einem der Kreise, so daß fertile und sterile (reduzierte, abortierte) Organe alternieren. Blüten daher radiär.
Commelineae:	Reduktionserscheinungen an nebeneinander liegenden Stamina, die verschiedenen Kreisen angehören. Blüten daher zygomorph.

Die unnatürlichen *Pollieae* löste er auf und verteilte sie auf die beiden von ihm als Unterfamilien bezeichneten Hauptgruppen (8, p. 54).

Ob die Einteilung in die radiärblütigen *Tradescantieen* und die zygomorphen *Commelineen* sich wirklich mit den natürlichen Verwandtschaftsverhältnissen deckt, ist durch Woodson allerdings sehr zweifelhaft geworden (80). Die Möglichkeit einer polyphyletischen Entstehung der Zygomorphie kann jedenfalls nicht von der Hand gewiesen werden, und die jeweils nur einen der Staminalkreise betreffenden Reduktionserscheinungen sind sogar mit aller Wahrscheinlichkeit mehrfach aufgetreten.

Den Aufbau der Infloreszenz hat Brückner nur für einen künstlichen Schlüssel und bei der Aufstellung niederer Einheiten systematisch verwertet (8, p. 57—62), obwohl er sich sehr eingehend mit der Frage der Ableitung der verschiedenen Infloreszenztypen beschäftigt hat, ja, sogar deren Aufbau als „sicher für die Systematik grundlegend" (8, p. 52) bezeichnet. Genau den umgekehrten Weg geht später Woodson. Unterschiede im Andröceum beachtet er nicht oder sucht dies tunlichst zu vermeiden, dagegen benutzt er als hauptsächliches Einteilungsprinzip den Aufbau der Infloreszenz (80, p. 142f.). Damit beschreitet er einen in der Systematik dieser Familie ganz neuen Weg. Es scheint aber, daß dadurch wenigstens für einen Teil der Familie, nämlich für die *Tradescantieen*, wie sie von Woodson gefaßt werden, ein Weg zur Aufdeckung der natürlichen Verwandtschaftsbeziehungen sichtbar geworden ist. Die Infloreszenz in der Woodsonschen Tribus der *Tradescantieen*, von der noch sehr eingehend die Rede sein wird, ist ein recht eigenartiges Gebilde, so daß die Annahme einer einheitlichen Abstammung dieser Gruppe beträchtliche Wahrscheinlichkeit besitzt.

Einige Jahre nach Woodson hat sich Pichon neuerdings der Mühe unterzogen, die *Commelinaceen* zu überarbeiten (49). Sein Verdienst ist es, auf eine Reihe feinerer Unterschiede aufmerksam gemacht zu haben, die bis dahin nicht genügend beachtet worden sind, so etwa im Falle von *Callisia* s. lat. und *Tradescantia*

s. lat. Leider ist ihm die Arbeit Woodsons nicht bekannt gewesen. So fußt er im Prinzip auf Brückner, was er selbst mit den Worten charakterisiert:

„Il est dangereux d'établir un système sur un organe unique. Ici, par exception, l'androcée paraît fournir la base d'une classification assez naturelle.“ (49, p. 229f.) Er ist sogar weiter als Brückner von der Auffassung Woodsons entfernt, da er eine noch feinere Aufgliederung der Familie nach der Gestaltung des Andröceums vornimmt. Indem er weiterhin die Verwachsungen im Perianth, ferner die Arillusbildung und die sich apikal öffnenden Antheren von *Dichorisandra* sehr hoch bewertet, gelangt er schließlich zu einer Gliederung der *Commelinaceen* in nicht weniger als 10 Tribus, die gleichwertig nebeneinander stehen.

Dabei werden, in noch höherem Maße als bei Brückner, ganz zweifellos nahe verwandte Gattungen wie z. B. *Leptocallisia* und *Phyodina* oder *Aneilema* und *Murdannia* weit voneinander getrennt, während auf der anderen Seite solche zusammengefaßt werden, die von dem hier eingenommenen Standpunkt aus als durchaus verschiedenartig angesehen werden müssen, so etwa *Palisota* einerseits, *Callisia* und *Tripogandra* andererseits. Leider sind auch eine Reihe der von Brückner begangenen Irrtümer, die z. T. inzwischen bereits durch Woodson richtiggestellt worden waren, mit übernommen, und *Murdannia* gerät auf diese Weise gar in die falsche Tribus („*Callisieae*“ mit fertilen epipetalen Stamina! (49, p. 236).

b) Die Tradescantieen

1. Die Tradescantieen-Infloreszenz

Von Woodson wird die *Tradescantieen*-Infloreszenz folgendermaßen charakterisiert:

„Ultimate branches of the inflorescence composed of paired sessile scorpioid cymes, appearing 2-sided superficially.“
Dieser stellt er die Commelineen-Infloreszenz gegenüber:

„Ultimate branches of the inflorescence composed of individual scorpioid cymes, apperaring 1-sided superficially solitary or variously clustered.“ (80, p. 145)
Wie sich zeigen wird, sind jedoch diese Merkmale für eine klare Unterscheidung nicht ausreichend, und es bedarf einer wesentlich präziseren und detaillierteren Definition der *Tradescantieen*. Daher ist zunächst eine eingehende Erörterung der *Tradescantieen*-Infloreszenz notwendig. Das soll vorerst an typischen Fällen geschehen, wie sie etwa in den Gattungen *Tradescantia*, *Zebrina*, *Cymbispatha*, *Callisia*, *Phyodina*, *Tripogandra* usw. angetroffen werden.

Vorher ist aber noch eine Klarstellung erforderlich. Brückner spricht bei mehreren Gattungen von „Doppelwickeln“ (8, p. 26, 60 u. a.). Darunter sind nach Eichler Wickel zu verstehen, „die infolge dichasialer Verzweigung in der ersten Generation zu zweien einander gegenüberstehen“ (18, I. p. 40). Nun will Brückner anscheinend den Begriff „Doppelwickel“ auf solche Infloreszenzen beschränkt wissen, deren Einzelwickel im strengen Sinne opponiert stehen. Wie gezeigt werden soll, gibt es jedoch diesen Fall unter den *Tradescantieen* wie auch überhaupt in der ganzen Familie der *Commelinaceen* nicht. Um Mißverständnisse zu vermeiden, wird es daher zweckmäßig sein, die Bezeichnung „Doppelwickel“ im folgenden durch „Wickelpaar“ zu ersetzen, wie sie auch von Woodson verwendet wird („paired cymes“).

aa) Die morphologische Gleichwertigkeit der Brakteen

Im Gegensatz zu Brückner sieht Woodson in der *Tradescantieen*-Infloreszenz ein in allen Fällen prinzipiell gleichartiges Gebilde. Eigentümlicherweise kommt er dann aber zu der Ansicht, die einzelnen Wickel der Wickelpaare stünden ganz allgemein nicht in der Achsel je einer Braktee, sondern befänden sich am Ende eines gemeinsamen nackten Pedunculus. Blattgebilde von brakteenartiger Erscheinung, die ja tatsächlich vorhanden sind, deutet er als die untersten Brakteolen der Wickel oder aber als „subterminale Laubblätter“, wobei das Wickelpaar nur scheinbar, infolge Reduktion des gemeinsamen Pedunculus, in die Achseln der betreffenden Blätter gerückt sein soll:

„In the genus Tripogandra the paired cymes are borne at the tip of a common naked peduncle.“ (80, p. 143)

„Paired cymes (von Tripogandra. O. R.) distinctly pedunculate, never ... subtended by leafy bracts (but the bracteoles rarely somewhat foliaceous in part).“ (p. 146)

„In the remaining genera ... it appears fairly obvious ... that the bracts ... are merely subterminal foliage leaves which subtend the sessile umbelliform cymes through the complete reduction of the peduncle so manifest in Tripogandra.“ (p. 144)

Demgegenüber wird hier der Standpunkt vertreten, daß die Einzelwickel grundsätzlich übereinander stehen, wenn dies auch äußerlich oft kaum erkennbar ist, ferner, daß stets echte Brakteen vorhanden sind, die je einen der beiden Wickel stützen. Diese Brakteen sind in allen Fällen gewöhnlichen Laubblättern homolog, d. h. sie stehen an der dem Wickelpaar gemeinsamen Achse und sind im Prinzip nur dadurch von den Laubblättern unterschieden, daß sie eben in ihrer Achsel einen Wickel tragen (fig. 105 a, b).

Zunächst soll nun gezeigt werden, daß die „etwas blattartigen Brakteolen“ bei *Tripogandra* s. lat. den „subterminalen Laubblättern“ der übrigen Gattungen homolog sind, wogegen die Frage, ob es sich hierbei tatsächlich um echte Brakteen handelt, vorläufig noch unentschieden bleiben kann. Unter diesem Vorbehalt soll der Kürze halber von „Brakteen“ gesprochen werden, wie es auch Woodson tut.

Daß auch bei *Tripogandra* unmittelbar unterhalb der Wickelpaare Blattgebilde vorhanden sind, die sich in der Gestalt von den Brakteolen unterscheiden, sieht man bei genauerem Hinsehen sofort (fig. 96—98, 116), und eine Längsschnitt durch ein Wickelpaar sollte eigentlich schon keinen Zweifel mehr darüber lassen, daß es sich um Organe handelt, die der gemeinsamen Achse des Wickelpaares angehören (fig. 93). Sie können nämlich nicht etwa als die unterste Brakteolen angesehen werden, da die ältesten Blüten nebst den zugehörigen Brakteolen an der Spitze der gemeinsamen Achse zu stehen scheinen, während die jüngsten Blüten scheinbar weiter unten an der Achse inseriert sind. Unterhalb von diesen aber befinden sich erst die fraglichen Blattgebilde.

Besonders deutlich werden die Verhältnisse bei *Tripogandra cumanensis*, da hier auch das unter dem Wickelpaar anschließende, von Woodson als „Pedunculus" bezeichnete Internodium die charakteristische Haarleiste besitzt, die bei sehr vielen *Commelinaceen* zumindest auf den Internodien der vegetativen Sproßteile vorhanden ist, und zwar korrespondiert sie stets mit der bewimperten Scheidennaht des nächstfolgenden Blattes (fig. 113, 115, 121). Erklärt werden kann dies wohl durch eine den ganzen Stengel umfassende Sproßberindung, die fast ganz bis zum nächstunteren Knoten herabreicht, wobei der bewimperten Scheidennaht die ebenfalls bewimperte Nahtstelle des Berindungsmantels entspricht (vgl. 75, p. 264f.).

Die primäre Hauptachse ist bei den älteren Exemplaren von *Tripogandra cumanensis* nicht mehr vorhanden. Die niederliegenden und oft weithin kriechenden Sproßteile sind sämtlich Seitenachsen erster oder höherer Ordnung, die stets zweizeilig alternierend beblättert sind. Es liegen also auch die Haarleisten abwechselnd einmal auf der einen, das andere Mal auf der genau gegenüberliegenden Seite des Stengels, und zwar immer derart, daß der Mittelnerv des nächstunteren Blattes über das untere Ende der Haarleiste fällt.

Wenn nun, wie hier behauptet wird, auch bei *Tripogandra* zwei den Laubblättern homologe Brakteen vorhanden sein sollen, so müßte eine entsprechende Lage der Harleiste und der Scheidennaht der unteren Braktee erwartet werden. Nicht selten findet man in der Tat die Erwartung bestätigt. Die untere Braktee umgreift, wenn auch streckenweise nur als schmaler Saum, das ganze Wickelpaar. Die Scheidennaht oder, bei offenen Scheiden die freien Ränder, liegen dann genau dort, wo die Haarleiste ansetzt (fig. 96 a, b). Diese läßt sich bis fast zum nächstunteren Nodium verfolgen, wo sie, der oben aufgestellten Forderung entsprechend, mit der Dorsalseite des dort inserierten Blattes zusammenfällt (fig. 101b). Handelt es sich jedoch um einen solchen Seitentrieb, der unterhalb des Wickelpaares nur ein einziges Internodium besitzt, so endet die Haarleiste seitlich um 90^0 von der Mitte des addossierten Vorblattes entfernt (fig. 101a), was gleichfalls völlig den Verzweigungsverhältnissen in den vegetativen Teilen entspricht.

Es kann hieraus weiterhin auf eine Berindung des Internodiums auf seinem ganzen Umfang und nahezu seiner ganzen Länge geschlossen werden, was jedenfalls kaum denkbar wäre, wenn die fraglichen Blattbildungen nicht an der gemeinsamen relativen Hauptachse, sondern, wie die Brakteolen, an den Seitenachsen inseriert wären.

Die geschilderten Verhältnisse erfahren nun in den meisten Fällen eine Reihe von Komplikationen, die aber leicht als Modifikationen des dargelegten Grundschemas verständlich gemacht werden können. Häufig nämlich greift die untere Braktee nicht ganz, sondern nur zu drei Vierteln oder nur zur Hälfte um das Wickelpaar herum. Das wird verständlich, wenn man bedenkt, daß die geschlossenen Scheiden durch Herumwachsen der anfangs räumlich beschränkten Blattanlagen um die Achse entstehen, bis sie diese völlig umgreifen (vgl. Troll, 75, n. 248ff.). Hier ist also offenbar die Umwachsung der Achse nicht vollständig.

Im allgemeinen bleibt aber trotzdem die untere Braktee als solche erkennbar, da ihre Ränder die der oberen überdecken. Bezeichnenderweise treten unter diesen Umständen an dem unterhalb befindlichen Internodium zwei Haarleisten auf, die genau an den freien Rändern der unteren Braktee beginnen (fig. 97 a, b). Sie laufen in ihrer ganzen Länge parallel zueinander, entsprechen also zweifellos den Rändern des von der Berindung gebildeten Halb- oder Dreiviertelzylinders.

Eine andere Abweichung besteht darin, daß beide Brakteen nur je einen Wickel umgreifen und sich mit den freien Rändern zwischen diese zu schieben scheinen (fig. 98 a, b). Durch Vergleich mit den oben erläuterten Fällen läßt sich jedoch erkennen, daß hier eine Verwachsung der Brakteen mit der untersten Brakteole des zugehörigen Wickels stattgefunden hat. In der Regel ist die Verwachsung auch nicht vollkommen, und die Brakteole erscheint noch deutlich abgegliedert.

Alle diese Varianten lassen sich nun in genau der gleichen Form auch bei den Gattungen mit laubblattartigen Brakteen wiederfinden. Der Fall, daß die untere Braktee eine geschlossene Scheide besitzt, ist der häufigste. Am deutlichsten ist das bei *Tradescantia guatemalensis* zu erkennen (fig. 121). Eine zu drei Vierteln oder nur halb um das Wickelpaar greifende Scheide an der unteren Braktee kommt besonders an den pseudoaxillären Wickelpaaren, z. B. bei *Tradescantia crassifolia* vor (fig. 103), wobei die Verhältnisse allerdings durch die gedrängte räumliche Lage der Infloreszenz eine gewisse Änderung erfahren und die Einzelwickel einen spitzen Winkel miteinander bilden. Da das Internodium unter dem Wickelpaar reduziert ist, ist auch eine Haarleiste nicht mehr erkennbar. Verwachsungen der Brakteen mit den Brakteolen schließlich können ebenfalls bei *Tradescantia crassifolia*, ferner bei *Tr. virginiana, Callisia repens* (fig. 106) u. a. beobachtet werden.

Beachtung verdient auch die Art, in der die Brakteen an der gemeinsamen Achse angeheftet sind. Dabei wird es, zur leichteren Verständigung, angebracht sein, die Seiten eines Wickelpaares zu bezeichnen. Aus Gründen, die später ersichtlich werden, soll diejenige Seite die Vorderseite des Wickelpaares genannt werden, die dem Beschauer zugewendet ist, wenn die Dorsalseite der unteren Braktee nach rechts weist (fig. 95). Gegenüber liegt entsprechend die Rückseite. Danach erscheinen die Brakteen von *Tripogandra cumanensis* an der Vorderseite und Rückseite hoch hinauf mit der relativen Hauptachse verwachsen, die Dorsalseite der Brakteen dagegen jeweils tief herabgezogen (fig. 96—98, 119). Vergegenwärtigt man sich die nach oben verjüngte Gestalt der Achse, deren Seitenflächen die Wickel aufliegen (fig. 93), so wird unter der Voraussetzung, daß es sich eben um Blattorgane handelt, die an der Hauptachse inseriert sind, der eigentümlich geschwungene Verlauf der Anheftungslinie verständlich. Auch diese Erscheinung ist nicht auf *Tripogandra* beschränkt, sondern findet sich mehr oder weniger deutlich auch bei vielen anderen Gattungen wieder (*Zebrina, Campelia* (fig. 117) u. a.).

An der Vorder- und Rückseite des Wickelpaares, also an den verlängerten Teilen der relativen Hauptachse, die sich zwischen die beiden Wickel schiebt, werden die Brakteen gefördert, und es entstehen dort zwei mehr oder weniger miteinander verwachsene Zipfel, gleichgültig, ob die äußere Braktee ganz oder nur zur Hälfte um das Wickelpaar herumgreift (fig. 96—98). Dagegen sind die Brakteen an ihrer Dorsalseite meist schmal saumförmig entwickelt. Daß es sich dabei um eine

Reduktionserscheinung handelt, beweisen vereinzelt zu beobachtende Fälle, in denen gerade an der Dorsalseite der Braktee eine kleine Blattspreite ausgebildet ist. Bei *Tripogandra elongata* fand sich einmal sogar eine untere Braktee von fast laubblattartiger Größe (fig. 107).

Bei allen übrigen Arten der Gattung *Tripogandra* s. str. sind die Brakteen in Bau und Anordnung denen von *Tr. cumanensis* so weitgehend gleichgestaltet, daß es wohl einer näheren Erörterung nicht bedarf, auch wenn etwa bei der einen Art die Haarleiste am „Pedunculus" nicht vorhanden ist oder bei einer anderen die oben dargestellten Übergänge an den Brakteen nicht lückenlos aufgefunden werden. Dagegen sind einige weitere etwas abweichende Formen in anderen Gattungen, die von Woodson z. T. mit zu *Tripogandra* s. lat. gerechnet werden, noch besonders zu erwähnen.

Die relative Hauptachse ist bei *Phyodina rosea* nur an der Rückseite des Wickelpaares stark velängert, nicht oder kaum an der Vorderseite (fig. 111). Damit könnte es vielleicht zusammenhängen, daß auch die Förderung der Brakteen an der Vorderseite unterbleibt, so daß lediglich an der Rückseite die oben beschriebenen Zipfel ausgebildet werden. Immerhin ist ein das ganze Wickelpaar umschließender Saum erkennbar, und es dürfte kein Grund bestehen, hier andere Gestaltungsprinzipien anzunehmen, als sie für *Tripogandra* auseinandergesetzt wurden, zumal auch dort sehr oft die Hauptachse an der Rückseite stärker gestreckt ist als an der Vorderseite des Wickelpaares, wodurch die an den Seitenflächen der Achse stehenden Wickel etwas zur Vorderseite hin gekippt werden. Dementsprechend sind auch bei *Tripogandra* die Zipfel der Brakteen an der Rückseite oft etwas stärker entwickelt. Etwa ebenso wie *Phyodina rosea* verhält sich *Ph. gracilis*. Im Prinzip gilt dasselbe auch für *Ph. warscewicziana*, doch ist bei dieser Art die relative Haupachse an der Rückseite des Wickelpaares außerordentlich gestreckt. Die Brakteen sind daher einseitig sehr stark an der Achse emporgezogen und extrem asymmetrisch ausgebildet. Sie bestehen praktisch nur noch aus dem hinteren Zipfel. Ferner tritt eine merkwürdige Verzerrung der Wickel ein. Das Sympodium nimmt namentlich in seinem basalen Teil breitbandförmige Gestalt an, und die der Vorderseite zugewandten Brakteolen werden stark in die Länge gezogen. Dagegen sind die der Rückseite zugewandten Brakteolen normal ausgebildet und wesentlich kleiner als die vorderen.

Dieser Umstand, daß die Brakteen an der Rückseite des Wickelpaares gefördert werden, von den Brakteolen dagegen diejenigen verlängert erscheinen, die an der Vorderseite stehen, kann im übrigen wohl als ein weiterer Hinweis dafür angesehen werden, daß es sich hier tatsächlich um morphologisch ungleichwertige Organe handelt.

In allen Einzelheiten übereinstimmende Verhältnisse finden wir bei *Leptocallisia*. Es entsprechen sich einmal *Phyodina rosea* und *Leptocallisia monandra*, zum anderen *Ph. warscewicziana* und *L. multiflora* (fig. 108). Die Ähnlichkeit, die sich auch auf die Reduktion der Blätter in der Blütenregion erstreckt, so daß diese mehr oder weniger den Charakter einer Gesamtinfloreszenz annimmt, ist so vollkommen, daß wahrscheinlich *Leptocallisia* direkt von *Phyodina* abzuleiten ist. Man kann daher bestimmt nicht, wie Woodson es tut, bei *Leptocallisia* von Brakteen („subterminalen Laubblättern") sprechen, wenn man gleichzeitig deren Existenz bei *Tripogandra* s. lat. (einschl. *Phyodina*) bestreitet (80, p. 146).

Besonders nachdrücklich wird die Homologie der Brakteen von *Tripogandra* mit denen der übrigen Vertreter der Tribus bei manchen *Tradescantia*-Arten vor Augen geführt. Dort kommen nämlich neben dem Wickelpaar am Ende der Hauptachse, das laubblattartige Brakteen besitzt, scheinbar achselständige Infloreszenzen vor, die aber in Wahrheit an völlig reduzierten Seitenachsen stehende Wickelpaare darstellen. Als Brakteen dieser pseudoaxillären Infloreszenzen dürfen nicht, wie das bei Brückner, Woodson und Pichon immer wieder geschieht, die Laubblätter angesehen werden, die das ganze Wickelpaar stützen, vielmehr sind die wirklichen Brakteen außerdem vorhanden, sind aber sehr klein und gleichen denen von *Tripogandra* s. lat., auch in ihrer noch zu erörternden Lagebeziehung zu den Brakteolen. Es kommen sogar Fälle vor, in denen an dem Wickelpaar der Hauptachse die obere der normalerweise laubblattartigen Brakteen reduziert ist und denen an den verkürzten Seitenachsen gleicht. Dabei kann es dann vorkommen, daß der unteren Braktee das nächstuntere Laubblatt sehr nahe steht und in seiner Achsel eine reduzierte Seitenachse mit einem pseudoterminalen Wickelpaar enthält (fig. 102), so daß insgesamt bei flüchtiger Betrachtung der Eindruck eines einzigen, am Ende der Hauptachse stehenden Wickelpaares mit 2 laubblattartigen Brakteen entsteht.

Man wird nach den vorgebrachten Argumenten wohl zugeben müssen, daß bei *Tripogandra* s. lat. Blattgebilde vorhanden sind, die den „subterminalen Laubblättern" der übrigen Gattungen homolog sind, man mag dabei über deren morphologische Natur denken, wie man will. Daraus ergibt sich weiter, daß der „Pedunculus" bei *Tripogandra* dem unter den Brakteen anschließenden Internodium bei *Tradescantia* usw. gleichwertig ist (fig. 105). Im strengen Sinne kann also überhaupt nicht von einem Pedunculus gesprochen werden. Immerhin ist es vielleicht wegen der hohen Spezialisierung der Infloreszenz vertretbar, diesen Ausdruck beizubehalten. Man wird ihn dann aber gleichmäßig in allen Gattungen anwenden und vielleicht zweckmäßigerweise auf das jeweils letzte Internodium unterhalb der Wickelpaare beschränken müssen.

Natürlich kann nun gelegentlich tatsächlich eine Reduktion des Pedunculus eintreten. Die pseudoaxillären Wickelpaare bei verschiedenen *Tradescantia*-Arten wurden schon erwähnt. Bei *Callisia repens* kommen fast ausschließlich solche vor (fig. 112). Anders liegt der Fall bei *Cymbispatha commelinoides*. In der var. *rotundifolia* (selten in der typischen Varietät) sind in der Regel die Pedunculi an der Hauptachse und an den im übrigen wohlentwickelten Seitenachsen reduziert, das Wickelpaar sitzt daher dem obersten Laubblatt auf (fig. 115), und es kann sogar auch noch das nächstuntere Internodium gestaucht sein, so daß zwei Laubblätter zu den Brakteen hinzutreten.

bb) Die morphologische Bedeutung der Brakteen

Wenn die voraufgegangenen Ausführungen gezeigt haben, daß die von Woodson angenommenen Unterschiede hinsichtlich der Brakteen in der *Tradescantieen*-

Infloreszenz nicht vorhanden sind, so bleibt noch die Frage, ob dann vielleicht die Brakteen einheitlich in allen Gattungen, also auch bei *Tripogandra*, in Wahrheit als subterminale Laubblätter im Sinne Woodsons anzusehen sind, die Infloreszenzen also nur scheinbar in die Blattachseln gerückt wären.

Jede Erörterung hierüber würde überflüssig sein, wenn sich zeigen ließe, daß die untere Braktee beide Wickel einschließt, die obere aber nur einen der beiden Wickel. Das war jedoch bei keiner der untersuchten Arten und auch bei keinem einzigen der vielen gesichteten Individuen der Fall. Die obere Braktee war niemals geschlossen, selbst bei *Tradescantia guatemalensis* nicht, obwohl es dort am ersten zu erwarten gewesen wäre, da die Brakteen völlig den Laubblättern gleichen und in Spreite und Scheide gegliedert sind. Immerhin aber liegen die beiden freien Ränder der oberen Braktee stets dort, wo sich die beiden Einzelwickel berühren, oder sie schieben sich gar zwischen diese (fig. 104, 101, 102), niemals aber greifen die Ränder auch nur zum Teil um den anderen Wickel herum, wie es nach der Vorstellung Woodsons von den „subterminalen Laubblättern" erwartet werden könnte.

Ein Beweis für die hier vertretene These, daß echte Brakteen vorhanden sind, ist damit freilich noch nicht gegeben, und die Verhältnisse bedürfen noch einer genaueren Untersuchung. Zu Beginn seien die von Woodson für seine Theorie vorgebrachten Argumente geprüft. Er sagt:

„These bracts ... are oriented at a divergence approaching 90° to the position of the bracteoles of the cymes proper. It appears fairly obvious, then, that the bracts of Tradescantia and its closest relatives are merely subterminal foliage leaves" (80, p. 144)

Das kann man jedoch wohl kaum als Begründung gelten lassen. Die Orientierung der Brakteolen ist eine Frage der Lagebeziehungen innerhalb des Wickels selbst. Die im Grundschema je einer der Blütenserien diametral gegenüberstehenden Brakteolenserien können aber ihre ursprüngliche Lage schon deswegen nicht einnehmen, weil der Wickel nicht von der Sproßachse abgegliedert ist. Wie stark die dadurch bedingten Verschiebungen sind, zeigt besonders deutlich *Tripogandra* s. str., wo die Brakteolenserien bis zwischen die Blütenserien rücken können (fig. 95, 119). Daß die Brakteolen leicht auch eine um 90° gegen die Brakteen gedrehte Stellung einnehmen können, ist ohne weiteres einleuchtend. Man betrachte daraufhin nur einmal die Brakteolen von *Tinantia* (fig. 120), bei der die Einzelglieder der Wickel gestreckt und die Verhältnisse daher übersichtlicher sind. Man wird sich fragen, warum denn, wenn ein solcher Wickel in der Achsel einer Braktee stehen würde, die Brakteolen nicht so orientiert sein sollten, wie es eben bei *Tradescantia* usw. der Fall ist.

Außerdem nehmen aber die Brakteolen tatsächlich lange nicht in allen Fällen die von Woodson beschriebene Stellung ein. Es hängt das nämlich von der Orientierung des ganzen Wickels zu der Braktee ab. Erstreckt er sich ungefähr in der Medianen der stützenden Braktee, so liegen die Brakteolen im wesentlichen transversal, nehmen dagegen die Wickel eine zueinander parallele Stellung quer zur Braktee ein, was z. B. bei *Leptorhoeo* vorkommt (fig. 99), so liegen die Brakteolen ihrerseits parallel zu den Brakteen.

Bei einer mehr oder weniger schrägen Stellung der Einzelwickel (fig. 103, 111) kommen die Brakteolen nun häufig in eine Lage, die den Anschein erwecken kann, als ob die Brakteenzipfel an der Rückseite des Wickelpaares sich jeweils in eine der Brakteolenserien einfügten, was z. B. besonders für *Phyodina rosea* zutrifft. Daß diese gleiche Orientierung indessen eine sehr äußerliche Erscheinung ist, und man deswegen nicht die Brakteenzipfel für Brakteolen halten darf, ergibt sich, wie schon gesagt, sofort aus dem das ganze Wickelpaar umfassenden Saum (fig. 111).

Auch die Orientierung der ganzen Wickel ist ohne Bedeutung. Die Wickel sind relativ selbständige Gebilde, die leicht durch gewisse Krümmungen usw. eine andere Lage einnehmen können, als dem Idealschema entspricht. Wenn überhaupt ein Grund dafür angegeben werden könnte, daß die Einzelwickel nicht den Achseln der Brakteen entspringen, dann wäre es die noch zu erörternde Tatsache, daß die beiden Wickel eines Paares einander spiegelbildlich gleich sind (fig. 95—98). Man würde dies zunächst nicht erwarten, wenn man voraussetzt, daß die Wickel übereinander, d. h. in zwei aufeinander folgenden Blattachseln stehen. Dennoch sprechen verschiedene Gründe für eine solche Annahme.

Wollte man annehmen, daß die Wickelpaare in keinerlei Beziehung zu den Brakteen stehen, so müßten wenigstens theoretisch irgendwelche anderen Blattorgane angenommen werden, aus deren Achseln sie entspringen. Aus den Untersuchungen von Schumann geht jedoch hervor, daß auch während der Entwicklung der Infloreszenz keinerlei Anlagen zu erkennen sind, die auf ursprünglich vorhanden gewesene Blattgebilde außer denen, die hier als Brakteen bezeichnet worden sind, hinweisen könnten (63, p. 134). Soweit frisches Material mikroskopisch untersucht werden konnte (*Zebrina pendula, Tradescantia fluminensis, Tripogandra pflanzii*), wurden keine Rudimente von Leitbündeln oder dergleichen beobachtet, die auf rückgebildete Blattorgane hätten schließen lassen, vielmehr zeigte sich das ganz normale Bild einer Verzweigung, wie es unter der Voraussetzung, daß die Wickel der Achsel der Brakteen entspringen, zu erwarten ist (fig. 94) und das nur insofern abgewandelt ist, als hier zwei Blätter auf fast gleicher Höhe stehen und die Achseltriebe sogleich in eine sympodiale Verzweigung übergehen.

Wichtig ist ferner die Feststellung Schumanns, daß einer der beiden Wickel von Anfang an in der Entwicklung vorauseilt, und zwar ist es, wie er ausdrücklich hervorhebt, stets derjenige, der über der unteren Braktee steht (63, p. 134). Am bedeutsamsten sind aber die Verwachsungserscheinungen zwischen Brakteen und Brakteolen. Es wurde stets gefunden, daß die Brakteen nur mit der untersten Brakteole des zugehörigen Wickels verwachsen. Daß aber überhaupt auch die untere Braktee in dieser Weise mit einer Brakteole verwachsen kann (fig. 98), wäre wohl kaum verständlich, wenn beide Wickel morphologisch erst oberhalb der oberen Braktee stehen sollten.

Auf der gleichen Linie liegen auch die besonderen Verhältnisse bei *Phyodina warscewicziana* und *Leptocallisia multiflora*. Dort sind nämlich die Brakteen an der Vorderseite ein deutliches Stück voneinander entfernt inseriert (fig. 108/9). Die unterste Brakteole eines jeden Wickels ist bei der letztgenannten Art in der Regel etwas mit der entsprechenden Braktee verwachsen, bei der ersteren ist sie ihr mit dem unteren Ende zumindest stark genähert. In beiden Fällen aber pflegt die nach vorn liegende erste Brakteole des unteren Wickels nach unten über die obere Braktee hinauszureichen, der betreffende Wickel scheint also danach unterhalb der oberen Braktee zu entspringen. Vielleicht noch übersichtlicher ist dies bei *Tripogandra disgrega* f. *glandulosa*, die sich von der typischen Form u. a. durch stärker entwickelte Internodien in der Infloreszenz unterscheidet, und bei der auch die Wickel etwas von der gemeinsamen Achse abgegliedert sind (fig. 116).

Man wird somit die morphologische Zugehörigkeit der Wickel zu je einer der Brakteen zumindest für weitaus wahrscheinlicher halten dürfen als die Vorstellung Woodsons von den subterminalen Laubblättern. Einen Pedunculus in seinem Sinne, ein den beiden Einzelwickeln gemeinsames Gebilde der relativen Hauptachse oberhalb der subterminalen Laubblätter („Brakteen"), gibt es danach nicht, auch nicht als theoretisch zu forderndes Gebilde, das bei den rezenten Formen abortiert wäre.

cc) Können „Doppelwickel" und „Wickelpaare" unterschieden werden?

Zunächst wäre zu untersuchen, ob bei den *Commelinaceen* überhaupt von Doppelwickeln gesprochen werden kann. Eichler, der offenbar zuläßt, daß die Seitenachsen eines solchen morphologisch nicht genau auf gleicher Höhe stehen, benutzte diese Bezeichnung. Er machte dabei die Voraussetzung, daß eine ursprünglich vorhandene Terminalblüte abortiert sei (18, I. p. 40, fig. 21c). Ob aber eine solche Annahme berechtigt ist, läßt sich wohl kaum eindeutig entscheiden. Mit Sicherheit kann nur gesagt werden, daß die Primanachse oberhalb des Wickelpaares steril endet und fast völlig abortiert ist, ferner, mit einiger Wahrscheinlichkeit, daß ursprünglich eine stärker verzweigte Infloreszenz vorhanden war. Dies wird vor allem nahegelegt durch das Auftreten von mehr als zwei Wickeln in der Gattung *Gibasis*, deren Zugehörigkeit zu den *Tradescantieen* noch zu begründen sein wird. Die große Zahl von Leitbündeln, die z. B. bei *Zebrina pendula* in den sterilen Abschnitt eintreten (fig. 94), spricht aber dagegen, daß sich oberhalb des Wickelpaares ursprünglich nur eine einzige Blüte befunden haben könnte. Viel eher scheint dieser Umstand doch auf eine in der ersten Verzweigungsordnung racemöse, also basitone Infloreszenz hinzudeuten, was also bedeuten würde, daß das rezente Wickelpaar die beiden untersten Äste eines früher reicher verzweigten Blütenstandes repräsentiert. Es konnte im übrigen in keinem einzigen Falle eine Endblüte beobachtet werden, auch nicht in den stärker entwickelten Infloreszenzen der primitiveren *Gibasis*-Arten.

Wichtiger als die Frage, wie die paarige Anordnung der Wickel morphologisch zu deuten ist, erscheinen in diesem Zusammenhang die nach der Unterscheidbarkeit verschiedener Typen bei den Infloreszenzen der *Tradescantieen*. Brückner hielt diese, wie schon angedeutet, für durchaus ungleichartig. Das beruht zum Teil auf einem Irrtum. Er übersah, daß es sich bei *Leptorhoeo* und den „axillären" Partialinfloreszenzen von *Callisia* s. str. sowie einer Reihe von *Tradescantia*-Arten eben nicht um einzelne Wickel handelt (8, p. 30; 10, p. 166, 167, 174), sondern daß auch dort stets deren 2 vorhanden sind. Bei *Tradescantia velutina* entspringen gar eine ganze Anzahl von knäuelig gedrängten Wickelpaaren (oft 5 und mehr) der Achsel eines Laubblattes, und nur bei flüchtiger Betrachtung kann hier der Eindruck einer einzigen Partialinfloreszenz (eines einfachen Wickels) entstehen.

Weiter aber glaubte Brückner, einen Unterschied zu sehen zwischen den „Doppelwickeln“ bei *Leptocallisia, Rectanthera* (*Spironema* im Sinne Brückners = *Callisia fragrans* + *Phyodina warscewicziana*) und *Neodonnellia* einerseits und den „zu zweien terminal“ stehenden Einzelwickeln bei *Tradescantia, Rhoeo, Campelia* usw. andererseits (8, p. 36 u. a.). Bei den letzteren entsteht nach Brückner der

„Eindruck eines Doppelwickels, der von zwei Laubblättern (‚Brakteen‘) gestützt wird. Man hat es aber mit 2 einfachen Wickeln zu tun, die je in der Achsel einer Braktee erscheinen. Dadurch, daß das oberste Stengelinternodium sehr stark reduziert ist, rückt das eine Tragblatt dicht an das andere heran ... wodurch dann ein doppelwickeliger Blütenstand vorgetäuscht wird.“ (8, p. 30)

Worin nun eigentlich der Unterschied zwischen 2 einfachen Wickeln und 1 Doppelwickel nach Brückners Ansicht bestehen soll, wird von ihm nicht klar dargelegt. Auch bei einem „Doppelwickel“ entspringen die Einzelwickel der Achsel eines Blattes. Ob dieses nun laubblattartig gestaltet oder aber stark reduziert ist, kann doch keinen wesentlichen Unterschied ausmachen. Vorhanden ist es in jedem Fall, auch bei *Leptocallisia, Rectanthera* und *Neodonnellia.*

Wie sich aus den Ausführungen Brückners erschließen läßt, sieht er anscheinend einen Unterschied darin, daß die Einzelwickel bei *Tradescantia* usw. morphologisch übereinander, dagegen bei den Doppelwickeln von *Leptocallisia* usw. nebeneinander stehen sollen. Er stellt sich daher vor, daß die Infloreszenzen von *Tradescantia* und ihren Verwandten vom „axillären“ Typ abgeleitet werden können, bei dem die Wickel entlang der Achse einzeln in den Achseln von Laubblättern stehen. Einen solchen Fall glaubte er bei *Callisia repens* und *C. insignis* vor sich zu haben, während bei einer Reihe von *Tradescantia*-Arten schon am Ende zwei Wickel zusammengerückt, im übrigen aber noch die axillären Einzelwickel erhalten geblieben sein sollten. Den Endpunkt dieser Entwicklung sah er dann in solchen Arten wie *Tradescantia guatemalensis, Tr. fluminensis,* auch *Zebrina, Cymbispatha* usw., an denen die axillären Wickel völlig unterdrückt und nur die pseudoterminalen, „Doppelwickel vortäuschenden“ Infloreszenzen erhalten geblieben sein sollten (daß es sich bei den vermeintlichen axillären Einzelwickeln in Wahrheit stets um pseudoaxilläre Wickelpaare handelt, wurde oben schon ausgeführt).

Eine Ableitung der „Doppelwickel“ auf diesem Wege hält Brückner dagegen nicht für möglich, „zumal“, wie er hinzufügt, „man es hier mit rispigen Gesamtinfloreszenzen zu tun hat“ (8, p. 36). Stattdessen möchte er sie von *Murdannia simplex* (*Aneilema sinica*) herleiten:

„Aneilema sinicum und verwandte Arten, die durch den Übergang der Laubblätter in reine Hochblätter bei rispiger Verzweigung der Hauptachse gekennzeichnet sind. Man findet häufig in den Spitzen der Zweige Neigung zur Dichotomie, die mehr oder weniger dadurch zustande kommt, daß nicht mehr als zwei Partialblütenstände an den Zweigen entwickelt werden. Es ist aber hervorzuheben, daß dabei der eine morphologisch noch über dem anderen steht. Ausgesprochene

Dichotomie dagegen zeigt Tradescantia geniculata. Die Blütenstände dieser Art, einfache Wickel, stehen auf kurzen Stielen morphologisch nebeneinander."
Zunächst sei am Rande vermerkt, daß Brückners Sorge wegen der rispigen Gesamtinfloreszenzen eigentlich unnötig ist, denn diese kommen ja durch den entsprechenden Verzweigungsmodus der vegetativen Teile zustande. Die Reduktion der Seitenachsen und der sie stützenden Laubblätter, wodurch die Blütenregion den Charakter einer mehr oder weniger einheitlichen Gesamtinfloreszenz erhält, ist doch erst eine sekundäre Erscheinung. Im übrigen kommen solche rispigen Infloreszenzen auch bei *Tripogandra*, besonders z. B. bei *Tr. cumanensis* vor, wie auch u. a. die von *Callisia* s. str. im Prinzip solche darstellen.

Aber auch die Ableitung der „Doppelwickel", wie sie bei *Rectanthera*, *Neodonnellia* und *Leptocallisia* vorkommen sollen, ist sehr anfechtbar. Von „Dichotomie" oder, was Brückner sicher gemeint hat, dichasialer Verzweigung aus der Achsel morphologisch nebeneinander stehender Blätter, kann jedenfalls bei *Gibasis geniculata* (*Tradescantia g.*) nicht gesprochen werden, vielmehr stehen die Brakteen stets deutlich übereinander, was daran sofort erkennbar ist, daß die untere, meist etwas größere Braktee die obere umfaßt oder doch deren Ränder bedeckt (fig. 123). Bei *Murdannia simplex* dagegen sind überhaupt nicht zwei Seitenachsen vorhanden, sondern stets eine Hauptachse und eine aus einer Blattachsel entspringende Seitenachse, so daß nicht einmal von scheinbarer Dichotomie gesprochen und natürlich auch nicht die *Tradescantieen*-Infloreszenz mit zwei pseudoterminalen Wickeln und zwei sie stützenden Brakteen daraus abgeleitet werden kann.

Schließlich ist aber auch ein Unterschied zwischen morphologisch neben- oder übereinander stehenden Einzelwickeln tatsächlich nicht vorhanden. Nach dem bloßen Augenschein läßt sich das nicht beurteilen, denn danach würden die Wickel in allen in Frage stehenden Gattungen als nebeneinander stehend anzusehen sein. Dagegen sind unter den Brakteen stets, auch bei den Gattungen mit den vermeintlichen Doppelwickeln, eine untere und eine obere zu unterscheiden. Es kann also mit Bestimmtheit gesagt werden, daß, ob man die *Tradescantieen*-Infloreszenz nun einen „Doppelwickel" nennen will oder nicht, ein Unterschied zwischen „Doppelwickeln" und „2 einfachen Wickeln" nicht besteht.

dd) Einige weitere charakteristische Merkmale der Tradescantieen-Infloreszenz

Hinsichtlich der Anordnung der Blüten und Brakteolen herrscht eine auffällige Konstanz. So steht die erste Blüte eines jeden Wickels stets an der Rückseite des Wickelpaares, die Brakteole dementsprechend an der Vorderseite (fig. 95). Das von Brückner gegebene Diagramm der Infloreszenz von *Tradescantia virginiana* (8, tab. IV. fig. 48) ist demnach unrichtig, wie auch aus den Ausführungen von Schumann hervorgeht (63, tab. IV. fig. 9). Häufig erstrecken sich nun die Wickel nicht genau in der Medianen der Brakteen, sondern sind mit der Spitze mehr oder weniger zur Vorderseite (niemals zur Rückseite) des Wickelpaares geschwenkt, zuweilen liegen sie sogar parallel nebeneinander (konstant bei *Leptorhoeo floribunda*). Dann rücken die ersten Brakteolen mehr oder weniger zwischen die beiden Wickel (fig. 99), die zweiten an deren Außenseite, während die Brakteen an der

Vorderseite häufig eine bezeichnende Einbuchtung erkennen lassen, wie z. B. vielfach bei *Phyodina rosea* (fig. 111). Es versteht sich aus dieser Anordnung der Blüten und Brakteolen, daß Verwachsungen zwischen Brakteen und Brakteolen ausschließlich an der Vorderseite der Wickelpaare eintreten können (fig. 95, 97, 98).

Die Wickel sind stets in sich sehr stark gestaucht, weswegen sie früher meist kurzerhand als „umbellae" bezeichnet wurden. Vor allem verdient aber die Verwachsung der Wickel mit der gemeinsamen Achse Beachtung. Diese schiebt sich, sich mehr oder weniger rasch verjüngend, zwischen die beiden Wickel, die ihren schrägen Seitenflächen aufliegen (fig. 93) und mit ihr der ganzen Länge nach oder doch wenigstens an der Basis verbunden bleiben. Dadurch entsteht häufig eine eigentümliche Umkehrung der Wickel, indem die jüngsten Blüten scheinbar tiefer an der gemeinsamen Achse inseriert sind als die älteren. Mindestens tritt aber eine rechtwinklige Abknickung der Wickel von der relativen Hauptachse ein (fig. 116), wie es zum Teil bei *Tripogandra disgrega* vorkommt (f. *glandulosa*). Die jüngeren Blüten kommen dann höchstens neben die älteren, nicht über diese zu stehen.

Sehr bezeichnend sind ferner die zwei Komplexe sich oberschlächtig deckender Brakteolenserien, wobei die Brakteolen nach der Art der Inserierung, in den allermeisten Fällen auch nach Größe und Gestalt deutlich von den Brakteen verschieden sind. Durch die stärkere Streckung der gemeinsamen Achse an ihrer Rückseite, wie sie vielfach vorkommt (vgl. S. 117), erfahren die Wickel neben der Schwenkung zur Vorderseite oftmals auch noch eine Kippung derart, daß die zur Rückseite gewandten Blüten höher liegen als die vorderen. Eine Kippung zur Rückseite kommt dagegen nicht vor.

Eine bemerkenswerte Erscheinung an der Infloreszenz soll nicht unerwähnt bleiben, obwohl sie nicht rein morphologischer Art sein dürfte. Es ist bekannt, daß in jeder *Tradescantieen*-Infloreszenz nur eine Blüte zur Zeit geöffnet ist, und zwar erschließt sie sich jeweils früh morgens (vgl. Heineck, 24, p. 475f.), um dann meist rasch zu vergehen. Die nächstfolgende Blüte öffnet sich dann erst am darauffolgenden Morgen. Diese Gewohnheit ist unter den *Commelinaceen* sehr weit verbreitet, was ihnen ja auch den Namen „*Ephemeraceen*" eingebracht hat. Die Besonderheit der *Tradescantieen*-Infloreszenz besteht nun darin, daß jedes Wickelpaar nur eine Blüte zur Zeit hervorbringt (fig. 113, 121, Abb. 47), während bei den nichtpaarigen Infloreszenzen anderer Gattungen bei den *Commelineen* an jedem Wickel, also an jeder Teilinfloreszenz, gleichzeitig je eine Blüte geöffnet zu sein pflegt.

Eine nähere Untersuchung an lebenden Exemplaren von *Cymbispatha commelinoides*, *Tradescantia guatemalensis*, *Leptorhoeo floribunda* und *Zebrina pendula* ergab nun die interessante Tatsache, daß die Blühfolge der beiden Wickel eines Paares derart aufeinander abgestimmt ist, daß sich alternierend eine Blüte des einen, am nächsten Morgen eine solche des anderen Wickels entfaltet. Auch an den Entwicklungsstadien der Knospen läßt sich dies bereits ablesen. Ein besonders günstiges Objekt hierfür ist *Cymbispatha commelinoides*, da man leicht in die Spatha hineinsehen kann, und außerdem durch die Bewimperung des hinteren Sepalums sofort erkennbar ist, ob die Knospe zum linken oder rechten Wickel gehört (fig. 114). Bei dieser Art kann man wenigstens an den vier ältesten Knospen jedes Wickels feststellen, daß sich das jeweils nächstjüngere Stadium in dem gegenüberliegenden Wickel befindet.

Ob dieser Erscheinung systematische Bedeutung zukommt, ist noch nicht zu übersehen. Vor allem läßt sich noch nicht sagen, ob es sich vielleicht um rein physiologische Vorgänge handelt, die sich etwa aus der gedrängten Stellung der Wickel ergeben könnten. Immerhin verhält sich aber *Tinantia* mit zwar gestreckten, aber doch am Ende der Achse gehäuften Wickeln entgegengesetzt. Hier ist gleichzeitig in jedem Einzelwickel eine Blüte geöffnet (Abb. 53, 54).

2. Abgrenzung und Gliederung der Tradescantieen

aa) Der systematische Wert des Infloreszenz- und des Blütenbaues

Sowohl von Brückner als auch von Woodson wird die Ansicht vertreten oder wenigstens angedeutet, daß die Wickelpaare entstanden zu denken sind aus einer größeren, nicht fixierten Zahl blattachselständiger Einzelwickel, die entlang einer gestreckten Hauptachse angeordnet waren (8, p. 30ff. bzw. 80, p. 143). Daß als Ausgangsformen nicht, wie Brückner meinte, rezente *Tradescantia*-Arten in Frage kommen, ergibt sich daraus, daß es sich bei diesen eben nicht um primitive Formen mit axillären Einzelwickeln, sondern um stark abgeleitete Typen mit reduzierten fertilen Seitenachsen handelt (vgl. S. 118).

Eine Ableitung der *Tradescantieen*-Infloreszenz von hypothetischen Stammformen mit achselständigen Einzelwickeln kann dagegen auch hier als die natürlichste und einleuchtendste akzeptiert werden, zumal sie sich aus der pseudoterminalen Stellung der Wickel fast von selbst ergibt. Ob dabei die Wickelpaare aus einem Thyrsus oder aus einer axillären Infloreszenz in dem von Brückner gebrauchten Sinne (8, p. 36) hervorgegangen sind, dürfte, obwohl der Autor Wert darauf legt, das letztere zu betonen (8, p. 35), nicht von sehr großer Bedeutung sein, da beide nicht wesensverschieden sind und leicht ineinander übergehen können.

Wichtig aber ist folgendes: Diese Ableitung der *Tradescantieen*-Infloreszenz macht es deutlich, wie unsicher die Abgrenzung der Tribus ist, sofern sie lediglich auf dem Vorhandensein paariger, sitzender Wickel basiert. Woodson vertritt zwar den Standpunkt, daß nur wenig Erfahrung zur Unterscheidung der beiden Infloreszenztypen (s. S. 113) nötig sei, und eine genauere Untersuchung von „superficially paired inflorescences of the Commelina type" würde sofort zeigen, „that pairing here is merely a numerical chance and not a concrete unit of structure" (80, p. 143). Es fragt sich dann aber, wie es sich mit verschiedenen *Gibasis-Forrestia*-[1]), *Coleotrype*-Arten und mit *Anthericopsis* verhält, bei denen die Paarig-

---

[1]) Wie Pichon hervorhebt, wäre *Forrestia* nach den Nomenklaturgesetzen zu verwerfen, da der gleiche Name von Rafinesque bereits 1806 bei den *Rhamnaceen* verwandt worden ist, für die *Commelinaceen*-Gattung aber erst 1834 durch A. Richard (49, p. 236). Indessen ist bei den *Rhamnaceen* eine einzige Art unter diesem Namen beschrieben worden, der nach den Prioritätsgesetzen ohnehin durch die heute allein gebrauchte Bezeichnung *Ceanothis* L. ersetzt worden ist. Auf der anderen Seite ist die *Commelinaceen*-Gattung unter dem Namen

keit der Wickel keine zufällige, individuelle Eigenschaft darstellt, sondern mindestens als Artmerkmal zu werten ist. Gerade die Tatsache, daß in einem Teil der genannten Gattungen andere Arten mehr, oder nicht konstant 2, Wickel besitzen, läßt hier ein schwieriges Problem entstehen. Tatsächlich ist eine Grenze dafür nicht anzugeben, wann die Zweizahl noch als „numerical chance", wann bereits als „concrete unit of structure" angesehen werden kann. Vor die Frage gestellt, ob die Struktur der *Tradescantieen*-Infloreszenz systematisch höher bewertet werden kann als der Blütenbau, wird man also auch die übrigen hier erörterten Eigentümlichkeiten mit heranziehen müssen.

Es wurde gezeigt, daß die *Tradescantieen*-Infloreszenz in der Tat ein hochspezialisiertes Gebilde darstellt. Ihre besonderen Merkmale seien der Übersicht halber noch einmal stichwortartig zusammengefaßt:

1. Wickel in sich stark gestaucht.
2. Wickel paarweise pseudoterminal, fast opponiert.
3. Wickel nicht von der gemeinsamen Achse abgegliedert, rechtwinklig abgeknickt oder „rückläufig".
4. Wickel eines Paares spiegelbildlich gleich, 1. Blüte an der „Rückseite".
5. Verwachsungen von Brakteen mit Brakteolen, wenn vorhanden, nur an der „Vorderseite".
6. Wickel sich in der Richtung der Medianen der Braktee erstreckend oder, meist, ± nach vorn geschwenkt, niemals nach hinten.
7. Brakteolen von Brakteen deutlich unterscheidbar, an jedem Wickel in zwei parallelen, oberschlächtig deckenden Serien.
8. Wickel häufig nach vorn gekippt, niemals nach hinten.

Demgegenüber ist das einzige gemeinsame Merkmal der Brücknerschen *Tradescantieen* das Nichtvorhandensein einer bestimmten Spezialisierung, nämlich von Zygomorphie-Erscheinungen in der Blüte.

Diese Umstände allein könnten genügen, um die Infloreszenzverhältnisse als die gewichtigeren anzusehen. Es kommt aber noch eine recht beachtenswerte Tatsache hinzu. Brückner hatte festgestellt, daß die Zahl der Nebenzellen an den Spaltöffnungen innerhalb der Gattungen konstant ist. Mit den höheren von ihm aufgestellten systematischen Einheiten vermochte er jedoch keine Übereinstimmung zu erzielen und war daher der Ansicht, daß dieses Merkmal für die Verwertung in der Systematik erst in zweiter Linie in Frage kommen könne (8, p. 18f., 52). Wenn man aber die *Tradescantieen* in der hier vertretenen und noch im einzelnen zu erläuternden Form betrachtet, so ergibt sich, daß sämtliche bisher untersuchten Arten dieser Tribus konstant 1 Paar Nebenzellen besitzen. Diese Tatsache behält auch dann ihre Bedeutung, wenn man berücksichtigt, daß außerhalb der *Tradescantieen* einige weitere Gattungen gleichfalls nur 1 Paar Nebenzellen aufweisen, während bei den übrigen 2 Paar vorhanden sind.

Forrestia allgemein bekannt, und die Einführung des nomenklatorisch exakten Namens *Amischotolype* Hassk. würde die Umbenennung nahezu sämtlicher Arten nach sich ziehen, wobei noch hinzukommt, daß dieser Name so gut wie unbekannt geblieben ist. Es wäre daher vorzuschlagen, *Forrestia* A. Rich. (Sert. Astrol. 1. 1834) gegenüber *Amischotolype* Hassk. (Flora XLVI. 391. 1863) beizubehalten.

Weiter sei darauf hingewiesen, daß bei den *Tradescantieen* auch in der neuen Fassung nur radiäre Blüten vorkommen. Ausnahmen hiervon bestehen nur in dem zygomorphen Kelch bei *Cymbispatha* und *Zebrina* (fig. 143, 144). Dies wiegt jedoch offenbar nicht schwer, da eine Ungleichwertigkeit der Sepalen in der Familie sehr weit, wenn nicht allgemein verbreitet ist. Wie Schumann an *Tradescantia virginiana* und *Aneilema forskalei* Kth., also an Arten mit radiärem Kelch, zeigte, werden die beiden inneren Sepalen gleichzeitig, aber später als das äußere angelegt und sind zumindest bei der erstgenannten Art anfangs nur durch eine seichte Furche getrennt (63, p. 134f., 139f.). Bei *Commelina* bleiben sie vielfach dauernd verbunden und werden zuletzt rein mechanisch voneinander getrennt (fig. 147). Ähnliche Beobachtungen wurden von Schumann bei *Dichorisandra* und *Leptocallisia* u. a. gemacht.

Nach alledem stellen die *Tradescantieen* in der Tat eine recht natürliche Einheit dar. Nicht so die *Commelineen* im Sinne von Woodson. Man darf wohl annehmen, daß der Autor hierin selbst nur ein Provisorium gesehen hat. Er hat die *Tradescantieen* in einer Form, die sich nicht mit den früheren Einteilungen deckt, als eine phylogenetische Einheit herauskristallisiert, während der Rest, der sich aus den verbliebenen Bruchstücken der früheren *Tradescantieen* und den ehemaligen *Commelineen* zusammensetzt, gewissermaßen als amorphe Masse zurückgeblieben ist. Woodson befindet sich hier in der gleichen Situation wie Brückner bei den *Tradescantieen*. Das Nichtvorhandensein der *Tradescantieen*-Infloreszenz besagt ja noch nichts über die Einheitlichkeit dieser zweiten Gruppe und ebenso wenig über deren Entwicklungshöhe. Es haben hier eben Spezialisierungen in anderen Richtungen, hauptsächlich den Blütenbau betreffend, stattgefunden, die z. T. eine hohe Stufe erreicht haben. Man denke etwa an die engere *Commelina*-Verwandtschaft, die *Inclinatae* im Sinne Brückners (*Cochliostema*!), an *Dichorisandra*, nicht zuletzt auch an die erst neuerdings entdeckte *Pseudoparis* H. Perr., die eine ganz eigenartige Erscheinung innerhalb der Familie darzustellen scheint.

Die Frage nach dem systematischen Wert der Symmetrieverhältnisse in den Blüten bleibt also mindestens für die „*Commelineen*“ durchaus bestehen. Wenn Woodson sie für ungeeignet für eine systematische Verwertung hielt, so beruht das zum Teil auf einem Mißverständnis. Wie aus seinen Äußerungen hervorgeht, glaubte er nämlich, daß Brückner nur die Symmetrieverhältnisse der Corolle gemeint habe, wenn er von zygomorphen oder radiären Blüten spricht (80, p. 142). Brückner spricht aber gar nicht von einer zygomorphen Corolle, er hat speziell an das Andröceum gedacht. An diesem sind aber in der Tat ganz bestimmte, gesetzmäßig verlaufende Reduktionserscheinungen erkennbar, die zumindest gattungsweise mit bestimmten anderen Merkmalen gekoppelt sind.

Es erscheint daher doch sehr zweifelhaft, ob man beispielsweise *Sauvallia* ohne weiteres mit *Commelina* vereinigen darf. Woodson begründet es mit dem Vorhandensein der charakteristischen Spatha (80, p. 150). Schließlich kommt ja aber eine solche in vollkommener Ähnlichkeit auch bei *Cymbispatha* vor, deren Zugehörigkeit zu den *Tradescantieen* auch Woodson nicht bezweifelt. Die Konvergenz zwischen *Commelina* und *Cymbispatha* erstreckt sich darüber hinaus auch auf die zygomorphe Ausbildung des Kelches und eine bei den *Tradescantieen* sonst unbekannte Erscheinung, das Verhalten nämlich, die reifenden Früchte wieder in die Spatha zurückzuversenken. Wenn also solche Analogien möglich sind, wird man wohl bei der Beurteilung eines einzelnen derartigen Merkmals doch mehr Vorsicht walten lassen müssen.

Noch dringlicher wird die Frage nach der Bewertung des Andröceums im Falle von *Aneilema*. Woodson hat in dieser Gattung durch Zusammenfassung von *Aneilema* s. str., *Murdannia, Gibasis* (*Tradescantia geniculata* und Verwandte) und *Thyrsanthemum* (*Tradescantia holosericea* usw.) ein Gebilde geschaffen, das in Bezug auf den Blütenbau (bei genauerer Betrachtung übrigens auch hinsichtlich der Infloreszenz) sehr uneinheitlich ist und des weiteren nicht gegen verschiedene andere Gattungen abgegrenzt werden kann. Bei der Woodsonschen Fassung von *Aneilema* ist nämlich *Floscopa* nicht mehr zu unterscheiden. Auf Grund des 2-fächerigen Ovars bei *Floscopa* (80, p. 145) ist das nicht möglich, da ein großer Teil der *Aneilema*-Arten (s. str.) das gleiche Merkmal aufweist. Es ist auch nicht erkennbar, wie unter diesen Umständen *Buforrestia* von *Aneilema* getrennt werden kann.

Woodson mag selbst bemerkt haben, daß die Grenzen von *Aneilema* sich völlig zu verwischen drohen, wenn man nicht den Blütenbau mit berücksichtigt. So greift er, obwohl er bereits radiäre und zygomorphe Blüten verschiedenster Typen in der Gattung vereinigt hat, zur Abgrenzung gegenüber *Tinantia* dennoch auf die Symmetrieverhältnisse zurück:

Aneilema: „Flowers regular or essentially so"

Tinantia: „Flowers very strongly irregular" (80, p. 145)

Das ist jedoch nicht durchführbar. Woodson betont zwar, die Blüten von *Tinantia* seien „as incontestably irregular as are those of Commelina, not only in size of the petals, but in their coloration and structure of stamens" (80, p. 148). Die Corolle der *Tinantia*-Arten ist aber in Wahrheit nur schwach und keinesfalls stärker zygomorph als bei *Aneilema* s. str. Man vergleiche nur einmal die Blüten von *Tinantia leiocalyx* (fig. 152, Abb. 53) mit denen von *Aneilema hockii* De Wild. (fig. 149). Was aber die Zygomorphie des Andröceums betrifft, so ist sie bei *Aneilema* s. str. noch ausgeprägter als bei *Tinantia*, da bei jener die oberen drei Stamina steril sind.

Auf diesem Wege kommt man also nicht weiter, und man wird notgedrungen von vornherein feinere Unterschiede des Blütenbaues zur Einteilung und Abgrenzung der Gattungen heranziehen müssen. Aus diesem Grunde kann Brückner nur zugestimmt werden, wenn er auf Grund der unterschiedlichen Anordnung von Stamina und Staminodien *Murdannia* von *Aneilema* abtrennt (8, p. 62f., 10, p. 173), mag auch die Verteilung der beiden Gattungen auf zwei verschiedene Unterfamilien nicht gerechtfertigt erscheinen. Auch von Brenan wird die Aufspaltung von *Aneilema* neuerdings befürwortet und durch den unterschiedlichen Bau der Staminodien bestätigt (7, p. 179).

Untersuchungen am lebenden Material könnten eventuell weitere Unterschiede zwischen diesen beiden Gattungen zutage fördern. Während für *Aneilema* s. str. sicher ist, daß die Symmetrieebene in allen Fällen durch die ersten Segmente der beiden Perianthkreise verläuft (fig. 130), verhalten sich wenigstens *Murdannia nudiflora* und *M. simplex* in dieser Hinsicht anders (fig. 131, vgl. S. 110), und es wäre möglich, daß entsprechende Beobachtungen auch an den radiärblütigen Arten gemacht werden können. Auch die Struktur der Infloreszenz von *Murdannia* verdient nähere Beachtung. Das häufige Auftreten von addossierten Vorblättern an den Rispenästen könnte darauf hindeuten, daß die einzelnen Wickel in Wahrheit eine ganze, stark reduzierte, Infloreszenz repräsentieren, also einem ganzen Thyrsus von *Aneilema* homolog sind.

Zusammenfassend kann gesagt werden, daß die Struktur der *Tradescantieen*-Infloreszenz höher zu bewerten ist als die aktinomorphe Gestaltung der Blüten. Das heißt also, daß Gattungen oder Arten aus der Tribus der *Tradescantieen* auszuschließen sind, die zwar radiäre Blüten, nicht aber die charakteristischen Merkmale der Infloreszenz aufweisen. Gleichwohl darf der Blütenbau nicht außer acht gelassen werden. Er spielt wahrscheinlich für die systematische Gliederung der *Commelineen* eine wichtige Rolle, ist aber auch bei den *Tradescantieen*, wenigstens für die Abgrenzung bestimmter Gattungen, von Bedeutung.

bb) Abgrenzung der Tradescantieen

Entsprechend seiner Definition der *Tradescantieen* hat Woodson *Gibasis* und *Thyrsanthemum* aus der Tribus ausgeschlossen und zu den *Commelineen* gestellt, und zwar zu *Aneilema* (80, p. 147f.). Diese Maßnahme ist aber sehr problematisch, nicht nur im Hinblick auf die Gattung *Aneilema*. Wie schon gesagt, ist die Anzahl der Wickel allein ein ungenügendes Kriterium, weil Konvergenzerscheinungen gar zu leicht möglich sind, besonders aber auch, weil von vornherein erwartet werden kann, daß bei primitiven Stufen der *Tradescantieen*-Infloreszenz die Zweizahl der Wickel noch nicht zu einem konstanten Merkmal geworden ist, oder daß die Einzelwickel noch nicht in die Blattachseln gerückt sind, wie im typischen Fall.

Es darf festgestellt werden, daß Woodson mit Recht *Thyrsanthemum* von den *Tradescantieen* abgetrennt hat. Außer dem primitiven Blütenbau ist tatsächlich keines der besonderen Merkmale der Tribus vorhanden. Auf der anderen Seite ist es aber nicht berechtigt, diese Gattung allein wegen der primitiven Infloreszenz zu *Aneilema* zu stellen, da, wie schon mehrfach betont, das Nichtvorhandensein einer bestimmten Spezialisierung allein keinen Anhaltspunkt für verwandtschaftliche Beziehungen geben kann. Bezeichnend für *Thyrsanthemum* ist nun, daß weder Spezialisierungen im Blütenbau noch in der Struktur der Infloreszenz vorhanden sind, es sei denn, man wollte die konstante Zweizahl der Samenanlagen je Fach als solche ansehen, da immerhin in einigen Gattungen der *Commelineen* eine größere Zahl, und dann oft zweireihig angeordnet, vorkommt. Danach hat es den Anschein, als ob in der Nähe dieser Gattung der Ausgangspunkt für verschiedene Entwicklungstendenzen gesucht werden darf, die u. a. noch sowohl zu *Aneilema* oder *Murdannia* als auch zu den *Tradescantieen* führen können. Aus diesen Erwägungen heraus soll hier Pichon gefolgt werden, der *Thyrsanthemum* als eigene Gattung aufstellte (49, p. 225). Offenbar stellt sie überhaupt eine der primitivsten Gattungen der Familie dar.

Mit noch weniger Berechtigung ist *Gibasis* mit *Aneilema* vereinigt worden, sprechen doch gewichtige Tatsachen dafür, daß sie nahe mit den typischen *Tradescantieen* verwandt ist. Sie hat mit diesen gemeinsam die in sich gestauchten Wickel, die charakteristischen zwei parallelen Brakteolenserien, die nach Gestalt und Anordnung deutlich von den Brakteen abgesetzten Brakteolen und die meist geringe Zahl (bei einigen Arten konstant 2) am Ende der gemeinsamen Achse gedrängt stehender, pseudoterminaler Wickel, die von je einer Braktee gestützt werden (fig. 100 c, d, 122—124). Ein augenfälliger Unterschied gegenüber der typischen *Tradescantieen*-Infloreszenz besteht darin, daß die Einzelwickel gestielt sind.

Untersucht man die Infloreszenz von *Gibasis pulchella* näher, so findet man eine weitere, von den typischen *Tradescantieen* her bekannte Erscheinung: Die Einzelwickel blühen in scheinbar verkehrter Folge von oben nach unten auf. Die erste Blüte steht am äußersten Ende des Sympodiums, die jüngste an der Basis, unmittelbar am Wickelstiel (fig. 124 a). Vorbereitet durch die früheren Erörterungen, wird man sogleich an eine Verwachsung des Wickels mit dem Stiel denken, die wohl so zustande kommen mag, daß der Wickel nicht deutlich vom Stiel abgegliedert wird, und dieser sich nachträglich noch in die Länge streckt. In der Tat sind auch die Brakteolen so angeordnet, daß sie eine scheinbar unterschlächtige Deckung aufweisen. Da bei dieser Art konstant 2 Wickel in jeder Infloreszenz vorhanden sind, brauchen wir sie uns nur noch sitzend in den Achseln der beiden zugehörigen Brakteen vorzustellen, um eine vollkommen typische Tradescantieen-Infloreszenz zu erhalten. Es wird hierdurch sogar der Gedanke nahegelegt, daß auch bei den typischen *Tradescantieen* eine derartige Verwachsung des Wickels mit dem eigenen Stiel das Primäre ist, und erst durch dessen Reduktion die Wickel unmittelbar der gemeinsamen Achse aufzuliegen scheinen (fig. 93).

Von diesen Feststellungen ausgehend wird man auch den eigentümlichen Knick nicht unbeachtet lassen können, der an den Wickeln von *Gibasis geniculata* zu beobachten ist, und man wird hierin eine Vorstufe der bei *G. pulchella* vollständigen Verwachsung mit dem Wickelstiel erblicken dürfen (fig. 123). Noch schwächer ist der Knick bei *G. linearis* (fig. 122 a, b) und *G. karwinskyana*, doch ist er auch hier noch deutlich erkennbar. Der anfangs abgeknickte Wickel dehnt sich im späteren Stadium doch in der Richtung des Wickelstiels aus, was aber dadurch erreicht wird, daß dafür die ersten Blüten zur Dorsalseite hin abgedrängt werden. Außer an dem auffälligen Höcker am Grunde des Wickels ist dies auch an der abweichenden Gestalt und Inserierung der unteren Brakteolen erkennbar.

Da die Wickel bei *Gibasis* gestielt sind, ist die Stellung der ersten Blüte in Bezug auf die Brakteen nicht leicht zu beurteilen. Bei *G. geniculata* sind in der Mehrzahl der Fälle die Wickel einwärts, der gemeinsamen Achse zu, gekrümmt. Soweit sich am Herbarmaterial feststellen läßt, kommt dies aber wahrscheinlich durch die Tordierung des Wickelstiels zustande, so daß die Krümmung ursprünglich, wie auch sonst bei den *Tradescantieen*, auswärts gerichtet ist. Eine Bestätigung dafür kann in der Tatsache gesehen werden, daß bei *G. pulchella* mit Sicherheit eine Auswärtskrümmung statthat, was in diesem Fall durch eine am Wickelstiel herablaufende Haarleiste festgestellt werden kann. Macht man für *G. geniculata* die gleiche Voraussetzung, so steht dort die erste Blüte eines Wickels jeweils an der „Rückseite" des auch bei dieser Art regelmäßig vorhandenen Wickelpaares, womit also auch in diesem Punkt Übereinstimmung mit der typischen *Tradescantieen*-Infloreszenz gegeben wäre.

Dasselbe scheint auch für *Gibasis pulchella* zutreffend zu sein. Jedenfalls stehen die erste und zweite Brakteole an der zu erwartenden Seite (die erste „vorn", die zweite „hinten"), während die Blüten fast genau in einer Reihe angeordnet sind (an dem untersuchten Material waren von den ältesten Blüten nur noch die Abbruchstellen vorhanden). Bei der dritten und vierten Blüte treten jedoch meist Unregelmäßigkeiten in der Stellung der Brakteolen auf (fig. 124 b). Es sind dort anscheinend irgendwelche Verschiebungen eingetreten, die an dem Herbarmaterial nicht geklärt werden können, und die es daher auch nicht völlig sicher erscheinen lassen, ob die Stellung der ersten beiden Brakteolen richtig beurteilt worden ist.

Bei *Gibasis linearis* und *G. karwinskyana* konnte eine Gesetzmäßigkeit in Bezug auf die Stellung der Blüten nicht ermittelt werden. Es scheint, daß eine solche nicht besteht, was bei der größeren und z. T. inkonstanten Zahl von Wickeln auch einige Wahrscheinlichkeit besitzt, doch war das verfügbare Material nicht ausreichend, um etwas Endgültiges hierüber auszusagen.

Im Ganzen kann mit großer Wahrscheinlichkeit eine enge Verwandtschaft von *Gibasis* mit den *Tradescantieen* angenommen werden. Wenn etwa *G. linearis* nicht 2, sondern in der Regel 4, die var. *graminifolia* sogar noch mehr Wickel in jeder Infloreszenz besitzt, so spricht das nicht dagegen, vielmehr wird man es zwangslos als eine primitive Stufe werten können, wie schon ausgeführt wurde. Eine weitere Bestätigung für eine solche Verwandtschaft findet sich darin, daß die Anzahl der Nebenzellen bei *Gibasis* wie bei den *Tradescantieen* nur 2 beträgt (8, p. 18). Demgegenüber besitzen *Aneilema* und *Murdannia* deren 4. In diesem Zusammenhang mag auch erwähnt werden, daß Brückner bei *Thyrsanthemum* nicht konstant 2, sondern daneben auch 3 oder 4 Nebenzellen fand, was als ein zusätzlicher Hinweis auf die Primitivität dieser Gattung angesehen werden könnte.

Weldenia wird von Woodson zu den *Tradescantieen* gerechnet (80, p. 146). Eine Begründung gibt er hierfür allerdings nicht, obwohl die Stellung dieser Gattung keineswegs klar ist. Brückners Angabe „gedrängte axilläre Blütenstände" (10, p. 170) ist unrichtig ,und die Woodsons, „flowers solitary and sessile in the axils of the congested upper leaves" ist zumindest mißverständlich. Tatsächlich stehen die Blüten dicht gehäuft am Ende der Achse o b e r h a l b der Laubblätter und werden nur von sehr kleinen, brakteolenartigen Gebilden gestützt (fig. 128).

Für die *Tradescantieen*-Infloreszenz charakteristische Eigentümlichkeiten oder auch nur Merkmale, die als Reminiszenzen zu deuten wären, konnten nicht festgestellt werden. Anscheinend vorhandene gewisse Gruppierungen unter den Blüten könnten ebensowohl Überreste von Wickelpaaren als auch von „individuellen" Wickeln sein, und im übrigen sind von den Brakteolen verschiedene Brakteen nicht vorhanden, sondern die Laubblätter gehen allmählich in die die Einzelblüten stützenden Gebilde über.

Hinzu kommt, daß in keiner der zweifelsfreien *Tradescantieen*-Gattungen mehr als 2 Samenanlagen je Fruchtfach auftreten und daß diese stets einreihig angeordnet sind. Das gilt auch für die primitivsten Vertreter der Tribus in der Gattung *Gibasis*. Wenn die Infloreszenz von *Weldenia* für stark abgeleitet gehalten werden soll — und nur unter einer solchen Voraussetzung hätte es überhaupt einen Sinn, sie mit den *Tradescantieen* in Beziehung zu bringen —, dann würde eine Herleitung von Gattungen dieser Tribus Schwierigkeiten machen wegen der Primitivität hinsichtlich der Samenanlagen, die in 2 Reihen, meist zu 6 in jedem Fach, angeordnet sind.

Im Gegensatz zu *Weldenia* hat Woodson umgekehrt einige afrikanische Gattungen nicht zu den *Tradescantieen* gestellt, ungeachtet der Tatsache, daß wenigstens ein Teil der zugehörigen Arten konstant paarig angeordnete Wickel besitzt. Zwar behandelt er in der betreffenden Arbeit nur die nordamerikanischen *Commelinaceen*, doch betont er ausdrücklich, daß die *Tradescantieen* eine rein amerikanische Tribus seien (80, p. 144). Ob Woodson bestimmte Gründe gehabt hat, die fraglichen Gattungen — es handelt sich um *Forrestia*, *Coleotrype* und *Anthericopsis* — auszuschließen, ist aus seinen Ausführungen nicht zu entnehmen, da sie gar nicht erwähnt werden.

Wesentlich weichen die westafrikanischen *Forrestia*-Arten in der Struktur der Infloreszenz von der der *Tradescantieen* ab:

1. Die Wickel sind in sich nicht oder nicht stark gestaucht.
2. Es ist eine unpaarige Blüte vorhanden, die offenbar die Endblüte darstellt. Aus den Achseln der nicht ganz auf gleicher Höhe inserierten Vorblätter dieser Blüte entspringen die beiden Wickel (fig. 126).
3. Brakteen und Brakteolen sind weder in der Art der Inserierung noch in Größe und Gestalt verschieden, vielmehr gehen die an der gemeinsamen Achse stehenden Blätter unmittelbar in die Brakteolen über.
4. Irgendwelche Verwachsungserscheinungen der Wickel mit der gemeinsamen Achse oder mit dem Wickelstiel oder auch nur die oben beschriebene Knikkung der Wickel nach auswärts sind nicht erkennbar.

Viel weniger deutlich sind die Unterschiede bei *Coleotrype*. Die Wickel sind sehr stark gestaucht und nicht von der gemeinsamen Achse abgegliedert. In den untersuchten Infloreszenzen von *C. natalensis* war eine Endblüte nicht vorhanden, die beiden ersten Blüten standen an der gleichen Seite des Wickelpaares, und zwar, soweit es berechtigt ist, die Bezeichnung in dem gleichen Sinne zu gebrauchen wie bei den typischen *Tradescantieen*, an der Rückseite (fig. 125). Abweichungen von der *Tradescantieen*-Infloreszenz bestehen darin, daß eine Abknickung der Wickel oder gar eine Rückläufigkeit nicht zu beobachten ist, und daß es nicht zur Ausbildung der charakteristischen zwei Brakteolenserien kommt (fig. 127 b). Ferner sind die Brakteolen nicht von den Brakteen und den Blättern unterhalb der Infloreszenz verschieden.

Etwa das Gleiche gilt für *Anthericopsis*, nur daß hier nun auch noch die Brakteolen von den Brakteen meistens in der Größe deutlich abgesetzt sind. Die einzige intakte Infloreszenz, die untersucht werden konnte, besaß zwei kongruente, nicht spiegelbildlich gleiche Wickel, und zwar befand sich im unteren Wickel die erste Blüte „vorn", im oberen „hinten", doch ist nicht sicher, ob diese Verhältnisse konstant sind.

Eines geht aus diesen Ausführungen klar hervor: daß auch die Struktur der Infloreszenz uns kein Mittel zu einer unzweideutigen Umschreibung der *Tradescantieen* in die Hand gibt. Immerhin ist doch wohl die Annahme berechtigt, daß, wenn spätere Untersuchungen tatsächlich die Zugehörigkeit von *Weldenia, Forrestia, Coleotrype* und *Anthericopsis* zu den *Tradescantieen* ergeben sollten, diese Gattungen auf jeden Fall als Vertreter früh selbständig gewordener Entwicklungszweige anzusehen sein würden, denen die typischen *Tradescantieen* einschließlich *Gibasis* als geschlossene Gruppe gegenübergestellt werden könnten. Als weitere Begründung läßt sich im Fall von *Weldenia* und *Anthericopsis* noch anführen, daß stark abgeleiteten Blüten-Merkmalen (verwachsene Corolle, angeheftete Stamina) ein so primitiver Bau des Fruchtknotens gegenübersteht, wie er selbst bei *Gibasis* nicht mehr vorkommt. Auch *Coleotrype* besitzt hochspezialisierte, z. T. sogar zygomorphe Blüten (49, p. 230), während andererseits in dieser Gattung die Paarigkeit der Wickel noch nicht konstant ist. So besitzt *C. laurentii* 2—4 oder noch mehr Wickel in einer Infloreszenz. Schließlich ist für *Anthericopsis* noch nachzutragen, daß dort 4 Nebenzellen an den Stomata vorhanden sind.

Fraglich ist weiterhin die Stellung von *Tradescantia laxiflora*. Die Infloreszenz ist aus mehr als 2 oder jedenfalls einer inkonstanten Zahl von Wickeln zusammengesetzt, die gestielt und ausgesprochen lockerblütig sind und darüber hinaus keinerlei Verwachsungserscheinungen u. dgl. erkennen lassen. Ähnlichkeit mit den *Tradescantieen* besteht lediglich in der wirteligen Anordnung der Einzelwickel am Ende der Achse. Es wäre vielleicht denkbar, *Tradescantia laxiflora* eine Zwischenstellung zwischen *Thyrsanthemum* und *Gibasis* einzuräumen (fig. 100) und sie eventuell mit der erstgenannten zu vereinigen. Leider ist über den Bau der Samen oder über die Zahl der Nebenzellen nichts bekannt. Im Ganzen ist diese Art noch so wenig spezialisiert — vielleicht mit Ausnahme der Zahl der Samenanlagen (2) —, daß zugleich auch noch Beziehungen zu *Tinantia* möglich erscheinen.

Wie schon hervorgehoben wurde, ist das Verbreitungsbild der Gattung *Tinantia* dem der *Tradescantieen* auffallend ähnlich. Es scheint daher der Beachtung wert zu sein, daß auch hier die wirtelige Anordnung der Wickel zu beobachten ist. Ebenso stimmt die Zahl der Nebenzellen mit der der *Tradescantieen* überein. Im Ganzen gesehen ist allerdings die morphologische Verwandtschaft mit den *Tradescantieen* nicht größer, eher geringer als bei den besprochenen afrikanischen Gattungen. Vielleicht könnten aber die geographischen Verhältnisse auf die Möglichkeit hinweisen, daß es sich bei *Tinantia* um einen Entwicklungszweig handelt, der unmittelbar an der Wurzel mit den *Tradescantieen* zusammenhängt, der sich aber abtrennte, noch bevor es zur Bildung der typischen gestauchten, rückläufigen Wickel kam, und der auch nicht den radiären Bau der Blüten bewahrte, sondern den Weg zur Zygomorphie beschritt.

Es sollen die *Tradescantieen* hier so gefaßt werden, daß *Gibasis* mit in die Tribus einbezogen wird, alle übrigen Gattungen, von denen zumindest sicher zu sein scheint, daß sie abseits der Entwicklungslinie von *Thyrsanthemum*-ähnlichen Formen über *Gibasis* zu den typischen *Tradescantieen* stehen, sollen ausgeschlossen bleiben. Es sind dies also *Weldenia, Forrestia, Coleotrype, Anthericopsis, Tradescantia laxiflora, Tinantia* und schließlich auch *Thyrsanthemum*, von der eine

Ableitung der *Tradescantieen* wie auch verschiedener *Commelineen*-Gattungen möglich erscheint. Demnach gelten folgende

Merkmale der Tradescantieen: Wickel zu zweien (bis mehreren) dicht gedrängt, pseudoterminal, sitzend (selten gestielt), als Ganzes (selten nur an der Basis) scharf rechtwinklig von der gemeinsamen Achse (bzw. dem Wickelstiel) abgeknickt oder, meist, ± rückläufig, sitzende Wickel fast immer mit der gemeinsamen Achse ganz oder zum größten Teil verwachsen (gestielte Wickel evtl. mit dem Stiel verwachsen). Wickel in sich stark gestaucht, mit 2 parallelen Reihen sich oberschlächtig deckender Brakteolen. Blüten radiär (selten der Kelch etwas zygomorph). Samenanlagen 1-reihig, 1—2 je Fach. Nebenzellen an den Stomata 2.

cc) Unterteilung der Tradescantieen

Brückner unterteilte die *Tradescantieen*, indem er nach der Zahl der fertilen Stamina die „*Hexandrae*" von den „*Triandrae*" unterschied (8, p. 56f.). Man wird aber Woodson beistimmen müssen, daß dies keine glückliche Lösung darstellt, weder für die *Tradescantieen* im Sinne Brückners, noch für die hier angenommene Fassung dieser Gruppe. Es wurden auf diese Weise *Callisia* und *Neodonnellia* unberechtigt weit von *Tradescantia* und den *Phyodina*-Verwandten entfernt.

Wenn eine Unterteilung der Tribus möglich erscheint (fig. 162), dann zunächst in der Weise, daß man *Gibasis* wegen der gestielten, innerhalb der Gattung zahlenmäßig noch nicht fixierten Einzelwickel als eine besondere Subtribus, die *Gibasinae*, behandelt, wobei ihr wegen der relativen Primitivität der Infloreszenz der Platz am Anfang der Tribus zugewiesen werden muß. Damit ist zugleich gesagt, daß *Gibasis* als eigene Gattung behandelt zu werden verdient. Im Blüten- und Samenbau mit *Tradescantia* übereinstimmend, bildet sie auf Grund ihrer Infloreszenz-Merkmale eine sehr einheitliche und gut unterschiedene Gruppe.

Gibasis kann aus der früher erwähnten hypothetischen Ausgangsform, die wir uns ähnlich wie *Thyrsanthemum* vorzustellen haben, hervorgegangen gedacht werden durch Verminderung der Zahl der Einzelwickel im Thyrsus, starke Stauchung der Internodien an der Hauptachse der Infloreszenz (fig. 100 a—d) wie auch an den Wickeln selbst, durch die beschriebene Knickung an der Basis der Einzelwickel und schließlich durch Fixierung der Zweizahl bei den Nebenzellen.

Indem die Zahl der Wickel schließlich konstant auf 2 beschränkt wird und, unter Reduktion der Wickelstiele, die Infloreszenz als ein nahezu einheitliches Ganzes in die Achseln der Brakteen rückt und mit der gemeinsamen Achse verwächst (fig. 100 e—g), entstehen die *Tradescantiinae*, die als wesentlich umfangreichere Subtribus den *Gibasinae* gegenüberstehen.

Bei den *Tradescantiinae* lassen sich zunächst zwei Series unterscheiden. Eine umfaßt alle Gattungen, deren Brakteen laubblattartig geblieben sind (fig. 117, 121) oder charakteristische Umformungen zu Spatha-artigen Gebilden erfahren haben (fig. 113, 115), eine andere alle diejenigen mit stark reduzierten Brakteen (fig. 111, 112, 116, 119). Dies scheint zunächst kein Merkmal von großem systematischem Wert zu sein, doch zeigt sich, daß eine Reihe von progressiven Tendenzen bzw. Tendenzen zur Konservierung bestimmter Merkmale mit jenem kombiniert sind.

So ist in der erstgenannten Series die Tendenz zur Bildung mehr oder weniger anatroper Samenanlagen vorhanden, so daß die Embryostega halb oder ganz seitlich zu liegen kommt (fig. 140), nur bei *Setcreasea* liegt sie dorsal. Ferner ist das Hilum, mit Ausnahme von *Zebrina*, strichförmig. Das Andröceum ist stets vollzählig und zeigt, wenn man von geringen Längenunterschieden bei den Filamenten absieht, keine unterschiedliche Gestaltung im äußeren und inneren Kreis. Mehrfach kommen Verwachsungen im Perianth vor, die besonders bei *Zebrina* eine hohe Stufe erreicht haben. Weiter besteht eine gewisse Neigung zur Zygomorphie im Kelch, indem das äußere Sepalum stärker entwickelt und auf dem Kiel mit großen Wimpern versehen ist (fig. 143, 144). Vielfach ist zu beobachten, daß die Achseltriebe die Blattscheiden an ihrer Basis durchbrechen, und bei mehreren Gattungen macht sich die Tendenz zur Bildung fertiler, von einer sterilen Hauptachse differenzierter Seitentriebe bemerkbar (Abb. 45).

In der anderen, durch reduzierte Brakteen ausgezeichneten Series sind die Samenanlagen stets streng atrop, die Embryostega liegt daher dorsal. Das Hilum ist punktförmig, mit Ausnahme nur von *Neodonnellia* (fig. 139, 141). Reduktionen oder Umbildungen in einem der beiden Staminalkreise sind häufig. Verwachsungen oder Zygomorphie im Perianth kommen nicht vor, ebensowenig differenzierte fertile Seitentriebe. Zwar können sie sich durch kleinere Blätter von der Hauptachse unterscheiden, doch beobachtet man dann eine einfache Abnahme bis zu den Brakteen, die stets die kleinsten in der Reihe darstellen (in der erstgenannten Series dagegen folgen in solchen Fällen auf die rückgebildeten Blätter der Seitenachsen wieder größere, ± blattartige Brakteen (fig. 113, 117)). Besonders charakteristisch für diese Series sind endlich die geschilderten Verwachsungen der Brakteen untereinander sowie ihre Förderung an Vorder- und Rückseite bzw. nur an der Rückseite der Wickelpaare (fig. 96—98, 108, 109, 111 usw.). Hiervon macht nur *Leptorhoeo* eine Ausnahme, bei der die Brakteen meist in der Medianen am stärksten entwickelt sind (fig. 118).

Bei den aufgezählten Merkmalen ist im allgemeinen klar, welches als progressiv, welches als primitiv zu gelten hat, was in entsprechenden Bezeichnungen wie „Reduktion", „Umbildung" usw. seinen Ausdruck gefunden hat. Nicht sicher ist dies bei der Form des Hilums. Daß dessen Gestalt von einiger Bedeutung ist, wird vor allem durch die Tatsache nahegelegt, daß dieses Merkmal innerhalb der Gattungen durchweg konstant ist, darüber hinaus aber auch meist in solchen Gattungen übereinstimmt, deren nahe Verwandtschaft sehr wahrscheinlich ist. Auch außerhalb der *Tradescantieen* läßt sich diese Feststellung machen, so etwa bei *Commelina* und *Phaeosphaerion* oder bei den meines Erachtens näher zueinander in Beziehung stehenden Gattungen *Forrestia* und *Coleotrype*.

Ein Hinweis auf die Primitivität des strichförmigen Hilums könnte insofern gegeben sein, als es unter den *Tradescantieen* bei den primitivsten Gattungen wie *Tradescantia* und *Gibasis* vorkommt, ebenso auch bei *Thyrsanthemum*, die dem Ausgangspunkt der *Tradescantieen* nahesteht. Ein Fall, in dem mit Sicherheit gesagt werden könnte, daß die primitivere Form innerhalb einer Entwicklungslinie ein punktförmiges, die abgeleitete ein strichförmiges Hilum besäße, ist nicht gegeben, wohl aber kommt es umgekehrt mehrfach vor, daß die primitivere

Gattung ein strichförmiges, die abgeleitete ein punktförmiges Hilum aufweist, so bei den *Tradescantieen* die Series mit reduzierten Brakteen und *Zebrina* (mit verwachsenem Perianth) oder, bei den *Commelineen* die Gattung *Aclisia*, die sich unmittelbar von *Aneilema* s. str. mit strichförmigem Hilum ableitet.

Es soll daher hier die vorläufige Annahme gemacht werden, daß das strichförmige Hilum die primitivere Stufe darstellt.

Die Gattung *Tradescantia* wird hier etwa in der gleichen Weise abgegrenzt wie bei Woodson, doch ist ihr Umfang weiter verringert worden durch Abspaltung von *Cymbispatha*. So gefaßt, nimmt *Tradescantia* eine zentrale Stellung zwischen den beiden oben beschriebenen Series ein, da sie keines von deren progressiven Merkmalen besitzt. Allerdings ist hierzu zu sagen, daß eine Tendenz zur völligen Rückbildung der fertilen Seitenachsen besteht, so daß die lateralen Wickelpaare in die Blattachseln der relativen Hauptachse rücken, womit eine Reduktion der Brakteen einhergeht. Der Unterschied gegenüber der Series mit reduzierten Brakteen besteht darin, daß die am Ende der relativen Hauptachse stehenden Wickelpaare große, blattartige Brakteen oder wenigstens eine solche besitzen, während sie in der genannten Series auch an der Haupt- oder an wohlentwickelten Seitenachsen rückgebildet sind. Da sonst, wie gesagt, keines der progressiven Merkmale bei *Tradescantia* vorkommt, wird man diese Gattung zweckmäßig als eine weitere Series ansehen, die als primitivste am Anfang der Subtribus steht.

Innerhalb der Gattung *Tradescantia*, darauf sei noch einmal hingewiesen, müssen Arten mit wohlentwickelten fertilen Seitenachsen, an deren Ende je ein Wickelpaar steht, als primitiv gelten (*Tr. guatemalensis*, *Tr. fluminensis* u. a.), diejenigen mit pseudoaxillären Wickelpaaren dagegen als abgeleitet (*Tr. velutina*, *Tr. crassifolia* u. a.).

Über die Umgrenzung der Gattungen in der Series mit wohlentwickelten Brakteen bestehen kaum Meinungsverschiedenheiten. Auf die möglicherweise notwendig werdende Abtrennung der Gattung *Cymbispatha* von *Tradescantia* hatte Woodson bereits hingewiesen (80, p. 154), und Pichon hat sie später durchgeführt (49, p. 224), was auf Grund der lateralen Embryostega, der fast *Commelina*-artigen Spathen und des zygomorphen Kelches sicher gerechtfertigt sein dürfte. Diese Zygomorphie beruht übrigens nicht darauf, daß das äußere Sepalum „asymmetric and pilose-ciliate on one margin“ wäre, wie Standley & Steyermark angeben (71, p. 28), vielmehr ist das äußere Sepalum auf dem Kiel gewimpert und in sich durchaus symmetrisch (fig. 143).

Zwischen *Cymbispatha*, *Campelia* und *Rhoeo* scheint ein engerer Zusammenhang zu bestehen. Die beiden letztgenannten Gattungen bilden einen aufrecht wachsenden, radiär beblätterten Sproß aus, der selbst steril bleibt und nur in seinen Blattachseln fertile, abweichend gestaltete Triebe trägt. Bei *Cymbispatha* ist die primäre Hauptachse rudimentär, doch zeigen vielfach die Seitenachsen, wie schon erwähnt, Neigung zur Reduktion der letzten Blätter unterhalb der Wickelpaare, was zweifellos mit den Verhältnissen bei *Campelia* verglichen werden kann (fig. 117, 115). *Cymbispatha* und *Rhoeo* besitzen spathaartige, von den Laubblättern verschiedene Brakteen, während sie bei *Campelia* die Gestalt kleiner Laubblätter haben, jedoch ebenfalls von den sehr stark reduzierten Blättern der Seitentriebe durchaus verschieden sind.

Weiter entfernt steht *Zebrina* mit blattartigen Brakteen, nicht differenzierten fertilen Trieben, Verwachsungen in beiden Perianthkreisen sowie punktförmigem Hilum. Auf Grund des letztgenannten Merkmals muß die Möglichkeit offen gelassen werden, daß diese Gattung keine direkten Beziehungen zu der *Cymbispatha*-Verwandtschaft besitzt, daß vielmehr gewisse Verbindungen zu der Series mit reduzierten Brakteen bestehen. Entschieden werden kann dies allerdings erst, wenn genügend Klarheit über den systematischen Wert des Hilums gewonnen ist. Hier soll zunächst der etwas anatropen Samenanlage und den blattförmigen Brakteen das größere Gewicht zuerkannt und die Voraussetzung gemacht werden, daß das punktförmige Hilum unabhängig von den Gattungen mit reduzierten Brakteen entstanden ist.

Die Zugehörigkeit von *Zebrina* zur Series mit wohlausgebildeten Brakteen gewinnt auch dadurch an Wahrscheinlichkeit, daß *Setcreasea* eine vermittelnde Stellung zu den vorher genannten Gattungen einzunehmen scheint. Hinsichtlich der Embryostega stimmt sie noch mit *Tradescantia* überein, weist aber einerseits eine etwas verwachsene Corolle auf und neigt andererseits zur Bildung spathaartiger Brakteen (*S. pallida*). Das Hilum ist, wie bei *Tradescantia, Cymbispatha* usw. strichförmig.

In der Series mit reduzierten Brakteen geht diese Rückbildung unabhängig von der Entstehung pseudoaxillärer Wickelpaare vor sich. Das könnte zu der Vorstellung führen, daß ihr Ursprung direkt bei *Gibasis*, etwa bei *G. pulchella*, zu suchen ist. Indessen scheinen doch Merkmale wie die Verwachsung der Wickel mit der gemeinsamen Achse und andere hiermit verbundene Eigentümlichkeiten — etwa die Art der Anheftung der Brakteen an der Achse — höheren Wert zu besitzen als lediglich die Größe der Brakteen und auf eine einheitliche Entstehung der *Tradescantiinae* hinzudeuten. Die Series mit reduzierten Brakteen dürfte also, ebenso wie die vorige, ihren Ursprung bei primitiven *Tradescantia*-Arten genommen haben.

Die Abgrenzung der Gattungen gegeneinander hat in dieser Gruppe stets große Schwierigkeiten gemacht, und es herrschen wohl nirgendwo sonst in der Familie der *Commelinaceen* so verschiedene Auffassungen wie hier. Woodson fühlte sich zu einer völligen Abkehr von der bis dahin üblichen Gliederung nach dem Bau des Andröceums bewogen, was er folgendermaßen begründet:

„Generic characters used by both Clarke and Brückner..., have tended to accentuate the stamen constituency, as number of fertile stamens, presence of staminodia, bearding etc. My general impression, based upon observations of such genera as Callisia and Tripogandra (Descantaria), is that the stamens of the family show great variation frequently amongst species of a single genus.“ (80, p. 142f.)

„... the more difficult criteria of my eminent predecessors ..., if applied consistently, would increase the number of groups, obscure phylogenetic lines, and render identification even more difficult.“ (l.c.p. 145.)

Das letzte der vorgebrachten Argumente, die Erschwerung der Bestimmung, kann man vom systematischen Standpunkt aus wohl nicht gelten lassen, denn gerade durch zu große Vereinfachung gerät man leicht in Gefahr, phylogenetische Linien zu verwischen. Selbstverständlich kann, wenn es darauf ankommt, natürliche Verwandtschaftsverhältnisse und Entwicklungslinien herauszuarbeiten, nicht darauf Rücksicht genommen werden, ob etwa die Identifizierung, d. h. also die der Systematik voraufgehende phytographische Arbeit, erschwert wird.

Was die Instabilität im Andröceum innerhalb der Gattungen angeht, so liegt die Gegenfrage nahe, ob die Ursache dafür nicht vielleicht darin liegt, daß eben die Gattungen nicht richtig abgegrenzt sind. Im übrigen ist die Variabilität nicht so groß, wie Woodson glaubt. Sie betrifft in der Hauptsache nur die Behaarung der Stamina, und zwar bei *Tripogandra* s. str. und außerhalb der *Tradescantieen* bei der Gattung *Tinantia*. Dagegen gehen, wie schon besprochen wurde, die Reduktionserscheinungen an den Stamina durchaus nach bestimmten Gesetzmäßigkeiten vor sich. So ist es doch auffallend, daß eine Zygomorphie im Andröceum, wie sie z. B. bei *Commelina*, *Aneilema* oder *Tinantia* vorkommt, unter den *Tradescantieen* nicht zu finden ist.

Sehen wir uns zunächst an, wie Woodson die „apopetalen" *Tradescantieen* einteilt. Sein, auszugsweise wiedergegebener, Gattungsschlüssel wird das am schnellsten verdeutlichen (80, p. 146):

c. Paired cymes distinctly pedunculate, never sessile and subtended by leafy bracts (but the bracteoles rarely somewhat foliaceous in part); stamens 6, usually in 2 very dissimilar series, the outer occasionally sterile, rarely all fertile and essentially similar; sepals foliaceous or petalaceous — Tripogandra

cc. Paired cymes sessile and subtended by more or less conspicuous leafy bracts, rarely appearing pedunculate and the bracts greatly reduced, but the stamens usually 1—3, rarely 6, all fertile, and the sepals paleaceous — Callisia

ccc. Paired cymes sessile and subtended by conspicuous bracts essentially similar to the leaves (coriaceous spathes in Rhoeo); stamens 6, all fertile and essentially similar; sepals foliaceous or petalaceous — Campelia, Rhoeo, Tradescantia

Diese Auffassung führte zu einer völligen Umstellung der Gattungen, insbesondere wurden eine ganze Anzahl von kleineren Gruppen mit *Tripogandra* vereinigt (*Neodonnellia*, *Leptorhoeo*, *Cuthbertia* = *Phyodina* p. p., *Rectanthera warscewicziana* = *Phyodina w.*). Indessen beruht diese Einteilung im wesentlichen eben auf der irrtümlichen Vorstellung, daß bei *Tripogandra* s. lat., im Gegensatz zu den übrigen Gattungen, ein „Pedunculus" vorhanden sei[1]), und daß die Wickel nicht durch Brakteen gestützt würden (vgl. fig. 105).

Demgegenüber wurde die bis ins Einzelne gehende Übereinstimmung zwischen *Phyodina* (*Tripogandra* sensu Woodson p. p.) und *Leptocallisia* (*Callisia* sensu Woodson p. p.) bereits dargelegt (S. 116f.). Auf diese beiden Gattungen sind denn

[1]) Unglücklicherweise bezeichnet Woodson auch die fertilen Seitentriebe bei *Campelia* usw. als „Pedunculus". Diese dürfen natürlich nicht mit dem „Pedunculus" bei *Tripogandra*, dem letzten Internodium unterhalb des Wickelpaares verwechselt werden.

auch die (von mir gesperrten) einschränkenden Bemerkungen Woodsons zugeschnitten. Er mag sich der Unterscheidbarkeit von „etwas blattartigen Brakteolen“ und „mehr oder weniger ansehnlichen laubblattförmigen Brakteen“ bzw. von „gestielten“ und „gestielt erscheinenden Wickelpaaren“ selbst nicht ganz sicher gewesen sein und zieht daher außerdem die Verhältnisse im Andröceum heran, und zwar gerade bei den Gattungen, die er vorher als Beispiel für die große Variabilität der Stamina besonders herausgestellt hatte.

Eine einigermaßen klare Scheidung der Gattungen wird jedoch auch hierdurch nicht erreicht, da 6 fertile Stamina bei *Callisia* s. lat. keineswegs selten sind, sondern bei immerhin 3 von 6 Arten konstant (*C. fragrans*, *Phyodina cordifolia*) oder doch häufig (*C. repens*) vorkommen. Weiter ist die Angabe für *Callisia* s. lat.: „rarely appearing pedunculate“ nicht berechtigt, da es, immer nach der Woodsonschen Auffassung von der Gattung, ebenfalls 3 von 6 Arten betrifft (*Leptocallisia* mit 2 Arten + *Phyodina cordifolia*), und schließlich sind die von Woodson so bezeichneten „Brakteen“ bei *Callisia* s. str. nicht etwa denen der Series mit wohlentwickelten Brakteen homolog. Die wirklichen Brakteen sind vielmehr stark reduziert (fig. 106), und es gibt daher keine einzige *Callisia*-Art (im weiteren Sinne) mit „conspicuous leafy bracts“.

Eine Trennung von *Tripogandra* s. lat. und *Callisia* s. lat. nach dem obigen Schema ist also nicht möglich. Beide miteinander zu vereinigen, erscheint aber ebensowenig ratsam, da dann die Grenzen zwischen fast allen Gattungen der Tribus unsicher würden. Es soll daher hier der umgekehrte Weg vorgezogen und eine feinere Aufteilung vorgenommen werden, die sowohl auf Merkmalen der Infloreszenz als des Blütenbaus beruht.

Dem Ausgangspunkt zumindest für den größten Teil der Gattungen aus der Series mit reduzierten Brakteen steht *Phyodina* am nächsten. Sie ist gekennzeichnet durch das undifferenzierte Andröceum, gestielte Wickelpare und die an der Rückseite stark geförderten Brakteen (fig. 108—111). Diese Gattung setzt sich zusammen aus Arten, die vorher auf die verschiedensten Gruppen verteilt gewesen sind. Die voraufgegangenen Erörterungen (vgl. auch S. 117 f.) dürften genügen, um die hier vertretene Auffassung zu rechtfertigen. Zu sagen wäre noch, daß *Rectanthera* (*Spironema*) in der Fassung von Brückner nicht aufrecht erhalten werden kann, da ihr die irrige Annahme zugrunde liegt, die Infloreszenzen bestünden im Gegensatz zu *Tradescantia* usw. aus „Doppelwickeln“ (8, p. 60. — vgl. S. 121 f.). Auch das von Pichon gegebene Unterscheidungsmerkmal für *Rectanthera*: „bractées petites au sommet mais passant peu à peu aux feuilles vers la base“ im Gegensatz zu *Phyodina*: „bractées différentes des feuilles“ (49, p. 232 f.) besitzt keinen Wert, da einander nicht homologe Teile verglichen werden. Im ersten Fall meint Pichon die Blätter, deren Achseln die Pedunculi (in dem hier angenommenen Sinne, S. 118) entspringen, im zweiten die Brakteen, welche die Einzelwickel stützen, am Ende der Pedunculi — eben dieselbe Verwechslung, die Woodson bei der Charakterisierung von *Callisia* s. lat. begeht (s. o.). Die tatsächlichen Brakteen sind in beiden Fällen reduziert und von den Laubblättern verschieden.

Nahe verwandt ist *Leptorhoeo*. Ebenfalls mit nicht differenziertem Andröceum, unterscheidet sich die monotypische Gattung von *Phyodina* durch die einsamigen Fruchtfächer und die Gestalt der Samen (fig. 139). Auch sind die Brakteen, entgegen den Gewohnheiten in dieser Series, meist in der Medianen am stärksten entwickelt und besitzen keine deutlich geschwungene Ansatzlinie (fig. 118). Es wäre möglich, daß dies im Zusammenhang mit der Orientierung der Einzelwickel steht, die streng parallel nebeneinander liegen (fig. 99).

Eng an *Phyodina* schließt sich weiterhin *Tripogandra* s. str. an. In dieser Gattung, die hier in der gleichen Weise aufgefaßt wird wie bei Brückner (dort als *Descantaria*. 8, p. 60f.), sind die Filamente im inneren Staminalkreis bedeutend länger als im äußeren, oft sind sie bandförmig verbreitert und an der Spitze eigentümlich gekrümmt (fig. 137). Die Konnektive des inneren Kreises zeigen die Tendenz zu starker Vergrößerung und besonders zu transversaler Ausdehnung, so daß die Theken oft weit voneinander entfernt werden (fig. 135 a, 136 a). Normalerweise sind nur die Filamente eines der beiden Kreise behaart, bei einigen Arten die des äußeren, bei anderen die des inneren Kreises (fig. 132). Der Bau des Gynöceums und der Samen (fig. 141) ist in der Gattung sehr gleichartig. Im allgemeinen sind die Brakteen sowohl an der Vorder- als an der Rückseite in einen Zipfel ausgezogen.

Erscheint so diese Gattung gut charakterisiert, so darf doch nicht übergangen werden, daß in einigen Fällen die genannten Tendenzen nur schwach in Erscheinung treten. *Tripogandra encolea* zeigt z. B. an der Rückseite des Wickelpaares eine viel stärkere Streckung der Achse als an der Vorderseite, gleichzeitig unterscheiden sich die Konnektive in den beiden Staminalkreisen nur wenig. Ähnliches gilt auch für *Tr. ionantha* und *Tr. minuta*, bei der letzteren sind darüber hinaus alle Filamente kahl. Es sind also Übergänge zu *Phyodina* vorhanden.

Es ist als wahrscheinlich anzunehmen, daß die Symmetrieverhältnisse der Blüten ein Charakteristikum der Gattung darstellen (vgl. S. 111). Da dies jedoch nicht am Herbarmaterial festgestellt werden kann, muß leider gerade bei den genannten Übergangsformen die Frage noch offen gelassen werden, ob sie sich wie die typischen *Tripogandra*-Arten verhalten.

Unbedingt zu befürworten ist die von Pichon vorgenommene Aufspaltung der Gattung *Callisia* im alten Sinne. Zwar ist beiden Gruppen gemeinsam die Tendenz zum vollständigen Abort eines Teils der Staubblätter, entweder einen der beiden Kreise ganz oder, darüber hinaus, auch den zweiten teilweise betreffend, ferner der Umstand, daß niemals Rudimente auftreten, sondern daß alle vorhandenen Stamina (1—6) fertil und voll entwickelt sind. Auch hat Pichon den Irrtum Brückners übernommen, daß bei *Callisia* s. str. die Wickel einzeln in den Blattachseln der relativen Hauptachse stünden (49, p. 226). Trotzdem bleiben aber noch genügend Unterschiede, die eine Trennung rechtfertigen. *Leptocallisia* ist dann, wie schon betont wurde, direkt an *Phyodina* anzuschließen. Unterschieden ist sie von dieser durch den Abort des inneren Staminalkreises. Bei *L. monandra* kommen darüber hinaus Meiomerie-Erscheinungen in allen Blütenkreisen vor. Von *Tripogandra* unterscheidet sich *Leptocallisia* durch die Gestalt der Brakteen (fig. 108, 109) und die gleichartige Ausbildung aller vorhandenen Stamina.

Alle bisher genannten Gattungen, *Phyodina*, *Leptorhoeo*, *Tripogandra* und

Leptocallisia, stehen einander zweifellos sehr nahe, und in dieser Form könnte auch an eine Zusammenfassung in einer Gattung gedacht werden. Es sei aber nochmals auf die Konsequenzen hingewiesen: man würde damit eine sehr vielgestaltige Gruppe schaffen, und es fragt sich, ob dann *Neodonnellia* allein wegen des strichförmigen Hilums ausgeschlossen werden könnte. Wollte man mit Woodson diese Frage verneinen, dann bestünde keine innere Berechtigung mehr, *Tradescantia* und *Callisia* s. str. gegenüber dieser Gruppe aufrechtzuerhalten, was wiederum nicht ohne Folgen für *Rhoeo* und *Cymbispatha* bleiben könnte, und so fort. Diesem Dilemma wurde hier zu entgehen versucht. Es ist ja auch keine Frage, daß etwa *Tripogandra* s. str. und *Leptocallisia* in verschiedene Richtungen verlaufende Progressionen zeigen. Daß sie nach rückwärts, ihrem Ausgangspunkt zu, weniger scharf begrenzt sind, ist ein sicher sehr häufig vorkommender Fall, und man wird deshalb nicht auf die Herausstellung der divergenten Entwicklungstendenzen in beiden Gruppen verzichten können.

Etwas weiter entfernt steht offenbar *Callisia* s. str. Ausschließlich oder doch weitaus überwiegend pseudoaxilläre Wickelpaare unterscheiden sie schon äußerlich sofort von den übrigen Gattungen der Series. Die Reduktion des äußeren Staubblattkreises kann nicht als durchgehendes Kennzeichen für *Callisia* gelten. Bei *C. fragrans*, die von Woodson mit Recht hierher gestellt wurde, ist das Andröceum vollzählig, und nach eigenen Untersuchungen trifft das sehr oft auch für *C. repens* zu. Ich habe jedenfalls weder bei dem selbstgesammelten noch anderweitig an Herbarmaterial etwas anderes gefunden als 6 wohlausgebildete Stamina. Nach Brückner soll dieser Fall sehr selten sein (8, p. 64; 10, p. 172), und Pichon bemerkt sogar:

„Il arrive que les six étamines, épisépales et épipétales, soient çà et là développées; mais vu sa rareté, ce cas peut être consideré comme une anomalie." (49, p. 226, Fußnote)

Es soll nicht behauptet werden, daß stets 6 Stamina vorhanden seien, doch als Anomalie kann dieser Fall unter keinen Umständen bezeichnet werden. Es liegt vielmehr der Gedanke nahe, daß möglicherweise Gewächshaus-Material, das sicher oft zu Untersuchungen herangezogen worden ist, in besonderem Maße zur Reduktion der Staubblattzahl neigt.

Da bei *Tradescantia* viele Arten mit überwiegend, gelegentlich sogar mit ausschließlich pseudoaxillären Wickelpaaren vorkommen, besteht einige Ähnlichkeit mit *Callisia* s. str. Zuweilen bei *C. insignis* auftretende gestielte Wickelpaare besitzen, wie bei allen Vertretern der Series, reduzierte Brakteen. Diese Rückbildung geht also offenbar — im Gegensatz zu *Tradescantia* — unabhängig von der pseudoaxillären Stellung der Wickelpaare vor sich. Sofern jedoch ausschließlich pseudoaxilläre Infloreszenzen vorhanden sind, ist äußerlich eine Unterscheidung natürlich nicht möglich. Sie gründet sich daher auf das punktförmige Hilum bei *Callisia* und, wie auch gegenüber den übrigen Gattungen der Series, auf die charakteristische Gestaltung der Einzelteile von Infloreszenz und Blüte. Die Brakteen sind zu einem 2-zipfligen Gebilde mit zwei bewimperten Kielen an der Rückseite des Wickelpaares verwachsen (fig. 106), das mit schmalen Rändern bis zur Vorderseite herumgreift (anscheinend bei *C. insignis* nicht verwachsen und gekielt). Die Brakteolen sind lang (wenigstens so lang wie die Blütenstiele), linealisch, mehr oder weniger bandförmig, die Blütenstiele dreikantig, fast geflügelt (fig. 148). Die Stamina besitzen große, etwa quadratische Konnektive (fig. 138 a), an deren unteren (nicht oberen! vgl. 71, p. 6) Ecken die Antheren befestigt sind.

Problematisch ist die Stellung von *Neodonnellia*. Woodson sagt hierzu:

„Even a casual examination shows that the outer stamens of both (Neodonnellia und Descantaria. O. R.) are essentially alike.“ (80, p. 143)
Das ist aber nicht zutreffend, denn bei *Tripogandra* s. str. handelt es sich gar nicht um die äußeren, sondern um die inneren Stamina, die entsprechend den äußeren von *Neodonnellia* gestaltet sind, was im übrigen auch aus den Angaben Brückners (8, p. 64) entnommen werden kann. So einfach liegen also die Dinge nicht. Um die Verwirrung voll zu machen, gibt Woodson im Schlüssel für *Tripogandra* s. lat. (wozu er auch *Neodonnellia* rechnet) an: „the outer (stamens) occasionally sterile“ (80, p. 146. vgl. S. 138), was sich nur auf *Neodonnellia* beziehen kann, obwohl es hier eben für die inneren zutrifft.

Immerhin ist die Ähnlichkeit im Bau der äußeren Stamina von *Neodonnellia* mit dem der inneren von *Tripogandra* auffällig, und die Frage ist berechtigt, ob der Zugehörigkeit zu dem anderen Staminalkreis große Bedeutung zukommt, zumal ja bei *Tripogandra* einmal die inneren, langen, bei anderen Arten wieder die äußeren, kurzen behaart sein können. Dagegen weicht *Neodonnellia* von den *Tripogandra*-Arten ab durch einsamige Fruchtfächer und strichförmiges Hilum, ferner dadurch, daß die inneren Stamina infolge Rudimentation eine veränderte, kleinere Gestalt angenommen haben, wie sie ähnlich auch sonst in der Familie bei Staminodien vorkommt (z. B. *Commelina*), obwohl sie meist noch geringe Mengen Pollen erzeugen. Demgegenüber hat die Differenzierung der Staubblätter bei *Tripogandra* s. str. nichts mit einer Rückbildung der Antheren zu tun. Es scheint daher angebracht zu sein, *Neodonnellia* als Gattung aufrecht zu erhalten.

Wegen des strichförmigen Hilums ist allerdings deren Anschluß nicht klar. Samen sind mir leider nicht zu Gesicht gekommen. Man müßte ja immerhin die Möglichkeit in Betracht ziehen, daß die gestreckte Form des Hilums aus irgendwelchen Gründen nicht der in der Series mit wohlentwickelten Brakteen oder auch der primitiveren Formen gleich zu bewerten ist. Andernfalls wird man wohl eine selbständige Entwicklung von *Neodonnellia* in Erwägung ziehen müssen und die Verbindung bei ursprünglicheren Formen der Series mit reduzierten Brakteen suchen, als sie heute existieren.

3. Spezielle Systematik

Der systematischen Bearbeitung der *Tradescantieen* liegt das eigene, in El Salvador gesammelte Material sowie das im Botanischen Museum in Berlin, im Kew Herbarium und im British Museum London vorhandene Herbarmaterial zu Grunde, ferner eine Anzahl von Exemplaren aus dem Field Museum Chicago.

Eine vollständige Aufzählung aller zur Tribus gehörigen Arten ist nicht angestrebt worden. Es betrifft dies vor allem die Gattung *Tradescantia*, bei der nur eine Auswahl getroffen wurde, um zu zeigen, welche der habituell recht verschiedenen Typen nach der hier vertretenen Auffassung zu der Gattung zu rechnen sind.

Dagegen dürften die zentralamerikanischen und mexikanischen Arten sämtlich aufgeführt sein. In El Salvador vorkommende Arten sind durch ein + gekennzeichnet, Neunachweise für dieses Land durch ++. Für die salvadoreñischen Arten sind einige nähere floristische und ökologische Angaben gemacht worden, für die die gleichen Abkürzungen gelten wie bei den *Bromeliaceen* (vgl. S. 62).

TRADESCANTIEAE C. B. Clarke
in DC. Monogr. III. 119 (1881)

Trotz der veränderten Fassung der Tribus ist nach den Nomenklaturregeln die von C. B. Clarke gewählte Benennung beizubehalten, da der größte Teil der Gattungen übernommen wurde, unter denen sich vor allem auch *Tradescantia* befindet, die wohl als Genus typicum anzusehen ist. Eine Aufzählung der Kennzeichen für die Tribus wurde im Text gegeben (S. 134).

1. Subtribus: GIBASINAE Rohw.
subtrib. nov.

Cincinni stipitati 2 vel plures pseudoterminales congesti, liberi vel rarius stipiti adnati

Die Subtribus enthält nur die folgende Gattung:

1. GIBASIS Rafin.
in Fl. Tellur. II. 16 (1836)

Mit den Merkmalen der Subtribus.

Species typica: G. pulchella (HBK) Rafin.

Etwa 6 Arten gehören zu dieser Gattung, von denen 5 in Mexico und Guatemala vorkommen, während eine Art, *G. geniculata*, durch das tropische Amerika verbreitet ist und, als Adventivart, auch aus der Alten Welt bereits bekannt geworden ist.

Gibasis aguensis (Standl. & Steyerm.) Rohw. comb. nov.
Tradescantia aguensis Standl. & Steyerm. in Field Mus. Publ. Bot. 23. 2. 36 (1944)
Aneilema aguensis (Standl. & Steyerm.) Standl. & Steyermark in Field Mus. Publ. Bot. 24. 3. 4 (1952)

Gibasis chihuahuensis (Standl.) Rohw. comb. nov.
Tradescantia chihuahuensis Standl. in Field Mus. Publ. Bot. 17. 227 (1937)

Gibasis geniculata (Jacq.) Rohw. comb. nov.
Tradescantia geniculata Jacq. in Select. Stirp. Amer. 94. pl. 64 (1763)
Aneilema geniculata (Jacq.) Woods. in Ann. Miss. Bot. Gard. 29. 147 (1942)

Diese im tropischen Amerika anscheinend überall häufige Art wäre auch in El Salvador zu erwarten, ist aber bisher nicht aufgefunden worden.

Gibasis karwinskyana (R. & S.) Rohw. comb. nov.
Tradescantia karwinskyana Roem & Schult. in Syst. 7. 1165 (1830)
Aneilema karwinskyana (R. & S.) Woods. in Ann. Miss. Bot. Gard. 29. 148 (1942)

Gibasis linearis (Benth.) Rohw. comb. nov.
Tradescantia linearis Benth. in Pl. Hartw. 27 (1839)
Aneilema linearis (Benth.) Woods. in Ann. Miss. Bot. Gard. 29. 148 (1942)

Gibasis linearis var. graminifolia (Mart. &. Gal.) Rohw. comb. nov.
Tradescantia graminifolia Mart. & Gal. in Bull. Acad. Brux. 9. 378 (1842)
Tradescantia linearis γ graminifolia (Mart. & Gal.) C. B. Clarke in DC. Monogr. Phan. III. 299 (1881)

Gibasis pulchella (HBK.) Rafin. in Fl. Tellur. II. 16 (1836)
Tradescantia pulchella HBK. in Nov. Gen. Sp. I. 262 (1815)
Aneilema pulchella (HBK.) Woods. in Ann. Miss. Bot. Gard. 29. 148 (1942)

2. Subtribus: TRADESCANTIINAE Rohw.

subtrib. nov.

Cincinni constanter 2 pseudoterminales congesti, in axillis bractearum sessiles, axi adnati.

1. Series

Wickelpaare meist gestielt, an der Haupt- oder an wohlentwickelten Seitenachsen, häufig außerdem pseudoaxilläre Wickelpaare (selten nur solche); Brakteen an entwickelten Achsen laubblattartig, an pseudoaxillären Wickelpaaren reduziert, nicht auffällig an der gemeinsamen Achse emporgezogen; Brakteolen schuppenförmig; Kelch radiär, Sepalen frei, Petalen frei; Andröceum vollzählig, höchstens Filamente etwas verschieden lang, meist Stamina völlig gleichartig; Fruchtfächer 3 mit je 2 Samenanlagen, Hilum strichförmig, Embryostega dorsal.

Die Series enthält nur die folgende Gattung:

2. TRADESCANTIA L.

in Gen. ed. 1. 98 (1737)

Mit den Merkmalen der Series.

Species typica: Tradescantia virginiana L.

Die artenreichste Gattung der Tribus (wohl etwa 25—30 Arten), vor allem von Nordamerika bis Guatemala, aber auch mit einer Anzahl von Arten in Südamerika verbreitet. Von Honduras bis Panamá sowie auch in West-Indien (und nordwestl. Südamerika ?) scheint die Gattung völlig zu fehlen. El Salvador wird gerade noch von einer der mexikanisch-guatemaltekischen Arten erreicht.

Tradescantia ambigua Mart. Roem & Schult. in Syst. 7. 1170 (1830)

Tradescantia anisophylla Standl. in Field Mus. Publ. Bot. 23. 1. 4 (1940)

Mir nur aus der Beschreibung bekannt. Wahrscheinlich aber nicht spezifisch von *Tr. guatemalensis* verschieden und wohl nur als Varietät anzusehen.

(**Tradescantia belizensis** Standl. in Field Mus. Publ. Bot. 22. 1. 5 (1940))

Die spathaförmigen Brakteen und die zygomorphe Ausbildung des Kelches machen es wahrscheinlich, daß diese Art zu *Cymbispatha* gehört, doch ist aus der Diagnose nichts über den Bau der Samen zu entnehmen.

Tradescantia cerinthoides Kth. in Enum. 4. 83 (1843)

Tradescantia crassifolia Cav. in Ic. 1. 54, t. 75 (1791)

Tradescantia crassula Link & Otto in Ic. Pl. Hort. Berol. 13, t. 17 (1828)

Tradescantia fluminensis Vell. in Fl. Flum. 140. II. t. 152

\+ **Tradescantia guatemalensis** C. B. Clarke in Bot. Gaz. XVIII. 210 (1893) (fig. 121)

V: Recht häufig. Vorzugsweise in höheren Lagen (oberhalb 1200—1500 m, aber nicht selten auch bis etwa 700 m herabsteigend).

St: Schattige Orte auf ± humosen Böden an Wegrändern, in Gebüschen, auf Kaffeeplantagen.

Bl: Anscheinend erst in der zweiten Hälfte der Regenzeit, etwa ab August, hält dann aber, je nach den Feuchtigkeitsverhältnissen, oft bis weit in die Trockenzeit hinein an. Im Nebelwaldklima wohl auch während des ganzen Jahres blühend.

ÖT: Kriechsproßsysteme, meist in der Trockenzeit absterbend, im Nebelwald auch unbegrenzt fortwachsend.

Belegexemplare: R 657 (HBG, B): Dpt. La Libertad, Finca El Paraíso. 20. 9. 1950. — R 658 (HBG, F), 659 (HBG): Dpt. La Libertad, Los Chorros. 10. 11. 1950. — R 662—663 (HBG): Dpt. Ahuachapán, Laguna Verde. 30. 12. 1950.

++ Tradescantia guatemalensis var. **tacanana** (Standl.) Rohw. comb. nov.

Tradescantia tacanana Standl. in Field Mus. Publ. Bot. 22. 1. 6 (1940)

Außer der lang zugespitzten Blattform besteht kein wesentlicher Unterschied gegenüber *Tr. guatemalensis*. Da außerdem bei der typischen Varietät Übergänge in der Blattgestalt zu *tacanana* vorkommen, was besonders gerade am Typus (Heyde & Lux 3519, K) festgestellt werden konnte, ist *Tr. tacanana* wohl kaum als eigene Spezies aufrecht zu erhalten. Nach eigenen Beobachtungen scheint ihre Blütenfarbe tiefer blau zu sein als bei der typischen Varietät.

V: Nur einmal am Miramundo-Montecristo in 1800 m festgestellt.

St: Schattiger Platz am Bachufer.

ÖT: Wie die typische Varietät.

Belegexemplare: R 661 (HBG): Dpt. Sta. Ana, Hda. Los Planes. 29. 10. 1950.

Tradescantia monosperma Brandeg. in Zoe V. 245 (1908)

Tradescantia pinetorum Greene in Erythea I. 247 (1893)
Tradescatia neo-mexicana Greene in Bot. Gaz. VI. 185

Tradescantia semisomna Standl. in Field Mus. Publ. Bot. 17. 228 (1937)

(Tradescantia standleyi Steyerm. in Field Mus. Publ. Bot. 23. 2. 37 (1944))
Wie *Tr. belizensis* zeichnet sich auch diese Art durch einen zygomorphen Kelch und anscheinend ± spathaförmige Brakteen aus. Vermutlich gehört daher auch sie zu *Cymbispatha*. Über die Samen wird auch hier in der Originalbeschreibung nichts gesagt.

Tradescantia velutina Kth. & Bouché in Ind. Sem. Hort. Berol. 11 (1847)

(Tradescantia venezuelensis Steyerm. in Field Mus. Publ. Bot. 28. 1. 152 (1951))
Aus der Originalbeschreibung ist ein Unterschied zwischen dieser und *Cymbispatha commelinoides* var. *rotundifolia* nicht zu erkennen. Es scheint, daß beide identisch sind.

Tradescantia virginiana L. in Sp. Pl. 288 (1753)

Species excludenda:
Tradescantia laxiflora C. B. Clarke in DC. Monogr. Phan. III. 307 (1881)
Descantaria laxiflora (C. B. Clarke) Brückn. in Notizbl. Bot. Gart. Bln. X. 56 (1927)
Diese Art scheint in die Verwandtschaft von *Thyrsanthemum* und *Tinantia* zu gehören (vgl. S. 133), doch ist sie mir zu wenig bekannt, um eine formelle Übertragung vornehmen zu können.

2. Series

Wickelpare (zuweilen kurz) gestielt, niemals pseudoaxillär, häufig aber an Seitenachsen, die von der (relativen) Hauptachse ± deutlich verschieden sind, oder nur zweizeilig beblätterte Seitenachsen vorhanden; Brakteen laubblattartig oder spathaförmig (aber zuweilen kleiner als die Laubblätter); Brakteolen schuppenförmig; Kelch radiär oder zygomorph, Sepalen frei oder verwachsen, ebenso die Petalen; Andröceum vollzählig, Stamina gleichartig (höchstens Filamente verschieden lang); Fruchtfächer 3 mit je (1—) 2 Samenanlagen, Hilum strichförmig, selten punktförmig; Embryostega ± lateral, selten dorsal.

3. SETCREASEA K. Sch. & Sydow
in Justs Bot. Jahresber. XXVII. 1. 452 (1901)

Brakteen laubblatt- oder ± spathaförmig; Kelch radiär, Sepalen frei, Petalen ± verwachsen; Hilum strichförmig, Embryostega dorsal.

Species typica: S. brevifolia (Rose) Rose

5 Arten in Mexico und den südlichen USA.

Setcreasea australis Rose in Contr. Un. St. Nat. Herb. XIII. 294 (1911)

Setcreasea pallida Rose in Contr. Un. St. Nat. Herb. XIII. 294 (1911)

Setcreasea tumida (Lindl.) K. Sch. & Sydow in Justs Bot. Jahresb. XXVII. 1. 452 (1901)

Tradescantia tumida Lindl. in Bot. Reg. t. 42 (1840)

4. ZEBRINA Schnizl.
in Bot. Ztg. VII. 870 (1849)

Wickelpaare gestielt, am Ende zweizeilig beblätterter Seitenachsen (Hauptachse rückgebildet); Brakteen laubblattartig; Kelch zygomorph, Sepalen und Petalen verwachsen; Stamina mit der Kronröhre verwachsen; Hilum punktförmig, Embryostega ± lateral.

Species typica: Zebrina pendula Schnizl.

Wahrscheinlich besteht die Gattung nur aus einer, in Mexico, Zentralamerika und West-Indien verbreiteten Art.

Zebrina huehueteca Standl. & Steyerm. in Field Mus. Publ. Bot. 23. 5. 213 (1947)

Material von dieser Spezies habe ich nicht gesehen, doch erscheint es sehr zweifelhaft, ob man *Z. purpusii* und *Z. flocculosa* (s. unter *Z. pendula*) einziehen, diese Art aber bestehen lassen kann. Außer in der Färbung der Blätter und der Blüten sind aus der Diagnose keine Unterschiede gegenüber *Z. pendula* zu entnehmen, wobei noch hinzukommt, daß nach eignen Beobachtungen die wildwachsende *Z. pendula* häufig gleichfalls keine rot gefärbten Blattunterseiten besitzt.

+ Zebrina pendula Schnizl. in Bot. Ztg. VII. 870 (1849)

Zebrina flocculosa Brückn. in Notizbl. Bot. Gart. Bln. X. 57 (1927)

Zebrina purpusii Brückn. l. c.

Wohl mit Recht sind die Brücknerschen Arten von Standley & Steyermark eingezogen worden (71, p. 41f.), da sie sich nur wenig durch Blattgröße, Färbung und Behaarung von der typischen *Z. pendula* unterscheiden. Nicht angängig erscheint es aber, sie unter den Synonymen einzureihen, ohne dies in der Beschreibung entsprechend zu berücksichtigen. Die Blätter sind nämlich keineswegs immer unterseits rot und ebensowenig immer kahl oder nur schwach behaart, und zwar scheinen es gerade die wildwachsenden Formen zu sein, die vielfach in diesen Punkten abweichen. Im Ganzen ist *Z. pendula* offenbar sehr variabel, und es ist nicht sicher, ob sich überhaupt Varietäten abgrenzen lassen und die Brücknerschen Arten als solche aufrecht erhalten werden können.

In El Salvador wurde die von der Kultur her bekannte Form mehrfach beobachtet, einmal aber auch eine kleinblättrige Form mit lang und dicht gelblich behaarten Blättern an den sterilen Trieben und bis auf die Blattscheiden stark verkahlenden fertilen Trieben sowie sehr schwach angedeuteter roter Blattfärbung.

V: Spontan anscheinend nicht häufig. In mittleren Höhenlagen (700—1500 m) mehrfach gefunden.

St: Schattige, feuchte Orte, die kleinblättrige, behaarte Form an trockenerer Stelle (Steinwall).

Bl: Fast nur im vegetativen Stadium angetroffen. Nur die behaarte Form im November (Beginn der Trockenzeit) blühend beobachtet.

ÖT: Kriechsproßsysteme, an Orten mit genügender Feuchtigkeit unbegrenzt fortwachsend.

Belegexemplare: R 634—636 (HBG): Dpt. Chalatenango, Hda. Sta. Cruz. 24. 11. 1950.

5. CYMBISPATHA Pichon
in Notulae System. XII. 224 (1946)

Wickelpaare gestielt (seltener dem obersten Laubblatt aufsitzend), am Ende zweizeilig beblätterter Seitenachsen (Hauptachse rückgebildet), fertile Seitenachsen höherer Ordnung z. T. mit Tendenz zur Differenzierung (Rückbildung der Laubblätter); Brakteen spathaartig; Kelch zygomorph, Sepalen und Petalen frei; Hilum strichförmig, Embryostega lateral.

Species typica: C. commelinoides (Schult. f.) Pichon

Mit 3, vielleicht aber 5 Arten von Mexico bis Bolivien und Brasilien verbreitet. Falls *Tradescantia belizensis* und *Tr. standleyi* tatsächlich zu dieser Gattung gehören sollten (vgl. S. 145 bzw. 146), würde der Schwerpunkt in Mexico und Guatemala liegen, von wo aus eine Art bis nach Panamá vordringt. *C. geniculata* ist rein südamerikanisch. Aus West-Indien ist die Gattung bisher nicht bekannt.

+ Cymbispatha commelinoides (Schult. f.) Pichon Notulae System. XII. 224 (1946)

Tradescantia commelinoides Schult. f., Roem & Sch. Syst. VII. 1176 (1830) (fig. 113)

V: Die typische Varietät wurde nur am Miramundo-Montecristo beobachtet. 2200 m und darüber.

St: Nebelwald, aber ebenso häufig auch im Gartenland, an Wegrändern im Gebiet des Nebelwaldes.

Bl: Hauptsächlich wohl in der zweiten Hälfte der Regenzeit (August — Oktober), aber nicht scharf begrenzt, und vereinzelte Blüten während des ganzen Jahres zu finden.

ÖT: Kriechsproßsysteme, wohl regelmäßig ausdauernd und unbegrenzt fortwachsend.

Belegexemplare: R 679—681 (HBG): Dpt. Sta. Ana, Hda. Montecristo. 17. 12. 1950.

++ Cymbispatha commelinoides var. glabrata (Brückn.) Rohw. comb. nov.

Tradescantia commelinoides var. glabrata Brückn. in Notizbl. Bot. Gart. Bln. X. 59 (1927)

V: Häufig, wohl auf allen größeren Höhen des Landes. Selten unter 1600 m herabsteigend.

St: Gebiete mit merklich gemilderter Trockenzeit, besonders im Nebelwald, gelegentlich auch auf Kulturland, besonders auf Kaffeeplantagen.

Bl: Hauptsächlich in der zweiten Hälfte der Regenzeit (August bis Oktober), aber einzelne Blüten während des ganzen Jahres zu beobachten.

ÖT: Kriechsproßsystem, in der Regel ausdauernd und unbegrenzt fortwachsend.

Belegexemplare: R 683—684 (HBG): Dpt. Ahuachapán, Laguna Verde. 29. 12. 1950. — R 685—686 (HBG): Dpt. Ahuachapán, Laguna de las Ninfas. 28. 1. 1951. — R 687 (HBG): Dpt. Sonsonate, Laguna de las Ranas. 14. 2. 1951. — R 688 (HBG): Dpt. Sonsonate, Cerro Los Naranjos. 24. 3. 1951.

++ Cymbispatha commelinoides var. rotundifolia (C. B. Clarke) Rohw. comb. nov.

Tradescantia commelionoides β rotundifolia C. B. Clarke in DC. Monogr. Phan. III. 296 (1881)

(fig. 115)

Außer den in der Originalbeschreibung angegebenen Merkmalen unterscheidet sich diese Varietät in der Regel durch das Fehlen eines „Pedunculus" (die Brakteen sitzen dem obersten Laubblatt auf), ferner, nach Beobachtungen in El Salvador, stets durch kleinere Blüten (Sepalen ± 2 mm lang, Petalen wenig größer) und rein weiße Petalen. An den beiden vorher genannten Varietäten wurden stets ± rosafarbige, niemals rein weiße Petalen festgestellt.

V: An verschiedenen Orten des Landes in 1400—1600 m, gelegentlich aber auch schon in 1100 m festgestellt.

St: Nur auf Kaffeepflanzungen beobachtet.

Bl: Beginn anscheinend erst im letzten Drittel der Regenzeit (September, Oktober), bis in die Trockenzeit hinein andauernd.

ÖT: Kriechsproßsystem, anscheinend im Laufe der Trockenzeit regelmäßig absterbend.

Belegexemplare: R 664—665 (HBG), 666 (B): Dpt. La Libertad, Finca San José. 24. 9. 1950. — R 667—670, 672, 674—675 (HBG), 671 (ITIC), 673 (HBG, F): Dpt. Sonsonate, Cerro Los Naranjos. 9. 9. 1951. — R 676—678 (HBG): Dpt. La Libertad, Finca San José. 2. 10. 1951.

Cymbispatha geniculata (Vell.) Pichon in Notulae System. XII. 224 (1946)

Tradescantia geniculata Vell. in Fl. Flum. 140 (1790)

Tradescantia cymbispatha C. B. Clarke in DC. Monogr. Phan. III. 196 (1881)

Cymbispatha plusiantha (Standl.) Rohw. comb. nov.

Tradescantia plusiantha Standl. in Field Mus. Publ. Bot. 22. 1. 6 (1940)

6. RHOEO Hance
in Walp. Ann. III. 659 (1853)

Wickelpaare kurz gestielt, an schwach entwickelten Seitenachsen, die von der aufrechten, vielzeilig beblätterten Hauptachse deutlich verschieden sind (Hauptachse steril); Brakteen spathaartig; Kelch radiär, Sepalen und Petalen frei; Hilum strichförmig, Embryostega halblateral, 1 Samenanlage je Fruchtfach.

Die Gattung umfaßt nur eine, in Mexico, Guatemala und West-Indien verbreitete Art:

Rhoeo discolor (L'Hér) Hance ex Walp. Ann. III. 660 (1853)
Tradescantia discolor L'Hér. in Sert. Angl. 8. pl. 12 (1788)

7. CAMPELIA C. L. Rich.
in Anal. Fruit. 46 (1808)

Wickelpaare gestielt oder zuweilen dem obersten Blatt aufsitzend, am Ende der Seitenachsen, die viel zarter ausgebildet sind als die sterile, vielzeilig beblätterte Hauptachse; Brakteen laubblattartig, aber kleiner; Kelch radiär, Sepalen und Petalen frei, Kelch bleibend, fleischig werdend, die Kapsel umhüllend; Hilum strichförmig, Embryostega nur schwach seitlich.

Species typica: C. zanonia (L.) HBK.

Die Gattung wurde lange Zeit nur von einer im ganzen tropischen Amerika verbreiteten Art gebildet. In neuerer Zeit sind zwei weitere, wie es scheint, auf den Raum von Guatemala und Honduras beschränkte Arten beschrieben worden.

Campelia hirsuta Standl. in Field Mus. Publ. Bot. 8. 135 (1930)

Campelia standleyi Steyerm. in Field Mus. Publ. Bot. 23. 32 (1944)

+ Campelia zanonia (L.) HBK. in Nov. Gen. Sp. 1. 264 (1816)
Commelina zanonia L. in Sp. Pl. 41. (1753)
(Abb. 45)

V: Häufig, haupsächlich zwischen 500 und 1750 m beobachtet.

St: Feuchte, schattige Orte. Meist auf flachgründigen Böden, oft auch auf Felsblöcken oder Geröll, zuweilen sogar in Astgabeln u. dgl., ferner auf solchen Böden, die infolge stark geneigter Hanglage einer erheblichen Flächenerosion unterliegen. Besonders charakteristisch für Barrancos und Quebradas (Erosionsrinnen der zeitweilig reißenden Gebirgsbäche).

Bl: Zweite Hälfte der Regenzeit (etwa August bis Oktober) und Anfang der Trockenzeit.

ÖT: Ausdauernd mit Hilfe kräftiger, rhizomartiger, mit Niederblättern besetzter Sproßteile, die aber vielfach freiliegen und Chlorophyll enthalten.

Belegexemplare: 637, 639—645 (HBG), 638 (HBG, F): Dpt. La Libertad, Los Chorros. 10. 11. 1950. — R 646—647 (HBG): Dpt. Usulután, Laguna de Alegría. 21. 1. 1951. — R 648—649, 651—656 (HBG), 650 (B): Volcán de San Vicente. 25. 7. 1951.

3. Series

Wickelpaare meist ± deutlich gestielt, selten überwiegend oder ausschließlich pseudoaxillär; Brakteen reduziert, meist in der Transversalen stärker entwickelt (Zipfel an der Rück- oder auch an der Vorderseite der Wickelpaare); Brakteolen schuppenförmig bis linealisch-bandförmig; Kelch radiär, Sepalen und Petalen stets frei; Andröceum vollzählig oder reduziert, häufig verschiedenartig entwickelte Staminalkreise; Hilum punktförmig, selten strichförmig, Embryostega stets genau dorsal.

8. PHYODINA Rafin.

in Fl. Tellur. II. 16 (1836)

Wickelpaare gestielt; Brakteen einseitig an der Rückseite stark gefördert und mit der gemeinsamen Achse hoch hinauf verwachsen; Brakteolen ± gleichartig, schuppenförmig oder die vorderen stark in die Länge gezogen und von den hinteren verschieden; Andröceum vollzählig, Stamina gleichartig (höchstens die Filamente verschieden lang); 3 Fruchtfächer mit je 2 Samenanlagen, Hilum punktförmig.

Species typica: Ph. gracilis (HBK.) Rafin.

Etwa 5 Arten, davon 2 in den südlichen USA, Mexico und Guatemala, 1 in Südamerika (*Ph. navicularis*) und 2 Arten (*Ph. gracilis, Ph. cordifolia*) mit anscheinend vorwiegend südamerikanischer Verbreitung, die jedoch auch für Florida genannt werden.

Phyodina cordifolia (Sw.) Rohw. comb. nov.

Tradescantia cordifolia Sw. in Prod. Veg. Ind. Occ. 57 (1788)

Callisia cordifolia (Sw.) Woods. in Contr. Arn. Arb. IX. 117 (1935)

Die Abtrennung dieser Art von *Tradescantia* durch Woodson geschah durchaus mit Recht, doch gehört sie auf Grund des vollzähligen Andröceums zu *Phyodina*, hätte also von Woodson konsequenterweise (wie auch *Ph. rosea*) zu *Tripogandra*, nicht zu *Callisia* s. lat. gestellt werden müssen. Die habituelle Ähnlichkeit mit *Leptocallisia monandra*, die von dem Autor besonders hervorgehoben wird, kann hierfür natürlich nicht ausschlaggebend sein.

Phyodina gracilis (HBK.) Rafin. in Fl. Tellur. II. 16 (1836)

Tradescantia gracilis HBK. in Nov. Gen. Sp. I. 261, t. 672 (1815)

Aneilema gracilis (HBK.) Steyerm. in Field Mus. Publ. Bot. 28. 1. 152 (1951)

Phyodina navicularis (Ortg.) Rohw. comb. nov.

Tradescantia navicularis Ortg. in Gartenfl. XXVI 130, t. 901 (1877)

Phyodina rosea (Vent.) Rohw. comb. nov.

Tradescantia rosea Vent. in Jard. Cels. pl. 24 (1800)

Cuthbertia rosea (Vent.) Small in Fl. Southeast. Un. St. 237 (1903)

Tripogandra rosea (Vent.) Woods. in Ann. Miss. Bot. Gard. 29. 153 (1942)

Phyodina warscewicziana (Kunth & Bouché) Rohw. comb. nov.

Tradescantia warscewicziana Kunth & Bouché in Ind. Sem. Hort. Berol. 11 (1847)

Spironema warscewiczianum (Kth. & Bouché) Brückn. in Notizbl. Bot. Gart. Bln. X. 56 (1927)

Tripogandra warscewicziana (Kth. & Bouché) Woods. in Ann. Miss. Bot. Gard. 29. 154 (1942)

9. LEPTORHOEO C. B. Clarke
in Hemsl. Diagn. Pl. Nov. 55 (1880)

Wickelpaare gestielt; Brakteen gleichmäßig kragenförmig oder ± in ihrer Medianen gefördert; Brakteolen schuppenförmig; Andröceum vollzählig, Stamina gleichartig (höchstens die Filamente verschieden lang); 3 Fruchtfächer mit je 1 Samenanlage; Samen rhombisch, Oberfläche glatt, oberseits mit 4 kreuzweise gestellten Leisten, Hilum punktförmig.

Die Gattung besteht nur aus einer im tropischen Amerika weit verbreiteten Art, die jedoch in West-Indien zu fehlen scheint.

+ Leptorhoeo floribunda (Hook. & Arn.) Baill. in Hist. Pl. 13. 218 (1894)
Aneilema floribundum Hook. & Arn. in Bot. Beechey Voy. 311 (1840)
Leptorhoeo filiformis (Mart. & Gal.) C. B. Clarke in DC. Monogr. Phan. III. 317 (1881)
Tripogandra floribunda (Hook. & Arn.) Woods. in Ann. Miss. Bot. Gard. 29. 152 (1942)

(fig. 118)

V: Sehr häufig. Von 0 bis etwa 800 m.

St: Meist in offenem Gelände, auf Äckern, Weiden, an Wegrändern usw. In Bezug auf die Bodenverhältnisse wohl am wenigsten wählerisch von den *Commelinaceen* El Salvadors und auf verhältnismäßig armen und durchlässigen Sandböden gedeihend, jedoch feuchtere und humose Böden nicht meidend.

Bl: Etwa von der Mitte der Regenperiode bis in den ersten Beginn der Trockenzeit (± Juli bis November)

ÖT: Kriechsproßsysteme, die während der Trockenzeit abzusterben pflegen. Die von den Kriechsprossen ausgehenden aufrechten Triebe sind jedoch stärker betont als bei den in typischer Weise kriechenden Arten wie z. B. *Cymbispatha commelinoides*.

Belegexemplare: R 593 (B), 594—597 (HBG): San Salvador. 30. 7. 1950. — R 598 (HBG): Dpt. La Libertad, Antiguo Cuscatlán. 17. 11. 1950. — R 599—605 (HBG): San Salvador. 5. 9. 1950. — R 606—613 (HBG): Dpt. La Libertad, Río La Joya. 16. 8. 1951. — R 614—616, 618—623 (HBG), 617 (F): Dpt. San Salvador, Río de las Canas. 21. 8. 1951.

10. LEPTOCALLISIA (Benth. & Hook.) Pichon
in Notulae System. XII. 225 (1946)

Wickelpaare gestielt (oftmals einige darunter stark reduziert und pseudoaxillär), zusammen eine ± deutliche, rispige Gesamtinfloreszenz bildend; Brakteen einseitig an der Rückseite stark gefördert und hoch hinauf mit der Achse verwachsen; Brakteolen gleichartig, schuppenförmig oder die vorderen stark in die Länge gezogen und von den hinteren verschieden; im Andröceum nur der innere Staminalkreis entwickelt; in allen Blütenteilen Tendenz zur Meiomerie, daher oft nur noch 1 Staubblatt vorhanden; 2 Samenanlagen je Fach, Hilum punktförmig.

Species typica: L. monandra (Sw.) Ludw. & Rohw.

Die Gattung besteht aus nur 2 Arten, eine davon von Mexico bis Honduras, die andere, *L. monandra*, bis weit nach Südamerika hinein verbreitet.

Leptocallisia monandra (Sw.) Ludw. & Rohw. in Rep. Sp. Nov. 55. 3. (1954)
Tradescantia monandra Sw. in Prodr. Veg. Ind. Occ. 57 (1788)
Callisia umbellulata Lam. in Ill. 1. 130 pl. 35 f. 2. (1791)
Leptocallisia umbellulata (Lam.) Pichon in Notulae System. XII. 226 (1946)

Leptocallisia multiflora (Mart. & Gal.) Pichon in Notulae System. XII. 226 (1946)
Commelina multiflora Mart. & Gal. in Bull. Acad. Brux. IX. 374 (1842)
Callisia martensiana (Kth.) C. B. Clarke in DC. Monogr. Phan. III. 312 (1881)

11. TRIPOGANDRA Rafin. in Fl. Tellur. II. 16 (1836)

Wickelpaare gestielt; Brakteen an der Vorder- und an der Rückseite ± gefördert und an der gemeinsamen Achse emporgezogen; Brakteolen schuppenförmig; Andröceum vollzählig, aber innerer Staminalkreis mit längeren Filamenten und meist vom äußeren Kreis abweichend gestalteten Konnektiven und Theken, meist einer der beiden Kreise mit behaarten Filamenten; Fruchtfächer 3 mit je 2 Samenanlagen, Hilum punktförmig.

Species typica: Tr. multiflora (Sw.) Rafin.

Die ursprüngliche Schreibweise „Tripagandra" dürfte wohl auf einem Druckfehler beruhen und ist daher von Woodson sicher mit Recht in „Tripogandra" umgewandelt worden (80, p. 150).

Die Gattung zeigt, mit etwa 15 Arten, ein ähnliches Verbreitungsbild wie *Tradescantia*, da ein Teil in Mexico und Guatemala, ein anderer in Südamerika beheimatet ist, doch wird in diesem Fall der Zwischenraum durch einige weit verbreitete Arten überbrückt.

Tripogandra amplexicaulis (Klotzsch) Woods. in Ann. Miss. Bot. Gard. 29. 152 (1942)
Tradescantia amplexicaulis Klotzsch ex C. B. Clarke in DC. Monogr. Phan. III. 304 (1881)
Descantaria amplexicaulis (Klotzsch) Brückn. in Notizbl. Bot. Gart. Bln. X. 56 (1927)

Tripogandra angustifolia (Rob.) Woods. in Ann. Miss. Bot. Gard. 29. 152 (1942)
Tradescantia angustifolia Rob. in Proc. Am. Acad. 27. 185 (1892)
Descantaria angustifolia (Rob.) Brückn. in Notizbl. Bot. Gart. Bln. X. 56 (1927)

+ Tripogandra cumanensis (Kth.) Woods. in Ann. Miss. Bot. Gard. 29. 152 (1942)[1]

---

[1] Anscheinend infolge eines Schreibfehlers („*Tripodandra*" *cumanensis* (Kth.) Woods.) wurde diese Art von Carlson für eine *Menispermacee* gehalten und unter dieser Familie als „additional plant of El Salvador" veröffentlicht (12, p. 276)

Tradescantia cumanensis Kth. in Enum. 4. 96 (1843)

Descantaria cumanensis (Kth.) Brückn. in Notizbl. Bot. Gart. Bln. X. 56 (1927)

(Abb. 46)

V: Sehr häufig, hauptsächlich unterhalb 1000 m, vereinzelt auch bis 1500 m ansteigend. Woodson macht für diese Art wie auch für *Tr. elongata* gerade entgegengesetzte Angaben (81, p. 147), danach soll diese im Tiefland, *Tr. cumanensis* vor allem in größeren Höhen verbreitet sein. Das trifft für El Salvador nicht zu. Vielleicht liegt nur ein Versehen vor?

St: Bachufer, Sumpfgelände, Barrancos, vorzugsweise auf stark humosen Böden. Geht auch auf feuchte Äcker und selbst in die Kaffeeplantagen.

Bl: Kann unter geeigneten Bedingungen während des ganzen Jahres blühend angetroffen werden.

ÖT: Kriechsproßsysteme, die bei genügender Feuchtigkeit überdauern und unbegrenzt fortwachsen.

Belegexemplare: R 692 (HBG): Dpt. La Libertad, Laguna de Chanmico. 16. 8. 1950. — R 693 (B), 694 (F), 695—689 (HBG): Dpt. La Libertad, Ateos. 6. 11. 1950. — R 700 (HBG): Dpt. San Salvador, Río Acelhuate. 9. 1. 1951. — R 701 (HBG): Dpt. La Libertad, Finca Los Angeles. 12. 1. 1951. — R 703 (HBG): Dpt. La Libertad, Laguna de Zapotitán. 9. 4. 1951. — R 702 (HBG): Dpt. La Paz, Panchimalco. 15. 1. 1951. — Lötschert 44 a (FR): Volcán de San Vicente. 2. 11. 1952.

+ Tripogandra disgrega (Kth.) Woodson in Ann. Miss. Bot. Gard. 29. 152 (1942)

Tradescantia disgrega Kth. in Enum. 4. 97 (1843)

Descantaria disgrega (Kth.) Brückn. in Notizbl. Bot. Gart. Bln. X. 56 (1927)

Abb. 47)

V: Sehr häufig, in der Hauptsache über 1400 m, aber vielfach mit den Flüssen und Bächen weiter herabsteigend.

St: Unkraut- und Ruderalpflanze, auf Kulturland, an Wegrändern u. dgl., auch an felsigen und steinigen Bachufern.

Bl: Beginn ziemlich spät, erst etwa im letzten Drittel der Regenzeit (September), bis etwa Ende November anhaltend.

ÖT: Wohl zu den typischen Annuellen zu rechnen. Die ± aufrecht wachsenden Triebe wurzeln zwar an den unteren Knoten, doch werden keine eigentlichen Kriechsprosse gebildet. In der Trockenzeit absterbend.

Belegexemplare: R 704 (HBG), 705 (HBG, F): Dpt. La Libertad, Boquerón. 12. 10. 1950. — R 711—712, 714—728 (HBG), 713 (B): Dpt. Sta. Ana, Hda. Los Planes. 29. 10. 1950. — Lötschert 63 (FR): Volcán de San Vicente. 2. 11. 1952.

++ Tripogandra disgrega f. glandulosa (Standl. & Steyerm.) Standl. & Steyerm. in Field Mus. Publ. Bot. 24. 3. 37 (1952)

Tradescantia disgrega f. glandulosa Standl. & Steyerm. in Field Mus. Publ. Bot. 23. 36 (1944)

Von der typischen Form außer den länglicheren und länger behaarten Sepalen (fig. 142) durch die etwas gestreckteren, reichblütigeren Wickel unterschieden, die nur wenig mit der Achse verwachsen sind und die Brakteen überragen (fig. 116). Vielleicht daher als Varietät anzusehen.

V: Nur am Miramundo-Montecristo in 1800 m festgestellt.

St, Bl, ÖT: Wie bei der typischen Form.

Belegexemplare: R 706—710 (HBG): Dpt. Sta. Ana, Hda. Los Planes. 29. 10. 1950.

+ Tripogandra elongata (G. F. W. Meyer) Woods. in Ann. Miss. Bot. Gard. 29. 152 (1942)

Tradescantia elongata G. F. W. Meyer in Fl. Esseq. 146 (1818)

Descantaria elongata (G. F. W. Meyer) Brückn. in Notizbl. Bot. Gart. Bln. X. 56 (1927)

Es wurde von Woodson die Frage aufgeworfen, ob diese Art hinreichend von *Tr. cumanensis* verschieden sei (81, p. 147). In der Tat erscheint *Tr. elongata* so vielgestaltig, daß sie schwer gegen jene wie auch gegen *Tr. multiflora* abzugrenzen ist. Innerhalb Zentralamerikas sind jedoch zwei gut unterschiedene Formenkreise vorhanden, die von Standley & Steyermark als *Tr. cumanensis* und *Tr. elongata* bezeichnet werden. Ob dies vom taxonomischen Standpunkt aus ganz exakt ist, vermag ich nicht zu beurteilen, da ich die Typen des *cumanensis-elongata-multiflora*-Komplexes nicht gesehen habe. Mit diesem Vorbehalt soll die von Standley & Steyermark verwendete Bezeichnung (71, p. 37) hier beibehalten werden. Danach wäre *Tr. elongata* von *Tr. cumanensis* durch folgende Merkmale unterschieden (nach eigenen Beobachtungen ergänzt):

Tr. elongata	Tr. cumanensis
Wurzeln mit braunem Filz	Wurzeln ohne braunen Filz
Infloreszenzen meist nur zu 1—3	Infloreszenzen meist mehr als 3
Pedunculus 3—4 cm und mehr lang, ringsum dicht kurzhaarig	Pedunculus 1—2 cm lang, außer der Haarleiste kahl
Sepalen 0,3—0,4 cm lang, ziemlich dicht drüsenhaarig, länglich, Knospe im Umriß oval	Sepalen 0,2—0,25 cm lang, zerstreut drüsenhaarig, Knospe ± kugelförmig
Petalen 0,4 cm und mehr lang, rosa	Petalen ± 0,3 cm lang, weiß
Innere Stamina mit quadratischem, zwischen den Theken bis zur Mitte gekerbtem Konnektiv (fig. 136), so lang oder länger als die Petalen	Innere Stamina mit bügelförmigem Konnektiv (fig. 135), kürzer als die Petalen

V: Anscheinend in Höhenlagen über 1000 m vielfach vorkommend, wurde aber meist nur vegetativ angetroffen und konnte nur selten mit Sicherheit bestimmt werden.

St: Wegränder und -böschungen, z. T. auf sehr flachgründigen Böden.

Bl: Beginn im letzten Drittel der Regenzeit, bis lange in die Trockenzeit hinein anhaltend.

ÖT: Kriechsproßsysteme, die meist überdauern und unbegrenzt fortwachsen.

Belegexemplare: R 689 (HBG): Dpt. Ahuachapán, Laguna Verde. 29. 12.

1950. — R 690—691 (HBG): Dpt. La Libertad, Jayaque. 12. 1. 1951. — Lötschert 191 (FR): Dpt. Chalatenango, La Palma. 11. 12. 1952.

Tripogandra encolea (Diels) Rohw. comb. nov.
Tradescantia encolea Diels in Engl. Bot. Jahrb. 37. 381 (1900)
Descantaria encolea (Diels) Brückn. in Notizbl. Bot. Gart. Bln. X. 56 (1927)

Tripogandra ionantha (Diels) Rohw. comb. nov.
Tradescantia ionantha Diels in Engl. Bot. Jahrb. 37. 381 (1900)
Descantaria ionantha (Diels) Brückn. in Notizbl. Bot. Gart. Bln. X. 56 (1927)

Tripogandra glandulosa (Seub.) Rohw. comb. nov.
Tradescantia glandulosa Seub., Mart. Fl. Bras. III. I. 253 (1855)
Descantaria glandulosa (Seub.) Brückn. in Notizbl. Bot. Gart. Bln. X. 56 (1927)

Tripogandra minuta (C. B. Clarke) Woods. in Ann. Miss. Bot. Gard. 29. 153 (1942)
Tradescantia minuta C. B. Clarke in DC. Monogr. Phan. III. 307 (1881)
Descantaria minuta (C. B. Clarke) Brückn. in Notizbl. Bot. Gart. Bln. X. 56 (1927)

Tripogandra multiflora (Sw.) Rafin. in Fl. Tellur. II. 16 (1836)
Tradescantia multiflora Sw. in Prodr. 57 (1789)
Descantaria multiflora (Sw.) Brückn. in Notizbl. Bot. Gart. Bln. X. 56 (1927)

Tripogandra pflanzii (Brückn.) Rohw. comb. nov.
Descantaria pflanzii Brückn. in Notizbl. Bot. Gart. Bln. X. 56 (1927)

Die folgenden 4 Arten habe ich nicht gesehen. Aus den Beschreibungen geht aber nicht hervor, ob sie zu *Tripogandra* oder zu *Phyodina* zu rechnen sind. Die Transferierung der ersten 3 Arten zu *Descantaria* durch Brückner ist allein kein ausreichendes Kriterium für die Zugehörigkeit zu *Tripogandra*, wie der Fall von *Tradescantia laxiflora* beweist.

? Tripogandra palmeri (Rose) Woods. in Ann. Miss. Bot. Gard. 29. 153 (1942)
Tradescantia palmeri Rose in Contr. Un. St. Nat. Herb. 1. 113 (1891)
Descantaria palmeri (Rose) Brückn. in Notizbl. Bot. Gart. Bln. X. 56 (1927)

? Descantaria radiata (C B. Clarke) Brückn. in Notizbl. Bot. Gart. Bln X. 56 (1927)
Tradescantia radiata C. B. Clarke in Bull. Herb. Boiss. Sér. II. III. 245

? Tripogandra saxicola (Greenm.) Woods. in Ann. Miss. Bot. Gard. 29. 154 (1942)
Tradescantia saxicola Greenm. in Proc. Am. Acad. 39. 10 (1903)
Descantaria saxicola (Greenm.) Brückn. in Notizbl. Bot. Gart. Bln. X. 56 (1927)

? Tripogandra lundellii (Standl.) Woods. in Ann. Miss. Bot. Gard. 29. 153 (1942)
Tradescantia lundellii Standl. in Field Mus. Publ. Bot. 22. 5. (1940)

12. NEODONNELLIA Rose

in Proc. Biol. Soc. Wash. 19. 96 (1906)

Wickelpaare gestielt; Brakteen nicht auffällig einseitig gefördert; Brakteolen schuppenförmig; Andröceum vollzählig, aber der äußere Kreis mit langen Filamenten, breiten Konnektiven, fertil, der innere mit kurzen Filamenten und rudimentären Theken, steril oder nur geringe Pollenmengen erzeugend; 3 Fruchtfächer mit je 1 Samenanlage, Hilum strichförmig.

Die Gattung enthält nur eine in Guatemala verbreitete Art.

Neodonnellia grandiflora (Donn. Sm.) Rose in Proc. Biol. Soc. Wash. 19. 96 (1906)

Callisia grandiflora Donn. Sm. in Bot. Gaz. 31. 125 (1901)

Tripogandra grandiflora (Donn. Sm.) Woods. in Ann. Miss. Bot. Gard. 29. 153 (1942)

13. CALLISIA L.

in Loefl. It. Hisp. 305 (1758)

Wickelpaare überwiegend pseudoaxillär, zuweilen einige kurz gestielt; Brakteen an der Rückseite stärker entwickelt, gekielt, meist zu einem 2-zipfligen Gebilde verwachsen, nicht an der gemeinsamen Achse emporgezogen; Brakteolen bandförmig; Blütenstiel dreikantig-geflügelt; im Andröceum äußerer Staminalkreis häufig abortiert, die vorhandenen Stamina aber stets funktionsfähig, Konnektive breit, ± quadratisch, Pollensäcke an den unteren Ecken angeheftet; 2—3 Fruchtfächer mit je 2 Samenanlagen, Hilum punktförmig.

Species typica: Callisia repens L.

3 Arten, davon 2 mexikanisch, 1 durch die ganzen Tropen Amerikas verbreitet.

Callisia fragrans (Lindl.) Woods. in Ann. Miss. Bot. Gard. 29. 154 (1942)

Spironema fragrans Lindl. in Edward's Bot. Reg. N. S. 3. 47 Miscel. 26 (1840)

Rectanthera fragrans (Lindl.) Degener in Fl. Hawai. 1. 62 (1932)

Callisia insignis C. B. Clarke in Hemsl. Diagn. Pl. Mex. 3. 56

+ Callisia repens L. in Sp. Pl. 62 (1753)

V: Ziemlich häufig, besonders in den mittleren und oberen Höhenlagen, aber gelegentlich auch bis unter 500 m herabsteigend.

St: Schattige oder feuchte Orte aller Art an Wegrändern, in Gebüschen, in Barrancos und auf Kaffeeplantagen, in größeren Höhen auch als Ackerunkraut.

Bl: Anscheinend nur am Beginn der Trockenzeit (November).

ÖT: Kriechsproßsysteme, meist überdauernd und unbegrenzt fortwachsend.

Belegexemplare: R 729—731, 733—735, 737—740 (HBG), 732 (B), 736 (HBG, F): Dpt. La Libertad, Boquerón. 12. 11. 1950. — R 741 (HBG): Dpt. Ahuachapán, Laguna Verde. 30. 12. 1950. — R 742 (HBG): Dpt. La Libertad, Finca Los Angeles. 12. 1. 1951.

c) Die Commelineen Zentralamerikas

Die *Commelineen* in der Fassung von Woodson stellen, wie schon hervorgehoben wurde, ein Provisorium dar. Da eine bessere Lösung zur Zeit nicht gegeben werden kann, soll die Tribus hier, in etwas veränderter Form (vgl. S. 129ff.), beibehalten werden. Da die verwandtschaftlichen Beziehungen der Gattungen untereinander großenteils noch recht unklar sind, geschieht ihre Anordnung zweckmäßigerweise in alphabetischer Reihenfolge.

14. COCHLIOSTEMA Lem.
in Ill. Hortic. VI. Misc. 70 (1859)

Blütenknospen einwärts gekrümmt; Sepalen und Petalen frei; Andröceum zygomorph, die 3 hinteren Stamina fertil, miteinander verwachsen, Antherenfächer spiralig gewunden, von kapuzenartigen Anhängen umschlossen, ein einheitliches Ganzes vortäuschend, die vorderen staminodial (das mittlere rudimentär); Ovar 3-fächerig, viele anatrope Samenanlagen in 2 Reihen; Infloreszenz ein Thyrsus.

Die Gattung enthält nur die folgende, in Südamerika (Andenstaaten) verbreitete und in Zentralamerika bis Costa Rica vordringende Art:
Cochliostema odoratissima Lem. in Ill. Hortic. VI. Misc. 70 (1859)

15. COMMELINA L.
in Gen. Pl. 11 (1737)

Blütenknospen abwärts gebogen; meist die beiden vorderen Sepalen ± verwachsen, Petalen frei, oft das vordere ± rückgebildet; Andröceum zygomorph, die drei vorderen Stamina fertil, das mittlere oft stärker entwickelt, die drei hinteren steril (das mittlere vielfach fehlend); Ovar 2- oder 3-fächerig mit je 1—2 Samenanlagen, Hilum linear, Embryostega lateral; Infloreszenz aus 1—2 Wickeln bestehend, der untere von einer Spatha eingeschlossen, der obere, wenn vorhanden, daraus hervortretend; Wickel ohne Brakteolen.

Species typica: Commelina communis L.

Die Gattung ist in den Tropen der ganzen Welt und z. T. über die Subtropen hinaus bis in die gemäßigten Zonen verbreitet. Die Zahl der beschriebenen Arten ist beträchtlich, doch dürfte wohl ein Teil davon unter die Synonyma zu verweisen sein. Für beide amerikanischen Kontinente zusammen mag sie etwa 15 betragen. Teils sind diese in den USA, in Mexico und Guatemala, teils in Südamerika beheimatet, einige sind auch über das ganze wärmere Amerika verbreitet (so vor allem *C. diffusa* und *C. erecta*).

Commelina dianthifolia DC in Redouté Lil. 7. tab. 390 (1814)

+ Commelina diffusa Burm. in Fl. Ind. 18. tab. 7, fig. 2 (1768)
Commelina longicaulis Jacq. in Coll. 3. 234, Ic. tab. 294 (1789)
(Abb. 48)

Über die Nomenklatur dieser Art, die oft als „*C. nudiflora* L." bezeichnet worden ist, s. Merrill (Jour. Arn. Arb. 18. 61 (1937)).

In einer von Woodson gegebenen Beschreibung heißt es: „the anterior petal rudimentary or obsolete" (81, p. 143). Es mag dieser Fall gelegentlich eintreten, in der Regel ist jedoch das vordere Petalum, wenn auch nicht deutlich genagelt, wie die hinteren, doch im übrigen nicht wesentlich kleiner als diese. Woodsons Angabe ist vor allem insofern irreführend, als er umgekehrt bei *C. erecta* das tatsächlich rudimentäre Petalum als nur „somewhat reduced" bezeichnet (fig. 153, 154).

V: Überall sehr häufig, besonders unterhalb 1000 m, gelegentlich aber auch höher ansteigend und noch in 2000 m vorkommend.

St: Besonders auf humusreichen Böden an nicht zu schattigen Orten, doch auch auf ärmeren, vor allem frischen bis nassen Böden oder an zeitweilig überschwemmten Stellen. An lichteren Stellen vielfach auch auf Kaffeeplantagen.

Bl: Bei genügender Feuchtigkeit während des ganzen Jahres.

ÖT: Kriechsproßsysteme, meist in der Trockenzeit absterbend, an feuchten Plätzen aber das ganze Jahr über fortwachsend.

Belegexemplare: R 883 (HBG): Dpt. La Libertad, Finca El Paraíso. 1. 8. 1950. — R 884 (B), 885, 887—889 (HBG), 886 (F): La Libertad. 28. 11. 1950. — R 890 (HBG): Dpt. La Libertad, Finca Los Angeles. 12. 1. 1951. — Fassett 28243 (HBG): Dpt. Sta. Ana, Lago de Coatepeque. 24. 9. 1950. — R 892—893 (HBG): Dpt. La Libertad, Laguna de Zapotitán. 9. 4. 1951. — R 894 (HBG): Dpt. Sta. Ana, Hda. San José. 4. 5. 1951. — R 895 (HBG): Dpt. Sonsonate, Los Cóbanos. 10. 5. 1951.

++ Commelina diffusa var. cordispatha Rohw. var. nov.

(Abb. 51)

Erecta vel ascendens, 60—70 cm alta. Radices paucae, robustae, ca. 1 mm in diam. metientes, haud ramosae, ad 15 cm vel ultra longae, in sicco brunneo-tomentosae. Caules basi parum ramosi, ± 2 mm in diam. metientes, glabri, internodiis ad 10 cm vel ultra longis. Folia vaginis magnis, inferioribus saepius 4 cm vel ultra longis, ore margineque ciliatis, ceterum glabris; laminis late lanceolatis vel ovatis, ad 12 cm longis et 3,5 cm latis, supra asperis, subtus glabris, ad 1,5 cm longe petiolatis. Inflorescentiae apicem caulis ramosque numerosae subcongestae terminantes. Pedunculi 1—4 cm longi, erecti vel suberecti, uno latere pubescentes. Spathae extensae ± 2,5—3,5 cm longae et aequilatae, perlate ovatae, apice obtusae, basi profunde cordatae, glabrae. Cincinnus superior rudimentarius, inferior 2—3-florus. Flores pedicellis 2—3 mm longis, glabris; sepalis 0,6 cm longis, membranaceis, exteriore ovato complicato, apice subcucullato, interioribus late obovatis basi vix connatis; petalis inaequalibus, saturate caeruleis, interioribus reniformibus, 5 mm longis, 2—3 mm longe unguiculatis, exteriore suborbiculato, acuto, basi truncato, fere sessile; antheris paulo inaequalibus, media 3 mm longa, ovali, connectivo ad basin thecarum decurrente, leviter lobulato, lateralibus 2—2,5 mm longis, connectivo truncato; staminodiis 1 mm longis, 4—6-lobulatis; ovario 3-loculato, loculis ventralibus 2-, dorsali 1-ovulatis. Capsula ellipsoidea, ± 0,8 cm longa, apiculata, glabra, loculo dorsali indehiscenti (?). Semina cylindrica, ad 4 mm longa et 2 mm in diam. metientes, reticulata, nigro-brunnea.

In El Salvador ist diese Varietät von der typischen *C. diffusa* gut unterscheidbar, vor allem durch den ± aufrechten Wuchs, die viel größere Ausbildung aller Teile, die zahlreichen, dicht gedrängt stehenden Infloreszenzen und die tief herzförmigen Spathen (fig. 156). Wenn man jedoch die südamerikanischen Formen berücksichtigt, so sind in *C. diffusa* f. *glabra* und vielleicht auch in *C. schomburgkiana Klotzsch* Übergänge gegeben, die es zweifelhaft erscheinen lassen, ob var. *cordispatha* als eigene Art angesehen werden kann. Wegen dieser Unklarheiten erschien es angebracht, auf jeden Fall eine vollständige Beschreibung zu geben.

V: Nur von 2 Fundorten bekannt. 800 bzw. 1050 m.

St: Feuchter, schattiger Platz am Wegrand, bzw. felsiger Grund mit geringer Bodendecke.

Bl: Am Beginn der Trockenzeit (November) blühend aufgefunden.

ÖT: Kurze, rhizomartige Sproßteile, von denen lange, aufrechte Triebe ausgehen. Anscheinend ausdauernd.

Belegexemplare: R 881 (HBG): Dpt. San Salvador, Cerro Chulo. 30. 10. 1950. — R 882 (HBG): Dpt. Chalatenango, Hda. Sta. Cruz. 25. 11. 1950.

Typus: R 882.

Commelina diffusa f. glabra (G. F. W. Meyer) Rohw. comb. nov.

Commelina glabra G. F. W. Meyer in Esseq. 22 (1818)

Commelina nudiflora L. f. glabra (G. F. W. Meyer) C. B. Clarke ex sch. (Kew Herb., Myers 5917 u. a.)

Commelina elliptica HBK. in Nov. Gen. Sp. 1. 259 (1816)

Commelina alpestris Standl. & Steyerm. in Field Mus. Publ. Bot. 23. 5. 213 (1947)

Material von *C. alpestris* habe ich nicht gesehen, doch ist die Identität mit *C. elliptica* nicht zweifelhaft. Kennzeichen dieser Art sind die großen, fast kreisrunden Spathen und der sehr kräftige Pedunculus, wobei der terminal an der Hauptachse stehende besonders betont ist und oft 10 bis über 20 cm lang und mehr als 2 mm dick sein kann (Abb. 49). Schwächere Exemplare erscheinen fast stengellos und besitzen nur grundständige Blätter, oft auch sehr zarte und kurze Pedunculi (Abb. 50), sehr kräftige Individuen können dagegen auch einen ziemlich langen Stengel aufweisen, der nicht selten mehrere wohlentwickelte Seitenachsen hervorbringt, die jede einen besonders kräftigen Pedunculus neben einigen schwächeren tragen.

C. elliptica ist aus der Verwandtschaft von *C. tuberosa* die bestcharakterisierte Art, doch gibt es auch hier nicht selten Übergänge, bei denen eine sichere Entscheidung für die eine oder andere Art nicht mehr möglich ist.

+ Commelina erecta L. in Sp. Pl. 2. ed. 41 (1753)

Commelina elegans HBK. in Nov. Gen. Sp. 1. 259 (1816)

Commelina virginica vieler Autoren, nicht L.

V: Sehr häufig, hauptsächlich unterhalb 1000 m, zuweilen auch etwas höher ansteigend.

St: Unter verschiedensten Bedingungen auf ± offenen Böden, an Wegrändern, in Gärten, auf Äckern, Kaffeeplantagen, in Barrancos usw. etwas schattige Plätze und humusreichen Boden vorziehend.

Bl: Etwa mit dem zweiten Drittel der Regenzeit einsetzend (Anfang Juli), bis zum Beginn der Trockenzeit anhaltend.

ÖT: Wohl zu den Annuellen zu rechnen: mit niederliegenden bis aufsteigenden Sprossen, die zwar wurzeln, aber nicht kriechend fortwachsen. Vielfach ± kletternd.

Belegexemplare: R 896 (HBG, B): Dpt. La Libertad, Finca El Paraíso. 1. 8. 1950. — R 897, 899—900 (HBG), 898 (F): Dpt. Sonsonate, Finca Cuyancuya. 17. 10. 1950. — R 901 (HBG): Dpt. La Libertad, Antiguo Cuscatlán. 17. 11. 1950. — R 904 (HBG): San Salvador. 7. 5. 1951. — R 905 (HBG): San Salvador. 22. 6. 1951. — R 906—907 (HBG): Dpt. La Libertad, Ateos. 10. 7. 1951. — R 908—912 (HBG): Dpt. Sta. Ana, Finca San Jorge. 4. 7. 1951.

++ Commelina erecta var. angustifolia (Michx.) Fern. in Rhodora 42. 439 (1940)

Commelina angustifolia Michx. in Fl. Bor. Am. 1. 24 (1803)

V: Nur einmal beobachtet, 420 m.

St: Gartenland unmittelbar am Seeufer.

Bl: In der zweiten Hälfte der Trockenzeit noch blühend angetroffen.

ÖT: Anscheinend mit unbegrenzt fortwachsenden Kriechsprossen ausdauernd.

Belegexemplare: R 902—903 (HBG): Dpt. Sta. Ana, Laguna de San Diego. 6. 2. 1951.

Commelina pallida Willd. in Hort. Berol. 2. 87, t. 87 (1816)

Diese Art läßt sich einigermaßen sicher, wie es scheint, an den zarten, auch bei der Reife nicht verhärtenden Spathen von *C. tuberosa* unterscheiden. Wollte man, wie das bei Standley & Steyermark geschehen ist (71, p. 12), *C. pallida* mit *C. tuberosa* vereinigen, dann bliebe nichts übrig, als das gleiche mit dem ganzen südamerikanischen Artenkomplex (*C. fasciculata*, *C. jamesonii*, *C. quitensis*, *C. hispida*) zu tun.

++ Commelina robusta Kth. in Enum. Pl. 4. 52 (1843)

Am Salvador-Material stehen die Spathen stets einzeln, der freie Rand der Spatha ist deutlich gewimpert (fig. 160), der untere Stipes behaart, die Staminodien etwas anders geformt als bei südamerikanischen Exemplaren (fig. 146). Möglicherweise handelt es sich um eine eigene Varietät.

V: Südhänge der nördlichen Grenzgebirge, 1000—1500 m.

St: Schattige Orte an Wegrändern, auf Geröll an Bachufern usw.

Bl: Im letzten Drittel der Regenzeit blühend aufgefunden, aber Dauer der Blütezeit nicht festgestellt.

ÖT: Geophyt, mit Wurzelknollen überdauernd.

Belegexemplare: R 870 (B), 871 (ITIC), 872—876, 878—880 (HBG), 877 (F): Dpt. Sta. Ana, Hda. San José. 23. 8. 1951.

Commelina standleyi Steyerm. in Field Mus. Publ. Bot. 23. 33 (1944)

++ Commelina tuberosa L. in Sp. Pl. 61 (1753)

Commelina acuminata HBK. in Nov. Gen. Sp. 1. 258 (1815)

Commelina coelestis Willd. in Enum. Hort. Berol. 1. 69 (1809)

Commelina graminifolia HBK. in Nov. Gen. Sp. 1. 258 (1815)

Commelina leiandra (Torr.) C.B.Clarke in DC. Monogr. Phan. III. 150 (1881)

Commelina scabra Benth. in Pl. Hartw. 26 (1839)

Die Aufsplitterung dieser Art ist zweifellos etwas zu weit getrieben worden. Es ist möglich, daß die eine oder andere Art als Varietät aufrechterhalten werden kann, so vielleicht *C. scabra* wegen der vorhandenen oberen Wickel und der abweichenden Blütenfarbe, *C. tuberosa* s. str. wegen der stärkeren Behaarung usw. Artunterschiede dürften jedoch kaum bestehen. Die Spathen sind in der Form und in der Ausbildung der Quernerven sehr variabel, oft an einem Individuum, so daß es oft kaum möglich ist, *C. tuberosa* selbst etwa von *C. elliptica* oder *C. dianthifolia* zu unterscheiden. Keinesfalls aber gelingt dies bei den oben aufgezählten Arten. Darüber hinaus herrscht im Blütenbau vollkommene Übereinstimmung: Alle 3 Petalen sind gleich gestaltet, nur sehr kurz genagelt und daher fast sitzend; in allen Fällen unterscheidet sich das mittlere fertile Stamen in der gleichen Weisen von den beiden seitlichen (fig. 155), und die Staminodien stimmen ebenfalls überein (fig. 145). Die beiden inneren Sepalen schließlich sind in der Knospe allgemein miteinander verwachsen und werden erst später mechanisch getrennt, so daß auch hiernach eine Unterscheidung kaum möglich sein dürfte.

V: Über 1800 m, am Miramundo und Volcán de San Vicente festgestellt

St: Extensiv beweidetes Land, Brachäcker, Wegränder, lockeres Buschgelände.

Bl: Beginn nicht festgestellt, Ende in der 2. Hälfte August (kurz nach der Zwischentrockenzeit). Nach Ausreifen der Samen (September) sterben die oberirdischen Teile ab, bleiben aber noch lange als vertrocknete und verhärtete Reste stehen (vgl. 71, p. 13).

ÖT: Geophyten, mit Wurzelknollen die Trockenzeit überdauernd.

Belegexemplare: R 859 (HBG): Dpt. Sta. Ana, Hda. Los Planes. 29. 10. 1950. — R 860—863, 865—869 (HBG), 864 (ITIC): Ebendort. 25. 8. 1951. — Lötschert 423 (FR): Volcán de San Vicente. 9. 7. 1953.

16. COMMELINANTIA Tharp
in Bull. Torr. Bot. Club 49. 269 (1922)

Blütenknospen abwärts gebogen; Sepalen frei, das äußere stärker entwickelt, Petalen frei, das äußere kleiner als die übrigen; Andröceum vollzählig, aber die 3 hinteren Stamina schwächer entwickelt, von den vorderen in Bau und Behaarung verschieden; Ovar 3-fächerig mit je 2 Samen, Hilum länglich; Infloreszenzen einfache Wickel, diese gestaucht, mit Brakteolen, von einer blattförmigen Spatha gestützt.

Species typica: Commelinantia anomala (Torr.) Tharp.

2 Arten, nach Brückner in Zentralamerika (10, p. 176), tatsächlich aber wohl nur in Mexico verbreitet.

Diese Gattung wurde von Woodson zu *Commelina* gezogen und zwar wegen der Spatha an den Infloreszenzen. Als weitere Begründung führt er die große Variabilität im Andröceum bei afrikanischen *Commelina*-Arten an (80, p. 149). Immerhin sind aber doch bei diesen, soweit mir bekannt ist, stets höchstens die drei vorderen Stamina fertil. Dagegen sind bei *Commelinantia* alle 6 fertil, ferner sind im Wickel Brakteolen ausgebildet. Bemerkenswert ist schließlich, daß *Commelinantia* nur 2 Nebenzellen besitzt (*Commelina* 4), so daß vielleicht, trotz der gestauchten Wickel, eher an Beziehungen zu *Tinantia* gedacht werden könnte. Auf jeden Fall dürfte es besser sein, die Gattung vorerst aufrecht zu erhalten. Daß das Vorhandensein einer Spatha allein kein ausreichendes Kriterium für die Zugehörigkeit zu *Commelina* sein kann, wurde schon betont (S. 127).

Commelinantia anomala (Torr.) Tharp in Bull. Torr. Bot. Club 49. 269 (1922)
 Tradescantia anomala Torr. in Bot. Mex. Bound. Surv. 225 (1859)
 Commelina anomala (Torr.) Woods. in Ann. Miss. Bot. Gard. 29. 149 (1942)
Commelinantia pringlei (S. Wats.) Tharp in Torreya XXIV. 52 (1924)
 Tradescantia pringlei S. Wats. in Proc. Am. Acad. XXVI. 157 (1891)

17. DICHORISANDRA Mikan
in Del. Fl. et Faun. Bras. t. 3 (1820) nom. conserv.

Sepalen und Petalen frei; Andröceum vollzählig, 6 (5) fertile, gleichartige Stamina, Theken mit apikalen Poren; Ovar 3-fächerig mit je 2—5 Samenanlagen, Samen mit länglichem Hilum, mit fleischigem Arillus; Infloreszenz ein Thyrsus.

Species typica: Dichorisandra thyrsiflora Mikan.

Eine vorwiegend südamerikanische Gattung, besonders zahlreich in Brasilien. Die annähernd 30 beschriebenen Arten dürften allerdings wohl nicht alle aufrechtzuerhalten sein. Eine Art durch das ganze tropische Amerika verbreitet, anscheinend außer in West-Indien.

+ Dichorisandra hexandra (Aubl.) Standl. in Lista Prel. Pl. El Salvador 48 (1925)
 Commelina hexandra Aubl. in Pl. Guian. 1. 35, tab. 12
 Dichorisandra aubletiana R. & S. in Syst. 7. 1181 (1830)

V: Häufig. Im Tiefland, etwa unter 800 m.

St: Schattige Orte aller Art, Gebüsche, Waldreste, Bachufer, barrancos. Humusreiche Böden werden bevorzugt, die aber oft flachgründig sind.

Bl: August, zuweilen etwas später, lange vor Ende der Regenperiode abschließend.

ÖT: Geophyten, mit Hilfe großer Wurzelknollen die Trockenzeit überdauernd.

Belegexemplare: R 624 (HBG): Dpt. San Vicente, Laguna de Apastepeque. 23. 10. 1950. — R 625 (HBG): Sonsonate. 10. 7. 1951. — R 626 (HBG): Dpt. Sta. Ana, Agua Caliente. 12. 7. 1951. — R 627 (HBG): Dpt. Cuscatlán, Hda. Chanqueso. 21. 8. 1951. — R 628 (HBG): Dpt. La Libertad, Los Chorros. 10. 11. 1950. — R 629 (HBG, B, F), 630—632, 3682—3684 (HBG): Dpt. Sta. Ana, San Jacinto. 29. 8. 1951. — R 633 (HBG): Dpt. La Unión, Conchagua. 11. 9. 1951.

18. FLOSCOPA Lour.

in Fl. Cochinch. 192 (1790)

Sepalen und Petalen frei; Andröceum vollzählig (selten nur 5 fertile Stamina), die hinteren Stamina mit breiterem, nach oben ausgewachsenem Konnektiv; Ovar 2-fächerig mit je 1 atropen Samenanlage, Nabel länglich; Infloreszenz ein terminaler Thyrsus oder einzelne bis mehrere terminale und axilläre Wickel.

Species typica: Floscopa scandens Lour.

Eine pantropische Gattung. Mehrere Arten in Südamerika, von denen eine bis Costa Rica vordringt:

Floscopa robusta C. B. Clarke. in DC. Monogr. Phan. III. 271 (1881)

19. MURDANNIA Royle

in Illustr. Bot. Himal. 403 (1839)

Sepalen und Petalen frei; Stamina des äußeren Kreises fertil, des inneren steril, manchmal noch weitergehende Reduktionen; Ovar 3-, seltener 2-fächerig, Samenanlagen atrop oder ± anatrop, in 1 oder 2 Reihen, (1—) 3 oder mehr je Fach, Nabel meist punktförmig; Infloreszenz verschiedenartig, von ausgebildeten Thyrsi bis zu Einzelwickeln oder selbst Einzelblüten.

Species typica: Commelina vaginata L.

Pantropisch. Mehrere Arten in Südamerika, war aber aus Zentralamerika bisher nicht bekannt.

++ Murdannia nudiflora (L.) Brenan in Kew Bull. 189 (1952)

Commelina nudiflora L. in Sp. Pl. 41 (1753) p. p.

Zur Nomenklatur dieser Spezies s. Merrill in Jour. Arn. Arb. 18. 61 (1937).

M. nudiflora ist in Südostasien überall sehr häufig, wurde aber neuerdings von Brenan auch für Afrika nachgewiesen (7, p. 189), nach seiner Ansicht wahrscheinlich eingeschleppt. Auch aus Amerika wurde sie mehrfach als Adventivpflanze bekannt (Venezuela, USA). Merkwürdigerweise macht *M. nudiflora* aber in El Salvador gar nicht den Eindruck einer Adventivart. Sie kommt dort an ganz entlegenen Orten vor und ist vielfach in den geschlossenen Formationen (Weidegesellschaften, beweidete *Crescentia*-Savanne usw.) heimisch. Zumindest ist sie in El Salvador als völlig eingebürgert zu bezeichnen.

V: Häufig. Im Tiefland, bis etwa 700 m ansteigend.

St: Feuchte bis zeitweilig überschwemmte Orte aller Art, aber stets im vollen Licht wachsend. Bevorzugt werden anscheinend tonhaltige und selbst ausgesprochene Tonböden, die in der Regenzeit stark verschlämmen (Abb. 44).

Bl: Etwa in der zweiten Hälfte der Regenzeit (August bis Oktober).

ÖT: Annuellen mit aufrechten, aufsteigenden oder ± niederliegenden Sprossen, die aber kaum wurzeln.

Belegexemplare: R 743, 745—758 (HBG), 744 (F): Dpt. San Vicente, Zacatecoluca. 11. 8. 1951. — Fassett 28382 (HBG): Dpt. San Vicente, San Marcos Lempa. 1. 11. 1950. — R 761—770 (HBG): Dpt. La Paz, Herradura. 20. 8. 1951. R 771—774 (HBG): Dpt. Morazán, El Aceituno. 13. 9. 1951.

20. PHAEOSPHAERION Hassk.

in Flora 49. 212 (1866)

Mit den gleichen Merkmalen wie *Commelina*, aber Früchte nicht aufspringend, ± kugelrund, mit glänzenden, weißen oder gefärbten Fruchtwänden; Samenanlagen atrop oder anatrop, Nabel länglich.

Species typica: Ph. leiocarpa (Benth.) Hassk.

Der früheste Name für diese Gattung ist *Athyrocarpus* Schlchtd., doch kann er, wie schon von Woodson hervorgehoben wurde (80, p. 150), nicht als gültig angesehen werden, da er vom Autor nur für eine vermutlich von *Commelina* abzutrennende Gattung oder Sektion gebraucht wird („haec species propriam sectionem vel forsan melius novi generis typum praebere videtur." Linnaea 26. 454 (1853)).

Die Begründung von *Phaeosphaerion* auf *Commelina leiocarpa* in dem Bestimmungsschlüssel von Hasskarl ist an sich exakt und den Nomenklaturregeln entsprechend. Daneben gibt es aber in demselben Schlüssel auch eine Gattung *Athyrocarpus* Schlchtd., und es ist nicht zweifelhaft, daß hier ebenfalls *Commelina leiocarpa* gemeint ist. Es werden denn auch genau die gleichen Merkmale angegeben wie für *Phaeosphaerion*, mit Ausnahme der Samenanlagen, die bei *Athyrocarpus* zahlreich sein sollen. Offenbar liegt hier lediglich ein Versehen vor. Wenn also *Phaeosphaerion* der Vorrang gegeben werden muß, dann deswegen, weil mit diesem Namen die richtige Beschreibung verbunden ist.

6 Arten, ausschließlich in Amerika, davon 3 in verschiedenen Teilen Südamerikas, 3 weitere von Mexico bis ins nördliche Südamerika.

+ Phaeosphaerion leiocarpa (Benth.) Hassk. in Flora 49. 212 (1866)

Commelina leiocarpa Benth. in Bot. Voy. Sulph. 176 (1844)

Athyrocarpus leiocarpus (Benth.) Benth. & Hook. ex Hemsl. Biol. Centr. Amer. Bot. 3. 386 (1885)

V: Nur einmal bei Sta. Tecla aufgefunden (800 m). Nach Standley & Calderon (70, p. 64) auch bei Ahuachapán und Tonacatepeque.

St: Gebüsch am Wegrand.

Bl: Am Beginn der Trockenzeit (17. 11.) blühend angetroffen.

ÖT: Anscheinend nach Art der Hemikryptophyten überdauernd.

Belegexemplare: R 858 (HBG): Dpt. La Libertad, Antiguo Cuscatlán. 17. 11. 1950.

Phaeosphaerion persicariaefolia (DC) C. B. Clarke in DC. Monogr. Phan. III. 137 (1881)

Commelina persicariaefolia DC. in Red. Lil. 8. pl. 472 (1816)

Athyrocarpus persicariaefolius (DC) Hemsley in Biol. Centr. Am. Bot. 3. 386 (1885)

+ Phaeosphaerion rufipes (Seub.) Standl. & Steyerm. in Field Mus. Publ. Bot. 24. 3. 22 (1952)

Commelina rufipes Seub. in Mart. Fl. Bras. 3. 1. 265 (1855)

Phaeosphaerion persicariaefolium C. B. Clarke β rufipes (Seub.) C. B. Clarke in DC. Monogr. Phan. III. 137 (1881)

Athyrocarpus rufipes (Seub.) Standl. in Lista Prel. Pl. El Salvador 47 (1925)
V: Nach Standley & Calderon bei Comasagua und in der Sierra de Apaneca, aber von mir nicht aufgefunden (70, p. 65).

21. SAUVALLIA Wright
in Sauv. Fl. Cub. 156 (1873)

Sepalen und Petalen frei; Andröceum vollzählig, Stamina alle gleich gestaltet; Ovar 2-fächerig, je 2 Samenanlagen; Blüten einzeln an der Sproßspitze, von spathaartigem Blatt eingeschlossen.

Die Gattung besteht nur aus einer anscheinend auf Cuba endemischen Art.

Sauvallia blainii Wright in Sauv. Fl. Cub. 157 (1873)
Commelina blainii (Wright) Woods. in Ann. Miss. Bot. Gard. 29. 150 (1942)

22. THYRSANTHEMUM Pichon
in Not. Syst. XII. 224 (1946)

Sepalen und Petalen frei; Andröceum vollzählig, Stamina alle gleich gestaltet; Ovar 3-fächerig, mit je 2 Samenanlagen, Samenanlagen ± anatrop, Hilum strichförmig; Infloreszenz ein Thyrsus mit gestreckten Einzelwickeln.

Species typica: Th. floribunda (Mart. & Gal.) Pichon.

2 Arten in Mexico; vielleicht außerdem *Tradescantia laxiflora* hierher gehörig, die gleichfalls in Mexico vorkommt.

Thyrsanthemum floribunda (Mart. & Gal.) Pichon in Not. Syst. XII. 224 (1946)
Tradescantia floribunda Mart. & Gal. in Bull. Acad. Brux. IX. II. 377 (1842)
Tradescantia holosericea Kth. in Enum. IV. 92 (1843)
Aneilema holosericea (Kth.) Woods. in Ann. Miss. Bot. Gard. 29. 147 (1942)

Thyrsanthemum macrophylla (Greenm.) Rohw. comb. nov.
Tradescantia macrophylla Greenm. in Proc. Am. Acad. 33. 472 (1898)
Aneilema greenmanii Woods. in Ann. Miss. Bot. Gard. 29. 147 (1942)

23. TINANTIA Scheidw.
Otto & Dietr. in Allg. Gartenz. VII. 365 (1839), nom. conserv.

Sepalen und Petalen frei; Andröceum vollzählig, die 3 hinteren von den vorderen verschieden in Größe und Behaarung; Ovar 3-fächerig, mit je 2—5 Samenanlagen, Samenanlagen anatrop, Nabel länglich; Infloreszenz aus gestreckten Wickeln zusammengesetzt, die zu 1 bis mehreren am Sproßende gehäuft stehen oder stockwerkartig in Wirteln angeordnet sind.

Species typica: Tinantia fugax Scheidw.

Eine amerikanische Gattung mit etwa 8—9 Arten, hauptsächlich in Mexico und Zentralamerika, davon eine in den ganzen Tropen Amerikas verbreitet, eine (*T. sprucei* C. B. Clarke) nur in Südamerika.

+ Tinantia erecta (Jacq.) Schlchtd. in Linnaea 25. 185 (1852)
Tradescantia erecta Jacq. in Collect. 4. 113 (1790)
Tinantia fugax Scheidw. in Allg. Gartenz. VII. 365 (1839)

Unter diesem Namen wurde bisher ein außerordentlich vielgestaltiger Formenkreis zusammengefaßt. Es ist möglich, daß sich tatsächlich innerhalb dieses Komplexes keine scharfen Grenzen ziehen lassen. Nach eigenen Beobachtungen in El Salvador konnten jedoch am natürlichen Standort 4 Sippen sehr deutlich unterschieden werden. Sie sollen hier als selbständige Arten behandelt werden, um die Unterschiede herauszustellen, obwohl es möglich erscheint, daß einem Teil davon oder sogar allen nur der Rang einer Varietät zukommt. Das würde dann aber auch für *T. standleyi* gelten.

T. erecta s. str. ist ausgezeichnet durch lanzettliche oder etwas eiförmige Blätter, die unterhalb der Mitte am breitesten und in der Regel kürzer als 10 cm sind. Die Blattscheiden sind deutlich gewimpert, der Stengel mit einer kräftigen Haarleiste versehen. Die Infloreszenz setzt sich in der Regel aus nicht mehr als 2 (3) Wickeln zusammen. Die Blüten waren in El Salvador stets tief blau gefärbt, ebenso die Haare an den Filamenten, während ein Teil von diesen leuchtend gelbe Spitzen besaß, die sich zu einem zentralen, scharf kontrastierenden Fleck vereinigten. Ein weiteres Charakteristikum scheinen die relativ großen Petalen zu sein, welche die Sepalen deutlich überragen.

V: Nur am Miramundo-Montecristo aufgefunden (1800 m), nach Standley & Calderón aber auch bei Ahuachapán (70, p. 65).

St: Unkraut auf Acker- und Gartenland.

Bl: In der zweiten Hälfte der Regenzeit (August — Oktober) blühend angetroffen.

ÖT: Annuellen.

Belegexemplare: R 847, 850 (HBG), 848 (B), 849 (ITIC): Dpt. Sta. Ana, Hda. Los Planes. 31. 10. 1950. — R 851—854, 856—857 (HBG), 855 (HBG, F): Ebendort. 25. 8. 1951.

++ **Tinantia glabra** (Standl. & Steyerm.) Rohw. comb. nov.

Tinantia leiocalyx C. B. Clarke f. glabra Standl. & Steyerm. in Field Mus. Publ. Bot. 23. 2. 34 (1944)

Authentisches Material der *f. glabra* habe ich nicht gesehen, doch kann nach der Diagnose nicht zweifelhaft sein, daß das eigene Salvador-Material mit jener identisch ist. Danach erscheint es mir ausgeschlossen, nur von einer Form der *T. leiocalyx* zu sprechen, von der sich *T. glabra* mindestens ebenso klar unterscheidet wie *T. longipedunculata*.

Die Sepalen von *T. glabra* sind wesentlich kleiner als bei *T. leiocalyx*, die Pedicelli viel kürzer (± 0,6 cm) und behaart, der Fruchtknoten enthält konstant nur 2 Samenanlagen je Fach, die Blätter sind nur zerstreut behaart, unterseits ganz kahl und etwas bläulichgrün, besitzen aber oberseits am Rande eine deutlich abgesetzte Zone dichter kurzer Behaarung. Stengel und Blattscheiden sind (außer der Randbewimperung) nur zerstreut behaart, dagegen der Pedunculus beim Salvador-Material stets sehr dicht kurzhaarig. Durchweg sind die Blätter wesentlich kleiner als selbst an kümmerlichen Exemplaren von *T. leiocalyx* und der Stengel viel zarter.

Im übrigen müßte *T. glabra*, wenn sie schon nicht als eigene Art anerkannt werden soll, eher zu *T. sprucei* C. B. Clarke als zu *T. leiocalyx* gestellt werden. Sie unterscheidet sich von jener durch die am Grunde plötzlich verschmälerten, zuweilen fast herzförmigen Blätter, den ± behaarten Stengel und den dicht-kurzhaarigen Pedunculus (zerstreut-langhaarig bei *T. sprucei*). Auch die aus West-Indien beschriebene *T. caribaea* Urb. scheint in diesen Komplex zu gehören, ist vielleicht sogar mit *T. sprucei* identisch.

V: Einige Male zwischen 650 und 1000 m angetroffen.

St: Barrancos, außerhalb der normalen Überschwemmungszone.

Bl: Mitte der Regenzeit (Juli) blühend beobachtet.

ÖT: Annuellen.

Belegexemplare: R 789—793 (HBG): Dpt. Sta. Ana, Finca San Jorge. 4. 7. 1951. — R 800—802 (HBG): San Salvador. 14. 7. 1951.

+ Tinantia leiocalyx C. B. Clarke ex I. D. Smith in Coult. Bot. Gaz. XVIII. 211 (1893)

(Abb. 53)

V: Stellenweise, besonders in der Umgebung der Hauptstadt häufig, aber anscheinend nicht überall. Tiefland, bis etwa 700 m ansteigend.

St: Vorzugsweise auf humosen Böden, auf Äckern, an Wegrändern, in Gebüschen, Barrancos.

Bl: Beginn im ersten Drittel der Regenzeit (2. Hälfte Juni), mit Einsetzen der Trockenzeit schnell vergehend.

ÖT: Annuellen.

Belegexemplare: R 787—788 (HBG): San Salvador. 5. 8. 1950. — R 795—798 (HBG), 799 (F): San Salvador. 14. 7. 1951.

++ Tinantia longipedunculata Standl. & Steyerm. in Field Mus. Publ. Bot. 23. 2. 35 (1944)

Zu den von den Autoren angegebenen Unterscheidungsmerkmalen gegenüber *T. leiocalyx* lassen sich noch die folgenden, hauptsächlich am lebenden Material zu beobachtenden Kennzeichen hinzufügen:

1. Stengel kantig-furchig
2. Stengel kahl, bleich, transparent, auf den Rippen dunkel (grün oder violett) gefärbt
3. Sepalen, besonders das hintere, mit feinen, hellen, warzenartigenHöckerchen
4. Blütenkrone und Behaarung der Filamente zart blauviolett (T. leiocalyx: blaß rötlichviolett), Behaarung der Filamente einfarbig (T. leiocalyx: zentraler heller Fleck im Haarbüschel).

Die S-förmige Krümmung des Pedunculus ist in den meisten Fällen, jedoch nicht immer, gut erkennbar. Dagegen ist der Pedunculus nicht länger als bei *T. leiocalyx*, wie von Standley & Steyermark angegeben wird.

V: Die häufigste Art der Gattung. Tiefland, unterhalb 800 m.

St: Humose Böden, besonders an schattigen Orten, in Gebüschen, Barrancos, auch auf etwas beschatteten Äckern.

Bl: Beginn im ersten Drittel der Regenzeit, etwa 2. Hälfte Juni. Bei Einsetzen der Trockenperiode schnell vergehend.

ÖT: Annuellen.

Belegexemplare: R 803 (B), 804 (HBG): San Salvador. 5. 8. 1950. — R 805, 807—808 (HBG), 806 (F): Dpt. Sonsonate, Finca Cuyancuya. 17. 10. 1950. — R 809—813 (HBG): Dpt. La Libertad, Ateos. 10. 7. 1951. — R 814—815 (HBG): Dpt. Sta. Ana, Río Amayo. 12. 7. 1951. — R 816—817 (HBG): San Salvador. 14. 7. 1951. — R 818 (B): Ebendort. 6. 8. 1951.

Tinantia macrophylla S. Wats. in Proc. Am. Acad. XXI. 442 (1886)

Diese Art ist mir nur aus der Beschreibung bekannt, aus der sich nicht mit genügender Sicherheit erkennen läßt, ob und inwieweit sie von den übrigen hier genannten Arten verschieden ist.

++ Tinantia parviflora Row. in Senckenbergiana 34. 114 (1953) (Abb. 52)

Habituell der *T. standleyi* ähnlich, unterscheidet sich diese Art vor allem durch den zarteren Pedunculus (kaum 1 mm dick), die kleineren Blüten (Petalen kürzer als 5 mm, Sepalen auch an reifen Früchten kaum länger als 7—8 mm) sowie die kleineren, oft winzigen Brakteolen. Die Infloreszenz ist wesentlich regelmäßiger als bei *T. standleyi* etagenförmig aus 2 und selbst 3 Wirteln zusammengesetzt, die Pedicelli sind meist kürzer als 7 mm, oft kaum 5 mm lang.

V: Von mir nur einmal bei Apulo (500 m) gefunden. Ein weiteres Exemplar wurde von Standley & Padilla bei Ahuachapán gesammelt (nr. 2541).

St: Beide Fundorte auf nassem Schwemmsand an Fluß- bzw. Bachufern, das eigene Material an schattigen Plätzen einer kleinen Quebrada (Erosionsrinne an steilem Hang).

Bl: Oktober (Ende der Regenzeit) blühend beobachtet.

ÖT: Annuellen.

Belegexemplare: R 775—777 (HBG): Dpt. San Salvador, Apulo. 20. 10. 1950. — R 778—784, 786 (HBG), 785 (FR): Ebendort. 3. 10. 1951.

Typus: R 783.

++ Tinantia standleyi Steyerm. in Field Mus. Publ. Bot. 23. 2. 35 (1944)

Von *T. erecta* unterschieden durch sehr große, bis über 20 cm lange Blätter, die über der Mitte am breitesten und daher an der Spitze rasch zugespitzt, zur Basis hin allmählich verschmälert sind. In den allermeisten Fällen sind an der Spitze des Stengels mehrere dieser großen Blätter schopfartig zusammengedrängt, so daß ein völlig anderer Habitus entsteht als bei *T. erecta*. Der Pedunculus ist sehr kräftig, meist mindestens 2 mm im Durchmesser (beim Typus, Steyermark 33605, reichlich 3 mm) und in der Regel 10 cm lang oder länger (beim Typus mehr als 15 cm), die Infloreszenz ist oft sehr stark entwickelt und besteht zuweilen sogar aus zwei übereinandergestellten Wirteln. Die Brakteolen sind oft auffallend groß, die Pedicelli oft sehr lang (bis 3 cm). Vielfach sind die Blattscheiden ungewimpert und der Stengel völlig kahl, ohne Haarleiste.

Alle diese Merkmale sind jedoch nicht konstant. Als häufigste Abweichung findet man mehr oder weniger bewimperte Blattscheiden und eine, wenn auch schwache, Haarleiste am Stengel. Die Blätter können verhältnismäßig klein sein und auch an der Spitze des Stengels entfernt stehen, darüber hinaus sind sie in solchen Fällen zumeist nicht deutlich verkehrt-eiförmig. Der Pedunculus kann ziemlich kurz sein, und oft besteht die Infloreszenz nur aus wenigen oder selbst nur einem Wickel. Schließlich sind die Brakteolen vielfach nicht größer als bei *T. erecta*.

Trotzdem überwogen, nach Beobachtungen in El Salvador, solche Exemplare durchaus, die deutlich entweder als *T. erecta* oder als *T. standleyi* angesprochen werden konnten. Hier auch wurden folgende weitere Merkmale für *T. standleyi* festgestellt: Die Petalen sind höchstens so lang wie die Sepalen, sehr blaß gefärbt oder fast weiß. Alle drei vorderen Stamina sind in der Regel nur schwach oder gar nicht behaart, die Behaarung der oberen ist rein gelb. Die Sepalen sind rein grün, der Pedunculus und seine drüsige Behaarung blaß bläulich gefärbt, der Stengel, besonders an der Basis, rotbraun gefleckt. Diese Färbungsmerkmale stimmen gut überein mit den Notizen, die dem Typus und anderen von Steyermark gesammelten Exemplaren beigefügt sind.

V: Mehrfach zwischen 1050 und 1900 m beobachtet.

St: Schattige Wegränder, Gebüsche, besonders auf feuchtem Boden.

Bl: Beginn um die Mitte der Regenzeit (Etwa Juli), Ende nicht festgestellt.

ÖT: Annuellen.

Belegexemplare: R 836—843 (HBG), 844 (ITIC): Volcán de San Vicente. 26. 7. 1951. — R 845 (HBG): Dpt. Ahuachapán, Laguna de las Ninfas. 18. 7. 1951. — R 846 (HBG): Dpt. Ahuachapán, Juayúa. 18. 7. 1951.

++ Tinantia violacea Rohw. spec. nov.

(Abb. 54, 55)

Annua, ad 80 cm lata. Radices numerosae, fibrosae. Caulis erectus, praecipue inferiora parte ramosus, raro simplex, teres, 0,1—0,4 (0,5) cm in diam. metiens, gracilis vel rarius ± carnosus, linea pubescente decurrente inconspicua vestitus vel glaber, maculis violaceis pictus. Folia remota vel apice caulis 2 ± approximata, vaginis 0,4—0,8 cm longis, glabris vel ore minute ciliatis; laminis sueto 3—7 (13) cm longis, 1—2,5 (3,5) cm latis, anguste ovato-lanceolatis vel rarius ovatis, basi ± rotundatis vel inferioribus in petiolum ad 1 cm longum angustatis, apice sensim acuminatis, glabris. Inflorescentiae solitariae caulem vel ramos longos terminantes, in pedunculis gracilibus, 0,5—1,5 mm in diam. metientibus, 6—9 cm longis, pubescentia densa, glandulosa, violacea vestitis, e cincinnis 1—2 (3) compositae; cincinni dense glanduloso-villosi, breviter (infra 1 cm) stipitati, bracteolis oblongis, patentibus, ± 0,3 cm longis. Pedicelli (fructus maturi) ± 1,5—2 cm longi, dense glanduloso-villosi, post anthesin stricte erecti. Flores sepalis 0,5 cm ad (fructus maturi) 0,8 cm longis, dense glanduloso-villosis, basi claro-viridibus, apice violaceis; petalis sepalis aequilongis vel paulo brevioribus, albis; staminibus superioribus dense aureo-barbatis, inferioribus paulo barbatis vel fere glabris; Capsula 4—6 mm longa, seminibus 6, ±2 mm longis, rugosis, nigricantibus.

Über die Unterscheidung von den nächstverwandten Arten (*T. standleyi*, *T. erecta*, *T. parviflora*) s. Schlüssel für die Arten von El Salvador.

V: Am Volcán de San Vicente und am Südhang von Los Esesmiles festgestellt. Oberhalb 1900 m.

St: Kiefernwald, Wegränder, lockeres Gebüsch, Gartenland.

Bl: Juli und Ende September blühend angetroffen.

ÖT: Annuellen.

Belegexemplare: R 819, 821—835 (HBG), 820 (ITIC): Volcán de San Vicente. 26. 7. 1951.

Typus: R 826.

24. WELDENIA Schult. f. in Flora XII. I. 3 (1829)

Sepalen und Petalen zu je einer Röhre verwachsen; Andröceum vollzählig, Stamina dem Schlund der Kronröhre angeheftet, alle gleichartig; Ovar 3-fächerig mit meist je 6 zweireihig angeordneten, atropen Samenanlagen, Nabel länglich; Infloreszenz ein gedrängtes Knäuel von Blüten am Ende des Stengels, von den oberen Laubblättern involukrumartig umhüllt.

Die Gattung enthält nur eine in Mexico und Guatemala verbreitete Art:

Weldenia candida Schult. f. in Flora XII. I. 3 (1829)

d) Conspectus der zentralamerikanischen Gattungen (einschließlich Mexico und West-Indien

1a. Wickel stark gestaucht, paarweise, seltener zu mehr als 2 gehäuft, pseudoterminal an den Sprossen und deren Seitenachsen (diese öfters völlig reduziert, Infloreszenzen daher in die Blattachseln gerückt). Die Einzelwickel von je einer Braktee gestützt, meist in deren Achsel sitzend und mit der gemeinsamen Hauptachse verwachsen, oft scheinbar rückläufig (die älteren Blüten höher inseriert als die jüngeren), seltener die Einzelwickel gestielt und dann diese mit dem eigenen Stiel verwachsen und rückläufig oder wenigstens an der Basis einen deutlichen Knick aufweisend. Brakteolen in jedem Wickel in zwei oberschlächtigen Serien, durch ihre Gestalt oder wenigstens durch ihre Stellung von den Brakteen unterschieden, nicht allmählich in die Laubblätter übergehend. Blüten wenigstens im Grundriß fast immer radiär **1. Tribus: Tradescantieae**

2a. Wickel gestielt, paarweise oder in größerer Zahl gehäuft 1. Subtribus: Gibasinae

Einzige Gattung: 1. Gibasis

2b. Wickel sitzend, konstant paarweise, nicht deutlich von der gemeinsamen Achse abgegliedert, meist völlig mit ihr verwachsen 2. Subtribus: Tradescantiinae

3a. Brakteen laubblattartig (am Ende der relativen Hauptachse) oder reduziert (an pseudoaxillären Infloreszenzen), nicht spathaartig, nicht die fertilen Seitentriebe von einer sterilen Hauptachse verschieden. Samenanlagen atrop, Nabel strichförmig. Andröceum vollzählig, Alle Stamina gleichartig. Petalen frei 1. Series

Einzige Gattung: 2. Tradescantia

3b. Brakteen spathaartig oder, wenn laubblattartig, dann entweder fertile, von einer sterilen Hauptachse verschiedene Seitentriebe vorhanden odei

Corolle ± verwachsen. Samenanlagen meist ± anatrop, Nabel meist strichförmig. Andröceum stets vollzählig, alle Stamina gleichartig 2. Series

4a. Petalen wenigstens am Grunde verwachsen. Sproßteile nicht in sterile Haupt- und fertile Nebenachsen differenziert

5a. Sepalen frei 3. Setcreasea

5b. Sepalen verwachsen 4. Zebrina

4b. Petalen frei, Brakteen spathaartig

6a. Sproßteile nicht in eine sterile Hauptachse und fertile Seitenachsen differenziert 5. Cymbispatha

6b. Die wohlentwickelte, vielzeilig beblätterte Hauptachse steril, Infloreszenzen nur an stark verkürzten Seitenachsen 6. Rhoeo

4c. Petalen frei, Brakteen blattartig, aber kleiner. Die kräftige, vielzeilig beblätterte Hauptachse steril, Infloreszenzen nur an zarten Seitentrieben 7. Campelia

3c. Brakteen reduziert. Nabel punktförmig oder sonst das Andröceum differenziert (nicht alle Staubblätter gleichartig, öfter ein Teil steril) oder nicht vollzählig. Samenanlagen stets atrop 3. Series

7a. Infloreszenzen tragende Achsen stets wenigstens aus einem deutlich entwickelten Internodium bestehend

8a. Andröceum vollzählig, alle Stamina gleichartig

9a. 2 Samenanlagen je Fach, Samen ± rundlich 8. Phyodina

9b. 1 Samenanlage je Fach, Samen rhombisch 9. Leptorhoeo

8b. Andröceum reduziert (weniger als 6 Stamina) oder die Stamina verschiedenartig

10a. Epipetale Stamina abortiert, episepale 1—3 10. Leptocallisia

10b. 6 Stamina vorhanden, alle fertil oder die epipetalen steril

11a. Epipetale Stamina größer, mit längeren Filamenten, anders gestaltet als die episepalen. Alle Stamina fertil 11. Tripogandra

11b. Epipetale Stamina rückgebildet, steril 12. Neodonnellia

7b. Alle oder doch der weitaus größte Teil der Infloreszenzen pseudoaxillär 13. Callisia

1b. Wickel verlängert oder, wenn gestaucht, ohne Brakteolen bzw. diese nicht in 2 oberschlächtigen Serien angeordnet, allmählich in die Blattorgane der relativen Hauptachse übergehend, keine scharfe Grenze zwischen beiden. Häufig Blüten zygomorph oder Infloreszenz von einem spathaartigen Blatt eingehüllt **2. Tribus: Commelineae**

12a. Andröceum zygomorph, die drei hinteren Stamina unter sich gleich, von den drei vorderen verschieden (oft die hinteren oder vorderen steril)

13a. Blütenknospen einwärts gebogen, vordere Stamina steril, hintere fertil, verwachsen 14. Cochliostema

13b. Blütenknospen abwärts gebogen, hintere Stamina steril oder kleiner als die vorderen

14a. Die hinteren Stamina steril, Wickel ohne Brakteolen

15a. Frucht eine Kapsel 15. Commelina

15b. Frucht sich nicht öffnend 20. Phaeosphaerion

14b. Die hinteren Stamina fertil

16a. Wickel einzeln, gestaucht, von einem ± spathaartigen Blatt gestützt
16. Commelinantia

16b. Wickel meist zu mehreren (wirtelig oder thyrsusförmig angeordnet), meist verlängert, nicht von einem spathaartigen Blatt gestützt

17a. Stamina kahl, Ovar 2-fächerig mit je einer atropen Samenanlage
18. Floscopa

17b. Wenigstens ein Teil der Stamina behaart, Ovar fast stets 3-fächerig mit je 2—5 anatropen Samenanlagen 23. Tinantia

12b. Andröceum radiär (evtl. der äußere Staminalkreis vom inneren verschieden), selten zygomorph durch Reduktion eines Stamens in einem der beiden Kreise, aber niemals die drei hinteren von den drei vorderen Stamina verschieden

18a. Stamina alle oder wenigstens 5 fertil

19a. Blüten einzeln, von einer Spatha eingehüllt 21. Sauvallia

19b. Infloreszenz ein Thyrsus oder Blüten am Ende des Stengels gehäuft, dicht gedrängt, keine Spatha vorhanden

20a. Blüten am Ende des Stengels gehäuft, Sepalen und Petalen verwachsen
24. Weldenia

20b. Sepalen und Petalen frei, Infloreszenz ein Thyrsus

21a. Antheren mit apikalen Poren, Samen mit Arillus 17. Dichorisandra

21b. Antheren sich durch Längsrisse öffnend, Samen ohne Arillus
22. Thyrsanthemum

18b. Höchstens 3 (bei der hier in Frage kommenden Art 2) Stamina fertil
19. Murdannia

e) Schlüssel für die Gattungen und Arten

Zweifellos hat Woodson darin recht, daß eine systematische Behandlung der *Commelinaceen*, wie sie hier erfolgt ist, die Bestimmungsarbeit um einiges erschwert. Wie aber schon betont wurde, gebührt der Systematik der Vorrang, und man wird für die phytographische Arbeit zweckmäßigerweise künstliche Schlüssel anfertigen, die eine Bestimmung nach einfacheren Merkmalen ermöglichen. Dies soll hier für El Salvador unternommen werden, und zwar soll der Schlüssel gleichermaßen für die Arbeit am Herbar-Material wie auch für die rasche Bestimmung bei der Feldarbeit brauchbar sein.

1. Wickel stark gestaucht, sich auch beim Aufblühen und beim Reifen der Früchte nicht streckend, höchstens bis ± 0,5 cm lang, meist kürzer, von Brakteen eingehüllt, aus denen oft nur die Blüten oder Früchte hervortreten. Die Brakteen laubblatt- oder spathaartig oder zu winzigen, ± kragenförmigen Gebilden reduziert. Brakteolen persistierend oder ganz fehlend 2

— Wickel verlängert, sich beim Aufblühen streckend und dann fast stets länger als 0,5 cm, bis über 10 cm lang, nicht von Brakteen eingehüllt (bei *Murdannia* Wickel ziemlich kurz, am Grunde mit einer schuppenförmigen Braktee; diese und die Brakteolen schon beim Aufblühen, unter Zurücklassung auffälliger Narben, abfallend) **10**

2. Brakteen sehr klein, die Wickel nicht oder nicht völlig verdeckend. Wickel paarweise, aber bei flüchtiger Betrachtung scheinbar eine Einheit bildend . . 3
— Brakteen deutlich, blatt- oder spathaartig, die Wickel völlig verdeckend und nur Blüten oder Früchte hervortretend. Wickel einzeln oder paarweise . . . 5
3. Wickelpaare an völlig reduzierten Achseltrieben, daher ungestielt, entlang der Hauptachse in den Scheiden der unterstützenden Laubblätter verborgen. Die unteren dieser Laubblätter meist mit deutlicher Spreite, zur Triebspitze hin allmählich bis auf die Scheide reduziert. Blätter kurz, ± eiförmig, fleischig, oberseits glasig (bei Wassermangel schrumpfend u. kaum glasig). Petalen unscheinbar, häutig . . . . 13. Callisia
— Wickelpaare am Ende des Haupttriebes oder gut entwickelter Achseltriebe, zumindest deutlich gestielt erscheinend und weit über die Scheide des unterstützenden Laubblattes hinausragend 4
4. Wickel sehr armblütig (1—3 Blüten je Wickel, ein Wickelpaar meist mit 3—6 Blüten), Sepalen nicht über 2 mm lang, Blätter kaum 3 cm lang. Pflanzen meist klein und sehr zart. Blüten blau, am Grunde weiß. Alle 6 Stamina fast gleich, kahl. 1 Samenanlage je Fach . . . . 9. Leptorhoeo
— Jedes Wickelpaar mindestens mit ± 10 Blüten, oft viel mehr, Sepalen ± 3 mm lang oder länger. Pflanze meist kräftig, Blätter länger als 3 cm, Blüten weiß oder rot. Stamina des inneren Kreises von denen des äußeren stark verschieden, entweder die drei inneren oder die drei äußeren behaart; die inneren nach oben, die äußeren nach unten gerichtet, dadurch zygomorphe Blüten vortäuschend . . . . 11. Tripogandra
5. Brakteen paarweise, opponiert, Blüten radiär 6
— Brakteen einzeln, gelegentlich zu mehreren gebüschelt, aber niemals paarweise opponiert. Blüten entweder zygomorph oder sehr unscheinbar 9
6. Wickelpaare an Achseltrieben, die auffällig zarter sind als die robuste, über 0,5 cm (bis über 1 cm) dicke, steril endende, vielzeilig beblätterte Hauptachse. Kelch bleibend, die Früchte einhüllend, fleischig werdend. Reife Scheinfrüchte schwarzviolett. Pflanze mit kräftigem Rhizom und ± aufrechten Trieben. Blüten weiß . . . . 7. Campelia
— Hauptachse rückgebildet, gut entwickelt nur zweizeilig beblätterte Seitenachsen, die ± über den Boden kriechen. Frucht eine gewöhnliche Kapsel . . 7
7. Blätter etwas fleischig, meist an der Unterseite ± weinrot gefärbt. Brakteen laubblattartig, aber mit breiteren, etwas abgeplatteten Scheiden. Petalen hoch hinauf zu einer Röhre verwachsen, diese mit 3 Zipfeln. Sepalen zu einer 2-zipfligen Röhre verwachsen, die auf einer Seite bewimpert ist. Blüten rot . . . . 4. Zebrina
— Blätter dünn, nicht fleischig, nicht rot gefärbt. Brakteen spathaartig oder laubblattartig und dann die Scheiden denen der Laubblätter gleich. Petalen und Sepalen frei 8
8. Brakteen spathaartig, zweiklappig, zuweilen die untere an der Spitze ± ausgebreitet. Reifende Früchte wieder in die Brakteen versenkt. Blüten rot, rosa oder weiß. Äußeres Sepalum etwas größer als die beiden inneren, auf dem Kiel gewimpert . . . . 5. Cymbispatha

— Brakteen laubblattartig. Reifende Früchte an einem verlängerten Stiel aus den Brakteen hervorragend, abwärts gekrümmt. Blüten blau, Sepalen alle gleich, das äußere nicht gekielt .... 2. Tradescantia

9. Brakteen spathaartig, gefaltet-zweiklappig, halb-herzförmig bis ± trichterförmig, oft mit verwachsenen Hinterrändern, terminal an der Hauptachse oder an Achseltrieben oder in der Achsel gewöhnlicher Laubblätter. Blüten zygomorph (zumindest im Andröceum), tief azurfarben bis bläulichweiß
   * Früchte aufspringend .... 15. Commelina
   **Früchte nichtaufspringend .... 20. Phaeosphaerion

— Brakteen, wenigstens die unteren, laubblattartig, die oberen bis auf die Scheiden reduziert, aber nicht spathaartig, wechselständig entlang der Hauptachse (in Wahrheit gewöhnliche Laubblätter, in deren Achseln stark reduzierte Seitentriebe mit je einem Wickelpaar stehen) **3**

10. Wickel meist zahlreich, einen Thyrsus bildend. Samen mit rotem, fleischigem Arillus. Blüten groß, hell bis intensiv hellblau. Filamente kurz, kürzer als die Antheren .... 17. Dichorisandra

— Wickel einzeln oder, wenn zu mehreren, doldenartig (manchmal etagenförmig-wirtelig) angeordnet **11**

11. Zarte Pflanzen, nicht über 20 cm hoch, Wickel stets einzeln an je einem Pedunculus. Blüten klein (Sepalen kaum 3 mm lang), Petalen rötlichviolett. 2 fertile Stamina, die übrigen rudimentär .... 19. Murdannia

— Pflanzen kräftiger, selten unter 20 cm, oft über 1 m hoch. Blüten größer (Sepalen mindestens 5 mm, bis ± 18 mm lang), Petalen weiß, zart lila oder tief blau. Stamina ungleich, aber alle fertil. Die Haare an den Filamenten oft mit auffälligen Kontrastfarben .... 23. Tinantia

2. Tradescantia

Blätter lanzettlich, kurz zugespitzt .... Tr. guatemalensis (S. 145)
   Blätter von der Basis aus lang und schmal zugespitzt var. tacanana (S. 145)

4. Zebrina

.... Z. pendula (S. 147)

5. Cymbispatha

Blätter ± behaart. Brakteenpaare wenigstens in der Mehrzahl gestielt (von dem obersten Laubblatt entfernt), Brakteen meist länger als breit. Petalen kräftig rosa oder fast rot .... C. commelinoides (S. 148)
   Ebenso, aber Blätter kahl, Petalen meist blaß rosa var. glabrata (S. 148)
   Blätter ± behaart. Brakteenpaare meist ungestielt (dem obersten Laubblatt aufsitzend), Brakteen, wenn ausgebreitet, fast kreisrund. Petalen rein weiß, klein .... var. rotundifolia (S. 149)

7. Campelia

.... C. zanonia (S. 150)

9. Leptorhoeo

.... L. floribunda (S. 152)

11. Tripogandra

1. Wickelpaare relativ kurz gestielt (Pedunculus 1—1,5 cm lang). Blüten weiß,

die längeren (inneren) Filamente behaart. Hauptsächlich im Tiefland .... Tr. cumanensis (S. 153)

— Wickelpaare relativ lang gestielt (Pedunculus länger als 1,5 cm, bis über 4 cm). Blüten rot oder rötlich. Meist in Höhen über 1200 m 2

2. Pedunculus kurzhaarig, fast filzig. Wurzeln mit einem bleibenden braunen Filz überzogen. Stengel lang dem Boden aufliegend, am Ende ± aufsteigend (manchmal Pflanze etwas kletternd). Die längeren (inneren) Filamente behaart .... Tr. elongata (S. 155)

— Pedunculus zerstreut drüsenhaarig bis fast kahl. Wurzeln ohne Filz. Stengel mehr aufrecht, meist nur am Grunde dem Boden aufliegend. Die kürzeren (äußeren) Filamente behaart. Sepalen mit kurzen (± 1 mm langen) Drüsenhaaren. Knospen fast kugelförmig (fig. 142a) ...... Tr. disgrega (S. 154)

Sepalen mit langen (± 3 mm) Drüsenhaaren. Knospen länglich (fig. 142b) .... f. glandulosa (S. 154)

13. Callisia

.... C. repens (S. 157)

15. Commelina, 20. Phaeosphaerion

1. Ränder der Spatha im basalen Teil hoch hinauf verwachsen, Spatha an der Basis gestutzt, kurz und undeutlich gestielt (fig. 158, 160). Unteres (äußeres) Petalum reduziert, nicht blütenkronenartig gefärbt, daher scheinbar nur 2 Petalen vorhanden (fig. 153) 2

— Spatha zweiklappig zusammengefaltet, Ränder ganz frei, an der Basis abgerundet bis herzförmig, meist deutlich und länger als 0,5 cm gestielt (fig. 156, 157, 159, 161) 3

2. Spatha fast gleichseitig-dreieckig, nur am freien Rande etwas gewimpert. Je 2 Wickel in einer Spatha, der hintere Pedunculus die Spatha weit überragend. Blattscheiden mit intensiv braunen Wimpern. Blüten hellblau. (fig. 160) ... . C. robusta (S. 161)

— Spatha länger als breit, sichelförmig in eine Spitze ausgezogen, in der Umgebung der Falzkante behaart (fig. 158). Nur ein Wickel in jeder Spatha ausgebildet, daneben ein Rudiment eines zweiten Pedunculus (in der Spatha verborgen). Blattscheiden nicht mit braunen Wimpern. Blüten zart lila bis fast weiß. Blätter lanzettlich bis eilanzettlich, Spathen 2—5 cm lang .... C. erecta (S. 160)

Blätter linealisch bis linealisch-lanzettlich, Spathen 1—3 cm lang .... var. angustifolia (S. 161)

3. Blattscheiden auf der ganzen Fläche mit intensiv brauner Behaarung. Früchte kugelrund, sich nicht öffnend, weißlich .... Ph. rufipes (S. 165)

— Blattscheiden kahl oder mit weißlicher Behaarung 4

4. Pflanze mit dichtem Büschel von Wurzelknollen. Spatha an der Falzkante mit ± konvexer Umrißlinie (fig. 159), 2—2,5 cm lang, nach dem Verblühen verhärtend. Blütenkrone tief azurblau, mit fast gleichen, sitzenden Petalen (fig. 155) .... C. tuberosa (S. 162)

— Pflanze nicht mit knollig verdickten Wurzeln, Spathen an der Falzkante mit gerader oder ± konkaver Umrißlinie, nicht verhärtend. Blütenkrone meist heller blau 5

5. Pflanze ± behaart, Blätter lang und schmal zugespitzt, Früchte kugelrund, sich nicht öffnend, violett (fig. 161) .... Ph. leiocarpa (S. 165)

— Pflanze höchstens am Rande der Blattscheiden und Spathen gewimpert und mit Haarleiste am Stengel, sonst völlig kahl. Frucht eine Kapsel. Spathen einzeln stehend, kleiner als 2 cm, ausgebreitet schwach herzförmig, zusammengefaltet nach rückwärts kaum über den Pedunculus hinausragend (fig. 157). Pflanze kriechend .... C. diffusa (S. 158)

Spathen am Ende des Stengels gehäuft, größer als 2,5 cm, ausgebreitet tief herzförmig, zusammengefaltet nach rückwärts deutlich über den Pedunculus hinausragend (fig. 156). Pflanze ± aufrecht wachsend .... var. cordispatha (S. 159)

17. Dichorisandra

.... D. hexandra (S. 163)

19. Murdannia

.... M. nudiflora S. 164)

20. Phaeosphaerion

Artenschlüssel s. unter 15. Commelina. (S. 176)

23. Tinantia

1. Sepalen kahl oder höchstens schwach behaart 2

— Sepalen dicht drüsenhaarig .... (T. erecta s. lat.) 4

2. Stengel gefurcht und fast geflügelt-kantig, kahl, hyalin. Sepalen an reifen Früchten ± 1 cm lang, besonders das obere am Grunde oder auf der ganzen Fläche mit kleinen warzigen Höckerchen. Haare der Filament einfarbig, blaßviolett. Pedunculus häufig S-förmig gekrümmt ..... T. longipedunculata (S. 168)

— Stengel stielrund, ± behaart 3

3. Pflanze robust, oft über 1 m hoch, Stengel am Grunde mehr als 0,5 (bis 1,5) cm im Durchmesser, dicht rückwärts angedrückt behaart. Sepalen an reifen Früchten ± 16—18 mm lang. Haare der Filamente lila und z. T. an der Spitze hell gelblich. Pedunculus kahl oder fast kahl. Samenanlagen meist 3—5 je Fach .... T. leiocalyx (S. 168)

— Pflanze zarter, meist höchstens 50 cm hoch, Stengel weniger als 0,5 cm im Durchmesser, schwächer behaart. Sepalen an reifen Früchten ± 1 cm lang. Pedunculus dicht kurzhaarig. Samenanlagen 2 je Fach. T. glabra (S. 167)

4. Blätter fast stets über 10 cm, bis reichlich 20 cm lang, in der Regel über der Mitte am breitesten, an der Spitze rasch, zur Basis hin allmählich verschmälert, meist am oberen Ende des Stengels schopfig zusammengedrängt. Infloreszenz aus 1 bis vielen, oftmals in 2 (3) Wirteln übereinander stehenden Wickeln zusammengesetzt 5

— Blätter meist unter 10 cm lang, unter der Mitte am breitesten, an der Basis ± abgerundet, an der Spitze langsamer verschmälert als an der Basis, nicht am oberen Ende des Stengels schopfig zusammengedrängt. Infloreszenz meist aus 1—2 (3) Wickeln bestehend 6

5. Pedunculus zart (kaum 1 mm im Durchmesser), Brakteolen sehr klein (kaum über 2 mm lang), Petalen 0,5 cm lang oder kürzer, Pedicelli (an reifen Früchten) kürzer als 0,7 cm. Infloreszenz häufig stockwerkartig aus 2 und selbst 3 Wirteln zusammengesetzt. Pedunculus und Stengel grün T. parviflora (S. 169)

— Pedunculus kräftig (2 bis über 3 mm im Durchmesser), Brakteolen größer (länger als 0,3, bis über 1 cm), Petalen länger als 0,5 cm, Pedicelli in der Regel länger als 0,7 cm. Infloreszenz meist aus 1, selten 2 Wirteln zusammengesetzt. Pedunculus und seine Behaarung hellbläulich, Stengel rotbraun gefleckt .... T. standleyi (S. 169)

6. Stengel mit deutlicher Haarleiste, Scheiden gewimpert. Petalen größer als die Sepalen (1—1,5 cm lang), tief blau, Haare an den Filamenten blau und gelb. Pedunculus, Sepalen und Stengel grün .... T. erecta (S. 167)

— Stengel ohne oder mit undeutlicher Haarleiste, Scheiden oft ungewimpert. Petalen höchstens so groß wie die Sepalen, kleiner als 1 cm, weiß, Haare an den Filamenten gelb. Pedunculus, obere Hälfte der Sepalen und deren Behaarung tief rot- (selten blau-)violett gefärbt. Stengel rotbraun gefleckt............ ....T. violacea (S. 170)

D. Pontederiaceae

I. Geographie

1. Das amerikanische Areal

In Amerika sind die *Pontederiaceen* mit etwa 22 Arten vertreten, die das tropische und subtropische Gebiet besiedeln und darüber hinaus bis in die gemäßigten Zonen, im Norden bis zu einer Breite von nahezu 50° vordringen (fig. 164). In Anbetracht des riesigen Areals ist also die Artenzahl recht gering. Wie häufig bei Sumpf- und Wasserpflanzen besitzt nämlich eine Reihe von Arten eine sehr weite Verbreitung, und zwar übertreffen sie hierin die *Commelinaceen* noch erheblich. Selbst zwischen der *Pontederiaceen*-Flora Zentralamerikas und West-Indiens einerseits und der Nord-Argentiniens andererseits bestehen noch keine durchgreifenden Unterschiede. *Heteranthera reniformis* und *H. limosa* sind gar von den nördlichen USA bis nach Patagonien überall eine mehr oder weniger häufige Erscheinung (fig. 166).

Dennoch ist das Gesamtareal der Familie in Amerika in charakteristischer Weise begrenzt, und einige gemeinsame Züge mit den Arealen der *Xyridaceen* und *Eriocaulaceen* sind nicht zu verkennen (vgl. S. 16f. und fig. 29, 30). Sie zeigen sich z. B. darin, daß die pazifische Seite Nord- und Südamerikas im allgemeinen gemieden wird. Eine nähere Betrachtung lehrt, daß die westliche Verbreitungsgrenze in Zentralamerika die pazifische Küste erreicht, jedoch landeinwärts nach Osten abschwenkt, wo die extremen Trockengebiete in den Westteilen Amerikas liegen, also im nördlichen Mexico und bei Guayaquil in Ecuador. Dort jedenfalls wird die Arealgrenze von Vester angegeben (77, p. 311; 346, fig. 127). Nach Bruns kommt *Heteranthera reniformis* allerdings auch noch im Küstengebiet von Perú vor (11, p. 21), doch sind die *Pontederiaceen* dort zumindest recht selten. Auch in Nordamerika kommt westlich der Rocky Mountains nur noch eine einzige Art vor.

Daß die Wüstenstriche von den Sumpf- und Wasserpflanzen nicht besiedelt werden, ist verständlich. Mit einer Ausnahme fehlen die *Pontederiaceen* jedoch auch an den weiter vom Äquator entfernten Westküsten, in denen das Wüstenklima wieder von einer sehr niederschlagsreichen Witterung abgelöst wird, wie das etwa in Nord-Kalifornien, Oregon und dem Staat Washington bzw. in Mittel- und Südchile der Fall ist. Die Ursache kann einmal darin liegen, daß diese Küstenstreifen wegen der vorgelagerten Wüsten und Gebirgsketten nur schwer erreicht werden können. Viel Wahrscheinlichkeit dürfte aber auch die Annahme besitzen, daß hierbei die Temperaturverhältnisse eine wichtige Rolle spielen. Man darf wohl annehmen, daß die *Pontederiaceen* während der Vegetationsperiode eine bestimmte Mindesttemperatur benötigen. Setzt man voraus, daß im Minimum eine Juli- (bzw. auf der Südhalbkugel Januar-) Temperatur von etwa 20° C erforderlich ist, und umgrenzt das Gebiet, in dem diese Bedingung erfüllt ist und in dem zugleich mehr als 500 mm Niederschlag im Jahre fällt, so bekommt man eine recht gute Übereinstimmung mit dem *Pontederiaceen*-Areal (fig. 163).

Andererseits vermögen die *Pontederiaceen* offenbar kalte Wintermonate zu überdauern. A. G. Schulz gibt an, daß sie in Argentinien, sofern sie durch Frosteinwirkung absterben, gewissermaßen zu Annuellen werden (60, p. 47). Diese relative Unempfindlichkeit ermöglicht das Vordringen bis weit über die Wendekreise hinaus. Dementsprechend ist auch etwa zwischen Florida und den Antillen keine so einschneidende Grenze vorhanden wie bei den rein tropischen, nicht frostresistenten Gruppen.

Von Mexico bis Ecuador ist auch das pazifische Gebiet zugleich warm und, wenigstens ein halbes Jahr lang, feucht genug, um den *Pontederiaceen* günstige Lebensmöglichkeiten zu bieten. So sind in Zentralamerika vor allem 5 Arten vertreten, die im warmen Amerika eine sehr allgemeine Verbreitung besitzen, und die auch in El Salvador vorkommen (wegen *Eichhornia azurea* s. S. 185). In einigen Ländern wird die Artenzahl dadurch erhöht, daß sie im Kontaktbereich der mehr oder weniger vikariierenden Arten *Pontederia cordata* s. lat. und *P. rotundifolia* liegen (fig. 165). In Guatemala tritt außerdem die sonst im östlichen Südamerika beheimatete *Eichhornia paradoxa* (Kth.) Seub. auf, ist aber bisher nur von einem einzigen Fundort bekannt geworden.

2. Die vikariierenden Arten

Eine Reihe von Arten weist stark disjunkte Areale auf, am extremsten wohl *Heteranthera peduncularis* Benth., sofern Schulz die aus Argentienien bekannte *Heteranthera reniformis* var. *multiflora* Griseb. mit Recht zu der oben genannten, in Mexico und im Mississippi-Gebiet verbreiteten Art zieht (60, p. 67ff.). Zum Teil dürften allerdings die vermeintlichen Areallücken auf der ungenügenden Kenntnis der südamerikanischen Flora beruhen.

Einigermaßen sichergestellt zu sein scheint die Disjunktion bei *Pontederia cordata* s. lat. (fig. 165). Eigentümlicherweise wird die Lücke weitgehend durch *P. rotundifolia* ausgefüllt. O. Schwartz vermutet, daß es sich bei *P. rotundifolia* um die jüngere Art handle, die *P. cordata* s. lat. in großen Teilen Süd- und Zentralamerikas verdrängt und dadurch deren Areal zweigeteilt habe. Teilweise treten aber auch beide Arten gemeinsam auf, so vor allem im Paraná-Gebiet, was Schwartz damit zu erklären sucht, daß hier ein Gleichgewicht noch nicht eingetreten sei (61, p. 49).

Es ist jedoch auch hier zu berücksichtigen, daß *P. rotundifolia* häufig nicht von *P. cordata* unterschieden wurde, so daß möglicherweise für manche Gegenden noch falsche Angaben vorliegen. Außerdem gehen bis heute die Auffassungen über *P. cordata* s. lat. auseinander. Von Alexander (1, p. 58) und Standley & Steyermark (71, p. 50ff.) wird sie in 4 Arten aufgespalten. Shery sieht sie dagegen nur als Varietäten an (81, p. 156f.), und Schulz ist sogar der Meinung, daß selbst die Varietäten nicht aufrechterhalten werden könnten, da häufig deren Merkmale sogar an einem Individuum vereinigt seien (60, p. 75).

Da El Salvador im nördlichen Kontaktbereich der beiden Arten liegt, gewinnen die Verhältnisse in diesem Land besonderes Interesse. Standley & Calderón nennen *P. cordata* für El Salvador und geben an, sie sei „común en los ríos y estanques" (70, p. 66). Dagegen habe ich nur *P. rotundifolia* gefunden, die keineswegs besonders häufig ist. Es muß zwar berücksichtigt werden, daß seit der Bearbeitung der Lista Preliminar durch Standley & Calderón die starke Kultivierung die Verhältnisse im Lande erheblich geändert hat, doch dürfte gerade die Sumpf- und Wasservegetation davon am wenigsten berührt worden sein, da sich die Kultivierungsmaßnahmen bisher mehr auf Rodung von Wald- und Buschgelände beschränkt haben, während Entwässerungen, Flußregulierungen u. dgl. kaum durchgeführt worden sind. An vielen Orten, die an sich wohl für geeignet gehalten werden könnten, fehlt aber *P. rotundifolia*, und man gewinnt in El Salvador nicht den Eindruck, als ob sie dort der *P. cordata* den Platz streitig gemacht hätte. Vielleicht ist auch die Frage der Verdrängung von *P. cordata* überhaupt etwas unsicher, da *P. rotundifolia* viel speziellere Ansprüche an den Standort zu stellen scheint als die erstgenannte (vgl. S. 187).

Ähnliche Verhältnisse, wenn auch weniger weit fortgeschritten, vermutet Schwartz bei den nahe miteinander verwandten Arten *Eichhornia azurea* und *E. crassipes*. Hier besiedeln in der Tat beide etwa die gleichen Biotope, und Schwartz stellt sich vor, daß *E. crassipes* unmittelbar von *E. azurea* abstamme und im Begriff sei, deren Areal schnell in Besitz zu nehmen, da sie konkurrenzfähiger sei und überall, wo sie auftrete, *E. azurea* verdränge. Es komme daher im allgemeinen an einem Ort nur jeweils eine der beiden Arten vor (61, p. 45).

Wenn diese Ansicht zutreffend ist, muß der Vorgang der Verdrängung in El Salvador bereits abgeschlossen sein, da *E. crassipes* im Tiefland an geeigneten Orten überall massenhaft entwickelt ist und in der Tat in ihren dichten Beständen keine andere Art duldet. *E. azurea* fehlt dagegen anscheinend vollständig. Allerdings läßt sich aus diesem Grunde nicht sagen, ob sie früher hier überhaupt beheimatet gewesen ist. Vielleicht ist aber die ähnliche *E. heterosperma* in diesem Punkt mit jener vergleichbar. Sie ist in El Salvador recht selten. Es sind mir nur zwei Fundorte bekannt geworden, von denen ich nur einen selbst besuchen konnte. Bei diesem handelt es sich um einen sehr flachen Tümpel, der während der regenlosen Periode völlig austrocknet. Blütenpflanzen waren dort bezeichnenderweise sehr spärlich, dafür war die gesamte Wasserfläche mit *Salvinia* bedeckt. Unter derartigen Bedingungen wurde *E. crassipes* in El Salvador niemals angetroffen. Es wäre also durchaus möglich, daß *E. heterosperma* auf solche ungünstigen Standorte zurückgedrängt ist.

II. Ökologie

1. Standortansprüche der Pontederiaceen in El Salvador

Die *Pontederiaceen* bevorzugen in El Salvador solche Orte, die während des ganzen Jahres naß sind bzw. Seen, deren Wasserstand nicht allzu stark schwankt. Streng hieran gebunden sind sie jedoch nicht, zumindest nicht alle Arten. Vor allem *Heteranthera reniformis* und *Eichhornia heterosperma* wurden auch auf stark austrocknenden Bach- und Seeufern beobachtet. Anscheinend werden sie dort in ähnlicher Weise zu „Annuellen" wie an den Grenzen des *Pontederiaceen*-Areals unter dem Einfluß der kalten Jahreszeit.

Die meisten der in El Salvador vertretenen Arten sind auf die heiße Region unterhalb 500 m beschränkt. Es müssen dafür jedoch besondere lokale Ursachen vorliegen. Wegen der bis über die Subtropen hinausreichenden zonalen Verbreitung wäre an sich ja schon eine entsprechend weite regionale Verbreitung zu erwarten. So werden denn auch etwa von Standley & Steyermark für Guatemala z. T. ganz erhebliche Höhen als obere Grenzen angegeben (71, p. 44—50):

Eichhornia azurea	1900 m
Eichhornia crassipes	2300 m
Heteranthera limosa	3000 m
Heteranthera reniformis	2000 m
Pontederia rotundifolia	1300 m

Auch Reiche berichtet über das Vorkommen von *Eichhornia crassipes* in der Umgebung der Hauptstadt Mexicos, wo bereits häufig Frostschaden an den Pflanzen eintritt (53, p. 71).

In Übereinstimmung mit diesen Angaben befindet sich in El Salvador nur *Heteranthera reniformis*, die bis zu 1800 m festgestellt werden konnte. Sie wächst sowohl in den recht kühlen Gebirgsbächen wie auch an sehr heißen Stellen im Tiefland, etwa auf sich in der Sonne stark erhitzendem Schlammboden, der nicht selten Temperaturen von 45° C oder selbst noch darüber annimmt.

Wenn die übrigen Arten über 500 m nicht angetroffen werden, so kann dafür vielleicht z. T. der Mangel an geeigneten Standorten verantwortlich gemacht werden, da Plateaus mit sumpfigem Gelände, flache Flußufer und langsam fließende Gewässer dort kaum vorhanden sind. In erster Linie mag das für *Heteranthera limosa* und *Pontederia rotundifolia* von Bedeutung sein. Dagegen ist nicht leicht einzusehen, warum keiner der meist zwischen 1300 und 1600 m gelegenen Kraterseen für die *Eichhornia*-Arten geeignet sein sollte.

2. Periodizität

Die Bevorzugung von Orten mit gleichmäßigem Wasserstand hat im Zusammenhang mit den geringen jahreszeitlichen Temperaturschwankungen eine Erscheinung zur Folge, die schon an einer besonders feuchtigkeitsliebenden *Commelinacee* beobachtet wurde. Die Blütezeit der *Pontederiaceen* ist kaum noch von dem Jahresrhythmus des Klimas abhängig. Dennoch ist eine Periodizität an den einzelnen Individuen festzustellen. Sehr schön läßt sich das an häufigen Arten wie *Eichhornia crassipes* und *Heteranthera reniformis* beobachten, von denen man das ganze Jahr über blühende Bestände antreffen kann, während zur gleichen Zeit ein anderer oder auch ein Teil desselben Bestandes in vegetativem Zustand verharrt. Es fehlt nur der gleichrichtende Faktor, der alle Individuen zwingt oder veranlaßt, vegetative und generative Perioden in denselben Zeitraum zu legen.

Eine Einschränkung muß selbstverständlich dort gemacht werden, wo größere Schwankungen im Wasserstand eintreten oder eventuell ganze Gewässer austrocknen. Aber auch dann besteht meist kein direkter Zusammenhang mit dem

Klimarhythmus, da Wasserstand der Seen und Wasserführung der Flüsse abhängig sind von Grundwasserbedingungen, von der Lage der Einzugsgebiete, die eventuell bis in Gegenden mit immerfeuchtem, atlantischem Klima reichen, usw.

Es liegt hier also genau der entgegengesetzte Fall vor wie bei den *Bromeliaceen*. Diese sind vom Substrat und vor allem vom Bodenwasser unabhängig, oder wenigstens trifft dies für die meisten der in El Salvador vorkommenden Arten zu. Dagegen bestehen enge Beziehungen zum Klimarhythmus, indem jede Art zu einem bestimmten Zeitpunkt des Jahres blüht. Unter dem Einfluß z. T. recht geringer Schwankungen in der Niederschlagsmenge oder der Luftfeuchtigkeit beginnt die Blüte bei allen Individuen einer Art annähernd um die gleiche Jahreszeit. Die *Pontederiaceen* sind ihrerseits auf große Mengen Bodenwassers oder sogar auf offene Gewässer angewiesen, eine artlich gebundene Blütezeit gibt es jedoch nicht, vielmehr verläuft der Wechsel zwischen vegetativer und generativer Phase unabhängig von den Klimaschwankungen und bei den Individuen verschieden.

3. Die Variabilität der Blattstiele von Eichhornia crassipes

Die auffallend verschiedene Gestalt der Blattstiele bei *Eichhornia crassipes* ist vielfach auf den Wechsel in der Höhe des Wasserspiegels zurückgeführt worden. Der nächstliegende Gedanke ist in der Tat, daß die schwimmenden Pflanzen dicke, oft fast kugelige, die dem Boden aufliegenden dagegen schlanke Stiele ausbilden (fig. 169). Das trifft aber nicht zu, denn man findet nicht selten kurzstielige Formen im Boden wurzelnd an Stellen, die nur zeitweilig vom Wasser erreicht werden, andererseits langstielige Individuen, weit ab vom Ufer, auf dem Wasser schwimmend, und zwar ebenso gut schwimmend wie die kurzstieligen. Der Durchmesser der Blattstiele bleibt übrigens annähernd gleich, die fast kugelige bzw. die schlanke Gestalt kommt also nur durch die sehr unterschiedliche Länge der Stiele zustande, die zwischen 2 cm und reichlich 50 cm schwankt.

Auch der Umstand, daß an dem Rande eines Bestandes, der dem offenen Wasser zugewendet ist, die Gefahr für die Einzelpflanzen, durch Wellenschlag umgeworfen zu werden, größer ist als uferwärts, wie Goebel vermutet (20, Bd. II, p. 255), scheint nicht für die unterschiedliche Gestaltung der Blattstiele ausschlaggebend zu sein, wie schon daraus hervorgeht, daß kurzstielige Formen selbst an nur gelegentlich überschwemmten Stellen vorkommen. Darüber hinaus sieht man oftmals gerade in Ufernähe, daß die langgestielten Pflanzen wieder von kurzstieligen abgelöst werden, oder es sind auch ruhige Buchten allein mit der letzteren ausgefüllt. Ebensowenig liegen die Verhältnisse einfach so, daß die am Ende der Ausläufer sich neubildenden Rosetten zuerst kurze, später, im Alter, lange Stiele ausbilden (20, Bd. II, p. 254), denn in der Regel ist schon der erste Blattstiel einer jungen Rosette, die einer langgestielten Pflanze entstammt, bei aller Winzigkeit deutlich gestreckt und viel länger als bei einer solchen, die von einer kurzstieligen Pflanze abstammt.

Auch experimentelle Untersuchungen von Boresch, die eine Abhängigkeit von Temperatur und Lichtmenge ergaben (6), bringen keine Klärung für die Verhältnisse am natürlichen Standort. Auf einer Wasserfläche sind Licht und Temperatur sehr ausgeglichen und ändern sich jedenfalls nicht auf Entfernungen von wenigen Metern. In einem solchen Abstand findet man aber sehr häufig lang- und kurzstielige Formen beieinander. Wenn daher Boresch durch Beschattung längere Blattstiele erzeugte, so dürfte es sich dabei um Vergeilung gehandelt haben, die im Freien keine Rolle spielt. Dafür spricht auch, daß er an den langen Blattstielen einen Umfang von nur 3 cm gemessen hat, das ist kaum die Hälfte des Umfangs, den ein im Freien gewachsener Blattstiel aufweist. Auch seine Beobachtung, daß die langgestielten Formen sehr viel weniger schwimmfähig seien als die kurzstieligen, zeigt, daß bei dem Gewächshausmaterial doch offenbar ganz andere Verhältnisse herrschen.

Was als wahre Ursache für die Entwicklung langer oder kurzer Stiele anzusehen ist, kann mit Sicherheit auch hier nicht gesagt werden. Vermutlich müssen mehrere Gründe dafür verantwortlich gemacht werden. Zweifellos dürften ungünstige Standortbedingungen, wie etwa zu geringe Feuchtigkeit, Ausbildung kurzer Blattstiele bewirken. Daher wohl auch das Auftreten solcher Formen an zeitweilig bloßliegenden Uferstreifen oder an nur zeitweilig überschwemmten Stellen.

Weiterhin scheint es möglich, daß die kurzstielige Form dort auftritt, wo offene Wasserflächen neu besiedelt oder große Lücken ausgefüllt werden, die innerhalb eines Bestandes entstanden sind. Es wäre denkbar, daß bei allseits eingeengten Pflanzen die Bildung von Bereicherungssprossen gehemmt wird, und sich stattdessen kräftige Exemplare mit großen Blättern und langen Blattstielen entwickeln, und umgekehrt, daß die Pflanzen bei nicht beengter Lage rasch Bereicherungssprosse produzieren, was dann aber auf Kosten der Rosetten geht, die nur aus kleinen, kurzstieligen Blättern bestehen.

Diese Vorstellung scheint am besten übereinzukommen mit eigenen Beobachtungen in El Salvador, wonach die kurzstielige Form nicht nur zum offenen Wasser hin auftritt, sondern daß auch die Schneisen, die von den Fischern durch die dichten Bestände gebahnt werden, immer von solchen ausgefüllt waren. Entsprechende Feststellungen ließen sich ferner dort machen, wo das Vieh während der Trockenzeit die ufernahen Streifen beweidete. Auch dort herrschten immer kurzstielige Formen vor.

Ob die kurzstieligen Pflanzen später dazu übergehen, langgestielte Blätter zu bilden, da sie ja dann in einem dichten Bestande stehen, oder ob dies erst an den wenigen neu gebildeten Rosetten eintritt, konnte nicht beobachtet werden. Im ersten Fall würde die Ansicht von Goebel zum Teil bestätigt. Es müßte dann nur die Einschränkung gemacht werden, daß in einem dichten Bestande langgestielter Individuen die neu gebildeten Rosetten bereits von Anfang an lange Blattstiele entwickeln.

III. Kritische Aufzählung der Arten in El Salvador mit Bemerkungen zur Ökologie

1. EICHHORNIA Kunth
in Enum. 4. 129 (1843)

In Amerika mit 6 Arten vertreten, in der Hauptsache im tropisch-subtropischen Teil des *Pontederiaceen*-Areals. 2 oder 3 Arten in Zentralamerika verbreitet, eine weitere, *E. paradoxa* (Kth.) Seub., aus Guatemala bekannt.

Eichhornia heterosperma Alex., Smith, A. C. in Lloydia 2. 170 (1939)
(fig. 167, 168, 171)

Über die Verbreitung dieser Art in Zentralamerika läßt sich zur Zeit nichts Bestimmtes sagen, da sie wohl meist als *E. azurea* (Sw.) Kth. angesprochen worden ist. Auch bei den Angaben von Standley & Steyermark, daß *E. azurea* in Zentralamerika häufig sei (71, p. 47; 69, p. 166), ist nicht sicher, ob es sich dabei nicht um *E. heterosperma* handelt.

V: Recht spärlich, nur von 2 Fundorten bekannt. 100 bzw. 40 m.

St: Laguna de Talquezal: Austrocknender Schlamm am Ufer eines in der Trockenzeit verdunstenden Tümpels.

Belegexemplare: R 532—534 (HBG): Dpt. San Vicente, Laguna Talquezal. 29. 12. 1950. — Fassett 38627 (HBG): Dpt. La Unión, Laguna Managuara. 13. 1. 1951.

Eichhornia crassipes (Mart.) Solms in DC. Monogr. Phan. IV. 527 (1883) — Abb. 56, 57.

Pontederia crassipes Mart. in Nov. Gen. 1. 9 (1823)
(Abb. 57)

Von der Diagnose Alexanders (1, p. 57) abweichend: Die inneren Perigonzipfel stumpf oder fast rundlich (nicht spitzlich), die drei oberen Zipfel nicht kürzer als die unteren, eher etwas länger (fig. 170); Griffel dicht drüsenhaarig; Pedunculus meist nicht aus der Spatha hervortretend.

Zweifel an der spezifischen Verschiedenheit von *E. azurea* und *E. crassipes*, wie sie von Standley & Steyermark geäußert werden (71, p. 47), vermag ich nicht zu teilen. Die Autoren berufen sich dabei auf Spruce, der angibt, daß *E. crassipes* am Amazonas keine aufgeblasenen Blattstiele ausbildet, wenn sie nicht mehr schwimmt, sondern dem schlammigen Grund aufliegt. Dabei handelt es sich ja aber nur um die bekannte, weiter oben schon erörterte Erscheinung. Zweifellos stellen die aufgeblasenen Blattstiele kein konstantes Merkmal für *E. crassipes* dar, wohl aber eine Reihe anderer Eigentümlichkeiten wie die starke Stauchung der Hauptachse (bzw. der sie fortsetzenden Nebenachsen) und einige damit zusammenhängende Besonderheiten in der vegetativen Vermehrung (Ausläufer!), ferner die wohlentwickelten Ligularlappen an den Ochreae (bei *E. azurea* zu einem kleinen Apiculus reduziert), die von den Laubblättern stark abweichende Gestalt der unteren Brakteen, die ganzrandigen Perigonzipfel u. a.

V: Sehr häufig. Im Tiefland, unter 500 m.

St: Seeufer, langsam fließende Bäche und Flüsse, schwimmend oder ± fest im Boden wurzelnd. Wohl gewöhnlich vom Ufer aus in das offene Wasser hinauswachsend, vielfach sich aber in ganzen Rasen ablösend, die frei auf der Wasseroberfläche treiben (Abb. 10, 56). Infolge der starken vegetativen Vermehrung oft riesige Flächen bedeckend, so daß ganze Seen ± zuwachsen können (Laguna de Jocotal). Einmal auch in einem Fluß mit starker Strömung beobachtet, wo die Pflanzen, im flachen Wasser dem Boden aufliegend, durch zahlreiche große Steine festgehalten wurden.

Belegexemplare: R 541, 543—546 (HBG), 542 (B): Dpt. Sta. Ana, Laguna de Metapán. 2. 12. 1950. — R 547 (F), 548—552 (HBG): Dpt. San Salvador, Asino. 7. 1. 1951. — R 553—554 (HBG): Dpt. Sta. Ana, Laguna de Metapán. 3. 2. 1951. — R 555—559 (HBG) Dpt. San Miguel, Laguna de Jocotal. 12. 2. 1951. — R 560 (HBG): Dpt. Sonsonate, Atecozol. 24. 3. 1951.

2. HETERANTHERA Ruiz & Pav.

in Fl. Per. Prodr. 9 (1794); Fl. Per. 1. 43 (1798)

Einschließlich der von Alexander aufgestellten bzw. wiedererrichteten Gattungen *Zosterella* Small und *Eurystemon* Alex. in Amerika mit etwa 9 Arten vertreten. Davon in Zentralamerika 3, in El Salvador 2 Arten.

Heteranthera reniformis Ruiz & Pav. in Fl. Per. 1. 43 (1798)
(Abb. 58)

Die Zygomorphie des Perigons, die nach O. Schwartz bei den *Heterantheren* fast verlorengeht (61, p. 35), ist bei dieser Art infolge des linealischen unteren Zipfels im äußeren Kreis mindestens so auffällig wie bei den *Eichhornia*-Arten (fig. 172). Auch ist der obere innere Zipfel breiter als die beiden übrigen des gleichen Kreises und zeichnet sich durch einen kleinen grünlichen Fleck aus anstatt einer ebenso gefärbten feinen Mittellinie bei den übrigen Zipfeln.

V: Überall häufig. 0—1800 m.

St: Flache Gewässer, sumpfige Böden, vorzugsweise in nicht zu schnell fließenden Gewässern mit schlammigem Grund.

Belegexemplare: R 580 (HBG): Dpt. Sta. Ana, Metapán. 6. 1. 1951. — R 581 (HBG), 582 (B): Dpt. La Libertad, Río Chilama. 2. 8. 1950. — R 583 (HBG): Dpt. La Unión, Laguna de Olomega. 19. 4. 1951. — Fassett 28280 (HBG): Dpt. Sta. Ana, Texistepeque. 13. 10. 1950. — R 585—586 (HBG): Sta. Ana. 4. 5. 1951. — R 587—588 (HBG): Dpt. Sonsonate, Los Cóbanos. 10. 5. 1951. — R 589 (HBG, F), 590 (HBG): Dpt. Sonsonate, Atecozol. 10. 5. 1951. — R 591—592 (HBG): Dpt. Sta. Ana, Hda. Los Planes. 24. 8. 1951.

Heteranthera limosa (Sw.) Willd. in Ges. Nat. Freunde Berlin, Neue Schr. 3. 439 (1801)

Pontederia limosa Sw. in Prodr. 57 (1788)

Die Ochreae oft ziemlich lang (bis ± 2 cm) geschwänzt. Der obere Perigonzipfel an der Basis mit hellgelbem Fleck, die beiden benachbarten inneren mit weißlichem Fleck, mit dem des äußeren Zipfels eine einheitlich halbmondförmige Zeichnung bildend (fig. 173). Die 3 oberen Perigonzipfel einander genähert, die unteren ohne Zeichnung, gegeneinander einen Winkel von etwa 60^0 bildend. Filamente flach, blauviolett, etwas drüsenhaarig. Das untere Stamen nach links oder rechts gewendet, mit einer intensiv blauvioletten, nach vorn gestreckten Anthere. Die Filamente der seitlichen Stamina an der Spitze scharf rechtwinklig nach auswärts geknickt und, infolge Torsion der Filamentbasis um reichlich 90°, nach innen aufwärts zeigend, mit blaßgelben Antheren.

V: Anscheinend nicht sehr häufig. Im Tiefland, unter 500 m.

St: Humusreiche bis schlickige Böden, die zeitweilig überschwemmt werden (Abb. 59).

Belegexemplare: R 568, 3406 (HBG): Dpt. La Libertad, Río Chilama. 2. 8. 1950. — R 569, 3404—3405 (HBG): Dpt. Chalatenango, Río Sumpul. 24. 11. 1950. — Fassett 28377 (HBG): Dpt. San Vicente, San Marcos Lempa. 1. 11. 1950. — R 571 (HBG, F), 572—574, 576—579 (HBG), 575 (ITIC, B): Dpt. La Paz, Herradura. 8. 9. 1951.

3. PONTEDERIA L.

in Sp. Pl. 288 (1753)

Eine rein amerikanische Gattung mit 3 (bzw. nach Alexander 6) Arten. Davon 2 in Zentralamerika. In El Salvador wohl nur 1 Art.

(Pontederia cordata L. in Sp. Pl. 288 (1753))

Nach Standley & Calderon in El Salvador gemein (70, p. 66). Wahrscheinlich dürfte jedoch *P. rotundifolia* gemeint sein, da Standley später mehrfach darauf hinweist, daß diese früher meist als *P. cordata* für Mittelamerika genannt worden sei, sich später jedoch als eigene Art herausgestellt habe (69, p. 167; 71, p. 52). Von mir wurde *P. cordata* nicht gefunden.

Pontederia rotundifolia L. in Suppl. 192 (1781)

(Abb. 60)

Von der Diagnose bei Alexander (1, p. 60) abweichend: Die kurzen Stamina im Perigon-Tubus eingeschlossen, die längeren viel kürzer als die Zipfel des Perigons, wenig hervortretend. Die Drüsen mehr rotbraun als schwarz, in einem Fall farblos und daher größtenteils kaum als Drüsen erkennbar. Perigon stets rötlich-lila gefärbt.

V: Anscheinend nicht häufig. Tiefland, unter 500 m.

St: Sumpfige Stellen. Nach Schulz in Argentinien nur entlang der Flüsse und an solchen Stellen, wo nach Überschwemmungen Wasserlachen und Tümpel zurückbleiben (60, p. 79). Das scheint auch für El Salvador zuzutreffen. Stets auf sehr humusreichem bis schlickigem Boden.

Belegexemplare: R 562 (HBG, B), 563—565 (HBG), 566 (HBG, F): Dpt. San Salvador, Asino. 7. 1. 1951. — R 567 (HBG): Dpt. La Libertad, Laguna de Zapotitán. 9. 4. 1951.

Literaturverzeichnis

1. Alexander, E. J. Pontederiaceae. N. Am. Fl. 19. 1. 51—60 (1937).
2. Anales del Observatorio Nacional Meteorológico de San Salvador (1951). Publicaciones del Ministerio de Cultura Popular.
3. Anderson, E. &. R. E. Woodson. The species of Tradescantia indigenous to the United States. Contr. Arn. Arb. IX (1935).
4. Aso, K. Können Bromeliaceen durch die Schuppen der Blätter Salze aufnehmen? Flora 100. 447—450 (1910).
5. Boletín Meteorológico de El Salvador. Inst. Trop. Invest. Cientif. San Salvador. Jahrg. 2 (1952).
6. Boresch, K. Die Gestalt der Blattstiele der Eichhornia crassipes (Mart.) Solms in ihrer Abhängigkeit von verschiedenen Faktoren. Flora 104. 296—308 (1912).
7. Brenan, J. P. M. Notes on African Commelinaceae. Kew Bull. (1952) 179—208.
8. Brückner, G. Beiträge zur Anatomie, Morphologie und Systematik der Commelinaceae. Engl. Bot. Jahrb. 61. Bbl. 137. (1927).
9. — Zur speziellen Systematik der Commelinaceae. Notizbl. Bot. Gart. Berlin. 10. 55—61 (1927).
10. — Commelinaceae. Engler-Prantl, Nat. Pflanzenfam. 2. Aufl. Bd. 15a. 159—181 (1935).
11. Bruns, F. Beiträge zur Kenntnis der Vegetation des peruanischen Küstengebietes. Mitt. Inst. Allg. Bot. Hamburg. VIII. 1—85 (1931).
12. Carlson, M. Additional plants of El Salvador. Bull. Torr. Bot. Club. 75. 272—281 (1948).
13. Carr, F. jr. Outline for a classification of animal habitats in Honduras. Bull. Am. Mus. Nat. Hist. 94. 10. (1950).
14. Choussy, F. Flora Salvadoreña. Publicación del Ministerio Nacional de Agricultura. San Salvador (1924).
15. Clark, J. Beiträge zur Morphologie der Commelinaceen. Flora 93. 481—513 (1904).
16. Clarke, C. B. Commelinaceae. DC. Monogr. Phan. III. 113—320 (1881).
17. Diels, L. Beiträge zur Kenntnis der Vegetation und Flora von Ecuador. Bibl. Bot. 29. 116 (1937).
18. Eichler, A. W. Blüthendiagramme. Leipzig 1875.
19. Goebel, K. Organographie der Pflanzen. III. Samenpflanzen. 2. Aufl. Jena 1933.
20. — Pflanzenbiologische Schilderungen. Marburg 1889/93.
21. Harms, H. Bromeliaceae. Engler-Prantl, Nat. Pflanzenfam. 2. Aufl. Bd. 15a. 65—159 (1935).
22. Harms, H. & J. Mildbraed. Eine Bromeliacee aus dem tropischen Westafrika. Notizbl. Bot. Gart. Berlin. 14. 118—119 (1932).
23. Harshberger, J. W. Phytogeographic Survey of North America. Engler-Drude, Die Vegetation der Erde. XIII. Leipzig 1911.
24. Heineck, A. Der Verlauf des Blütenlebens von Tradescantia virginica L. Naturw. Wochenschr. N. F. VII. 474—477 (1908).
25. Hildebrand, F. Über die Entwicklung der haarigen Anhänge an Pflanzensamen. Bot. Ztg. 30. 257—260 (1872).
26. Hirt, W. Semina scobiformia. Ihre Verbreitung im Pflanzenreich, Morphologie, Anatomie und biologische Bedeutung. Diss. Zürich. Breslau 1906.

27. Höck, F. Die Beschränkung pflanzlicher Verwandtschaftsgruppen von höherem Range als Gattungen auf einzelne Lebensreiche und Pflanzengebiete. Engl. Bot. Jahrb. 50. Suppl. 15. 15—24 (1914).

28. Knuth, R. Initia Florae Venezuelensis. Feddes Rep. spec. nov. Beih. XLIII (1926—1928).

29. Lieske, R. Brasilianische Studien. I. Die Heterophyllie epiphytischer, rosettenbildender Bromeliaceen. Hahrb. wiss. Bot. 53. 502—510 (1914).

30. — Beiträge zur Kenntnis der Ernährungsphysiologie extrem atmosphärischer Epiphyten. Pringsh. Jahrb. 56. 112—122 (1915).

31. Lindschau, M. Beiträge zur Zytologie der Bromeliaceen. Planta 20. 506—530 (1933).

32. Lötschert, W. Sobre la ecologia de la vegetaciòn de los barrancos de El Salvador. Comunicaciones Inst. Trop. Inv. Ci. San Salvador (1953).

33. — La sabana de Morros de El Salvador. Com. Inst. Trop. Inv. Ci. San Salvador. 122—128 (1953).

34. Macbride, J. F. Flora of Perù. Field Mus. Nat. Hist. Chicago. Bot. Ser. 13. 1 (1936).

35. Malme, G. O. A., Xyris L. Untergattung Nematopus (Seubert). Entwurf einer Gliederung. Ark. Bot. 13. 3. 1—103 (1913).

36. Malme, G. O. A. Die amerikanischen Spezies der Gattung Xyris L., Untergattung Euxyris (Endlicher). Ark. Bot. 13. 8. 1—32 (1913).

37. — Xyridaceae. N. Am. Fl. 19. 1. 3—15 (1937).

38. Mansfeld, R. Die Technik der wissenschaftlichen Pflanzenbenennung. Berlin 1949.

39. Marloth, R. Über die Wassermengen, welche Sträucher und Bäume aus treibendem Nebel und Wolken auffangen. Referat (Hann) in Meteorol. Ztg. 23. 547—553 (1906).

40. Martius, C. F. Ph. Flora Brasiliensis. Enumeratio Plantarum in Brasilia. I. I. Tabulae Physiognomicae (1840—1869).

41. Mez, C. Physiologische Bromeliaceenstudien. I. Die Wasser-Ökonomie der extrem atmosphärischen Tillandsieen. Jahrb. wiss. Bot. 40. 157—229 (1904).

42. — Bromeliaceae. Engler, Pflanzenr. IV. 32 (1935).

43. Moewes, F. Die Zisternen der Bromeliaceen. Naturw. 2. 436—439 (1914).

44. Moldenke, H. N. Eriocaulaceae. N. Am. Fl. 19. 1. 17—50 (1937).

45. Morton, F. Guatemala. Karsten & Schenck, Vegetationsbilder 22. 1 (1931).

46. Müller, F. Die Keimung einiger Bromeliaceen. Ber. Dtsch. Bot. Ges. 13. 175—181 (1895).

47. Pennell, F. W. The genus Commelina in the United States. Bull. Torr. Bot. Club. 49. 269—275 (1922).

48. Picado, C. Les Broméliacées épiphytes comme milieu biologique. C. R. Acad. Sci. Paris. 153. 960—963 (1911).

49. Pichon, M. Sur les Commélinacées. Not. Syst. 12. 217—242 (1946).

50. Pittendrigh, C. S. The Bromeliad-Anopheles-Malaria Complex in Trinidad. I. The Bromeliad Flora. Evolution. 2. 58—89 (1948).

51. Pittier, H. Catálogo de la flora Venezolana. Caracas 1945.

52. Porsch, O. Costa Rica. Karsten & Schenck, Vegetationsbilder. 23. 4/5 (1932).

53. Reiche, K. Die Vegetationsverhältnisse in der Umgebung der Hauptstadt von Mexico. Engl. Bot. Jahrb. 58. Bbl. 129. 1—116 (1922).

54. Ruhland, W. Eriocaulaceae. Engler, Pflanzenr. IV. 30 (1903).

55. Sapper, K. Klimakunde von Mittelamerika. Handb. Klimatol. II. H. 1—74 (1932).

56. Schimper, A. F. W. Botanische Mitteilungen aus den Tropen. I. Die Wechselbeziehungen zwischen Pflanzen und Ameisen im tropischen Amerika. Jena 1888.

57. Schimper, A. F. W. Botanische Mitteilungen aus den Tropen. II. Die epiphytische Vegetation Amerikas. Jena 1888.

58. Schimper, A. F. W. & F. C. Faber. Pflanzengeographie auf physiologischer Grundlage. 3. Aufl. Bd. 1. Jena 1935.
59. Schneider-Carius, K. Klimazonen und Vegetationsgürtel in tropischen und subtropischen Gebirgen. Erdkunde II (1948).
60. Schulz, A. G. Las Pontederiáceas de la Argentina. Darwiniana. 6. 45—82 (1942)
61. Schwartz, O. Zur Systematik und Geographie der Pontederiaceen. Engl. Bot. Jahrb. 61. Bbl. 139. 28—50 (1927/28).
62. — Pontederiaceae. Engler-Prantl, Nat. Pflanzenfam. 2. Aufl. Bd. 15a. 181—188 (1930).
63. Schumann, K. Neue Untersuchungen über den Blüthenanschluß. Leipzig 1890.
64. Smith, L. B., Studies in the Bromeliaceae I—XIV. Contr. Gray Herb. (1930—1946).
65. — Studies in the Bromeliaceae XV—XVI. Contr. Un. St. Nat. Herb. (1949—1951).
66. — Geographical evidence on the lines of evolution in the Bromeliaceae. Engl. Bot. Jahrb. 66. 446—468 (1934).
67. — Bromeliaceae. N. Am. Fl. 19. 2. 61—228 (1938).
68. — Some new combinations in Guatemalan Bromeliaceae. Jour. Wash. Acad. Sci. 43. 3. 68—69 (1953).
69. Standley, P. C. Flora of Costa Rica. Field Mus. Nat. Hist. Chicago. Bot. Ser. 18. (1937—38).
70. Standley, P. C. & S. Calderón. Lista Preliminar de Plantas de El Salvador. 2. Ed. San Salvador 1941.
71. Standley, P. C. & J. A. Steyermark. Flora of Guatemala. Chicago Nat. Hist. Mus. Bot. Ser. 24. III. (1952).
72. Steyermark, J. A. Contributions to the Flora of Venezuela. Chic. Nat. Hist. Mus. Bot. Ser. 28. 1 (1951).
73. Szidat, L. Die Samen der Bromeliaceen in ihrer Anpassung an den Epiphytismus. Bot. Arch. 1. 29—46 (1922).
74. Tietze, M. Physiologische Bromeliaceenstudien. II. Die Entwicklung der wasseraufnehmenden Bromeliaceen-Trichome. Zeitschr. Naturw. Halle. 78 1—51 (1906).
75. Troll, W. Vergleichende Morphologie der höheren Pflanzen. Bd. 1. Berlin 1937.
76. Ulbrich, E. Biologie der Früchte und Samen (Karpobiologie). Berlin 1928.
77. Vester, H. Die Areale und Arealtypen der Angiospermen-Familien. Bot. Arch. 41. 203—275, 295—356 (1940).
78. Wissmann, H. v. Pflanzenklimatische Grenzen der warmen Tropen. Erdkunde II. 81—92 (1948).
79. Wittmack, L. Bromeliaceae. Engler-Prantl, Nat. Pflanzenfam. 1. Aufl. II. 4. 32—59 (1888).
80. Woodson, R. E. Commentary on the North American Genera of Commelinaceae. Ann. Miss. Bot. Gard. 29. 141—154 (1942).
81. Woodson, R. E. & R. W. Schery. Flora of Panamá. II. 3. Ann. Miss. Bot. Gard. 31 (1944).
82. Yuncker, Z. G. A Contribution to the Flora of Honduras. Chicago Nat. Hist. Mus. Bot. Ser. 17. 4 (1938).

Index

TAFELN

Taf. 1 – Fig. 1

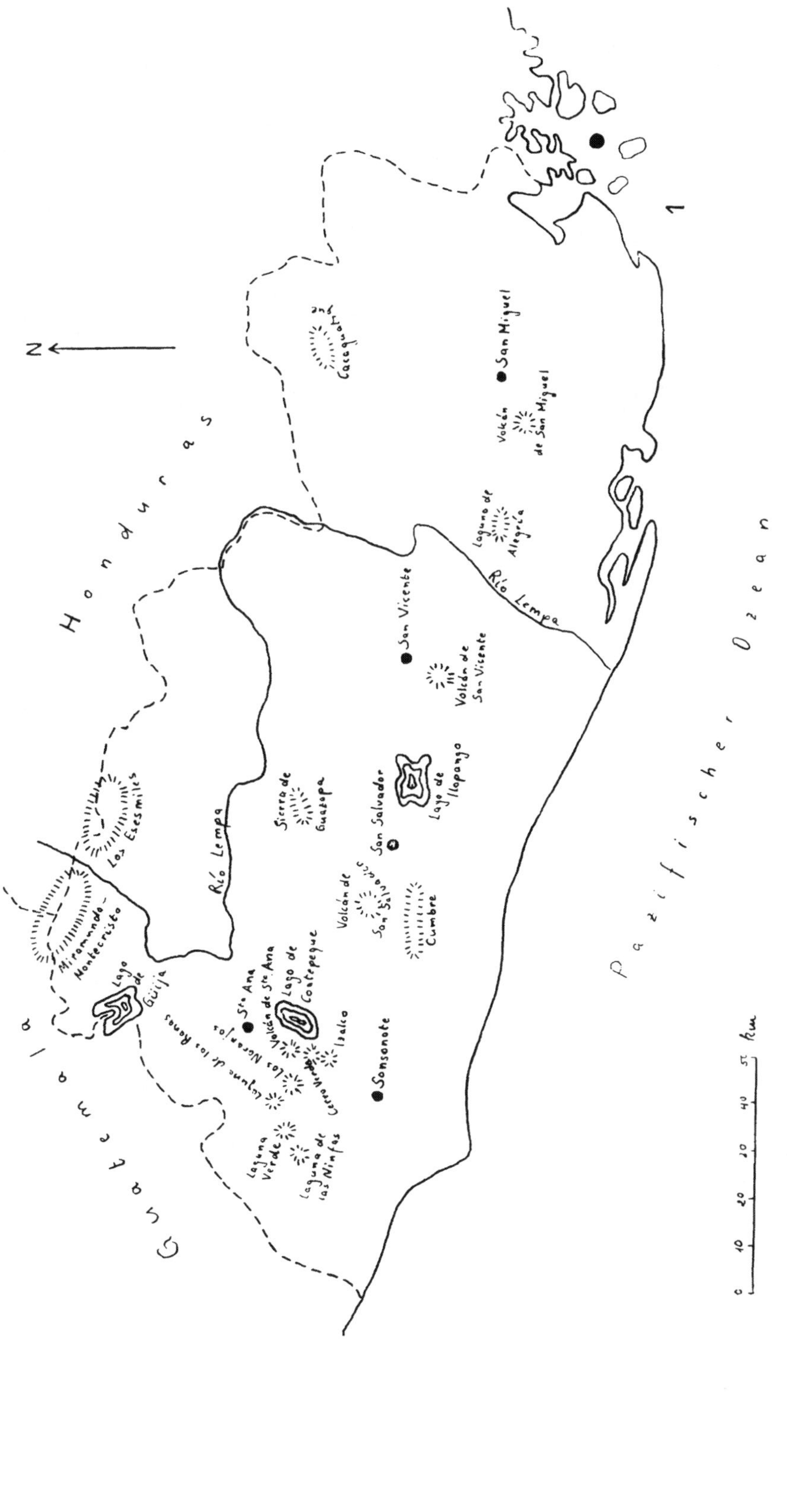
N
Honduras
Guatemala
Pazifischer Ozean
Río Lempa
Cacaguatique
San Miguel
Volcán de San Miguel
Laguna de Alegría
San Vicente
Volcán de San Vicente
Lago de Ilopango
San Salvador
Sierra de Guazapa
Volcán de San Salvador
Cumbre
Los Esesmiles
Miramunda-Montecristo
Lago de Güija
Sta Ana
Volcán de Sta Ana
Lago de Coatepeque
Izalco
Sonsonate
Laguna Verde
Laguna de las Ninfas
0 10 20 30 40 50 km
1

Taf. 2 – Fig. 2—5

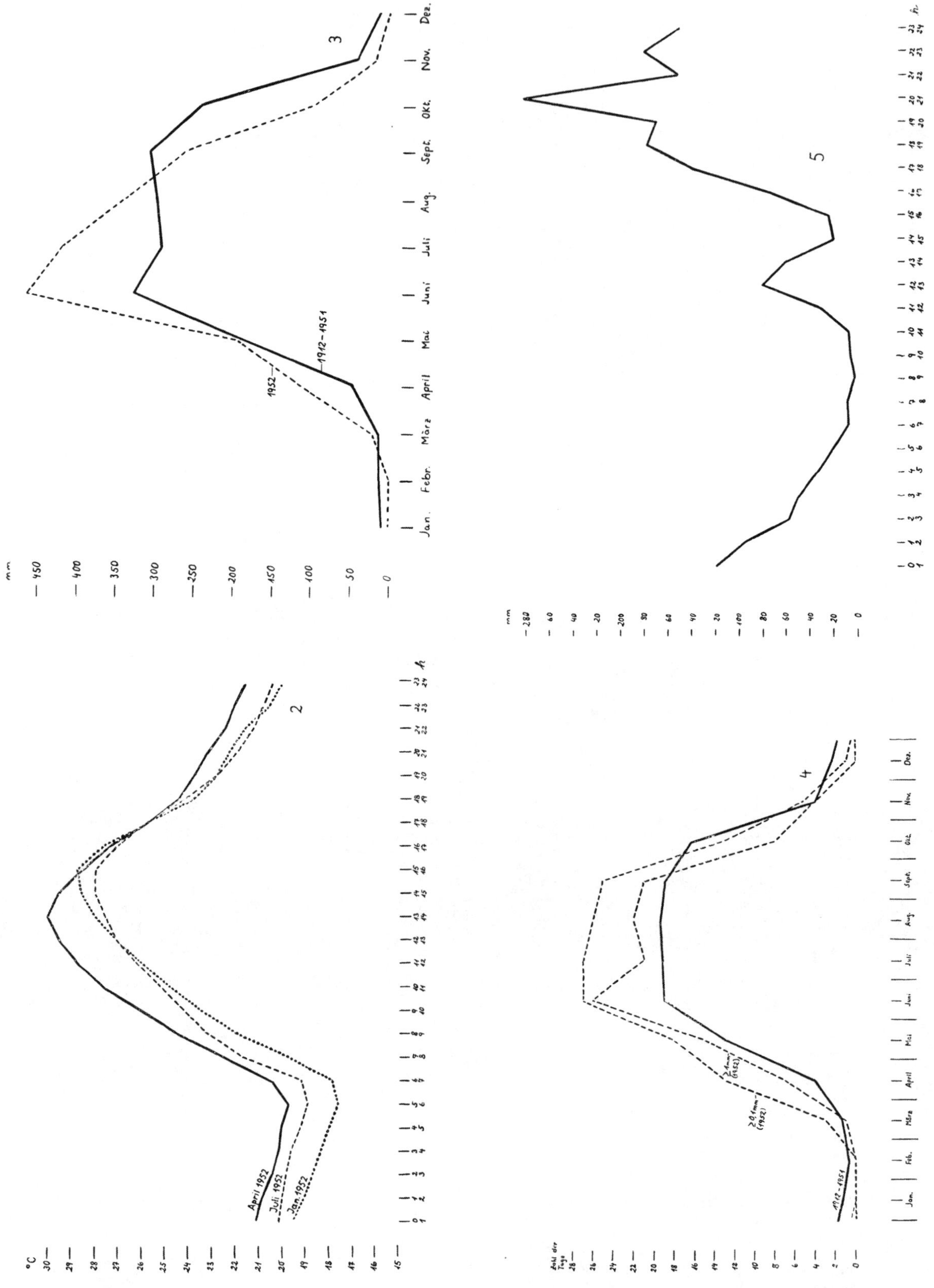
2
3
4
5
April 1952
Juli 1952
Jan. 1952
1952
1912–1951
Jan.
Febr.
März
April
Mai
Juni
Juli
Aug.
Sept.
Okt.
Nov.
Dez.
°C
mm

Taf. 3 – Fig. 6—8

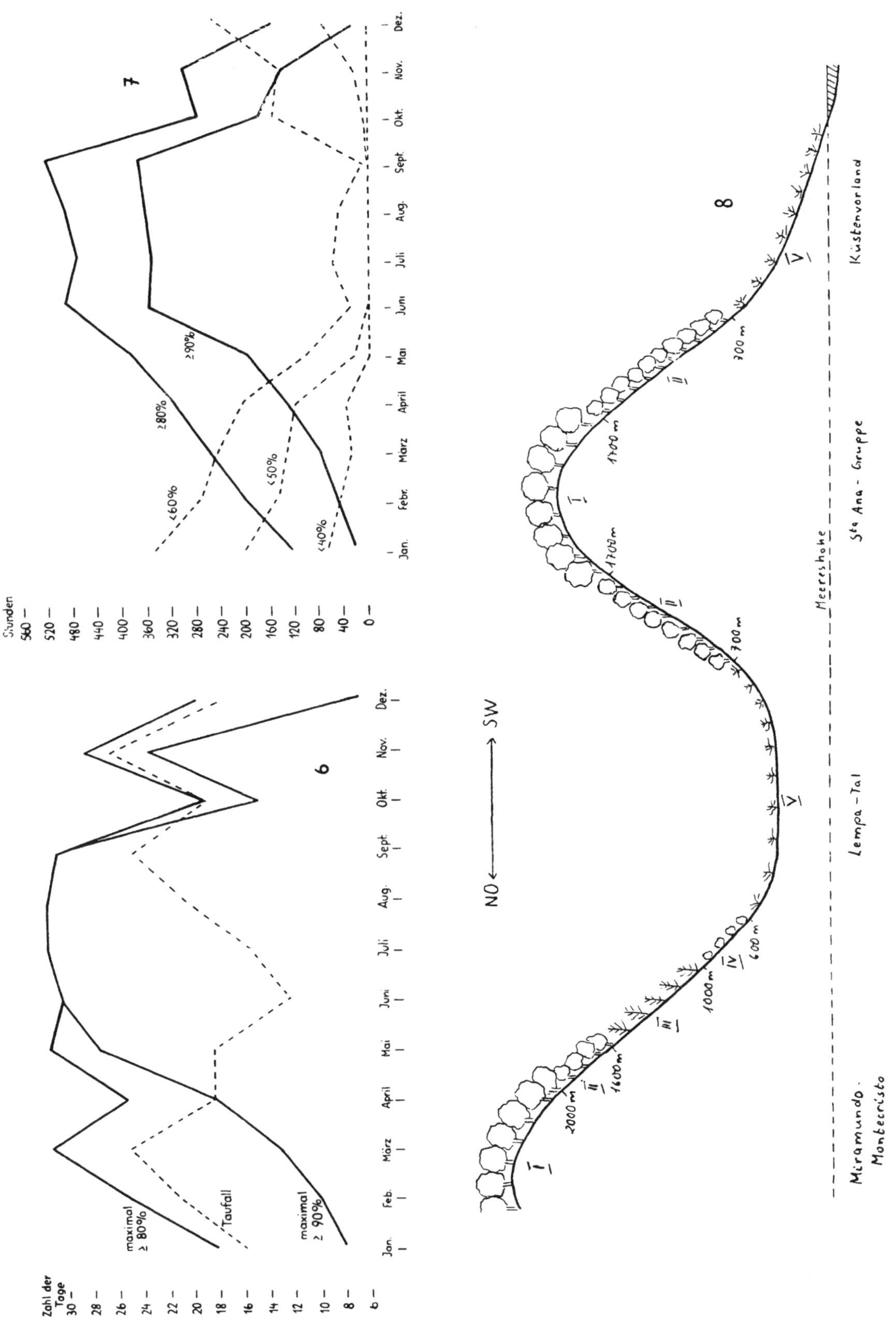

Zahl der Tage
30 28 26 24 22 20 18 16 14 12 10 8 6
maximal ≥ 80%
Taufall
maximal ≥ 90%
Jan. Febr. März April Mai Juni Juli Aug. Sept. Okt. Nov. Dez.
6
Stunden
560 520 480 440 400 360 320 280 240 200 160 120 80 40 0
≥80%
≥90%
<60%
<50%
<40%
7
NO ⟷ SW
8
2000 m
1600 m
1000 m
600 m
700 m
1700 m
Meereshöhe
Miramundo · Montecristo
Lempa - Tal
Sta Ana - Gruppe
Küstenvorland

Taf. 4 – Fig. 9—16

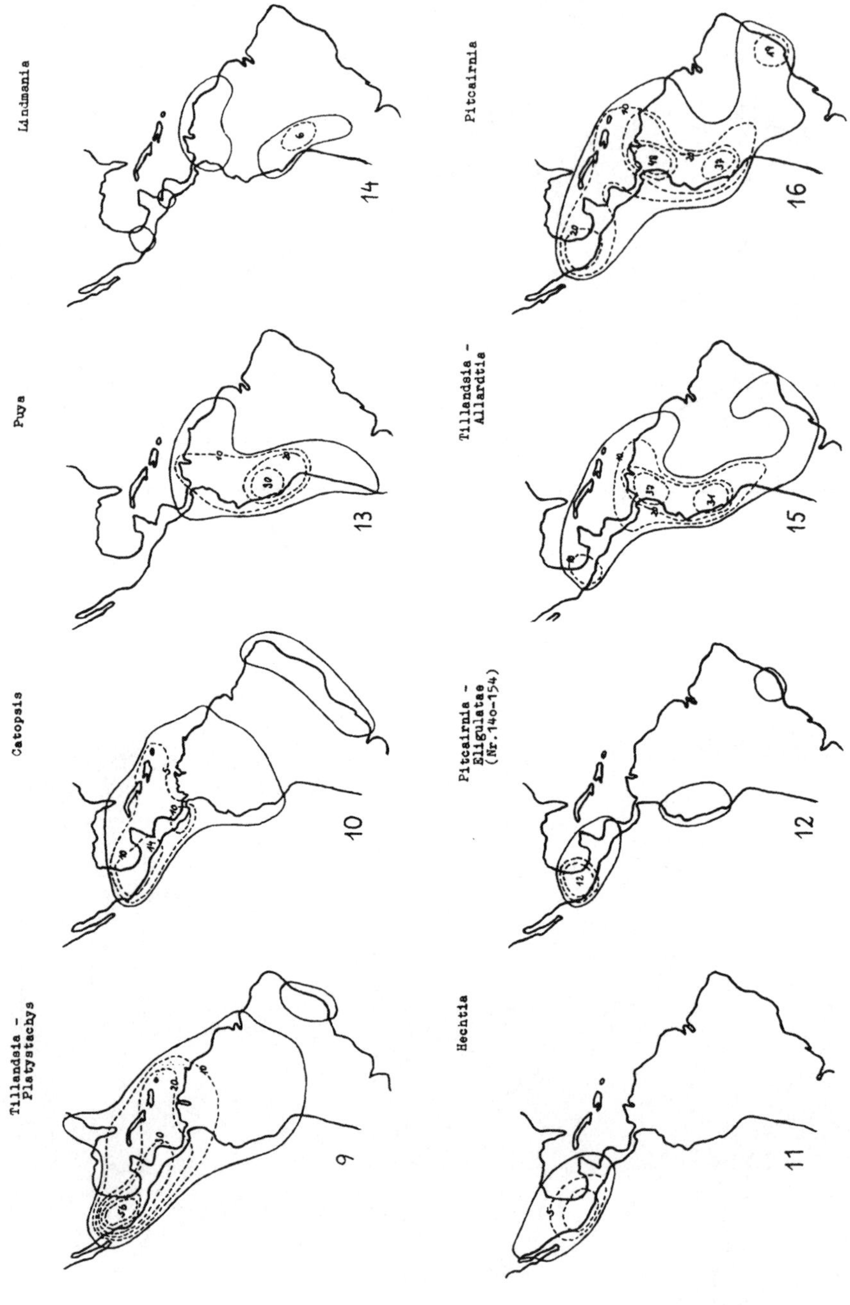
Lindmania
14
Pitcairnia
16
Puya
13
Tillandsia - Allardtia
15
Catopsis
10
Pitcairnia - Eligulatae (Nr. 140-154)
12
Tillandsia - Platystachys
9
Hechtia
11

Taf. 5 – Fig. 17—24

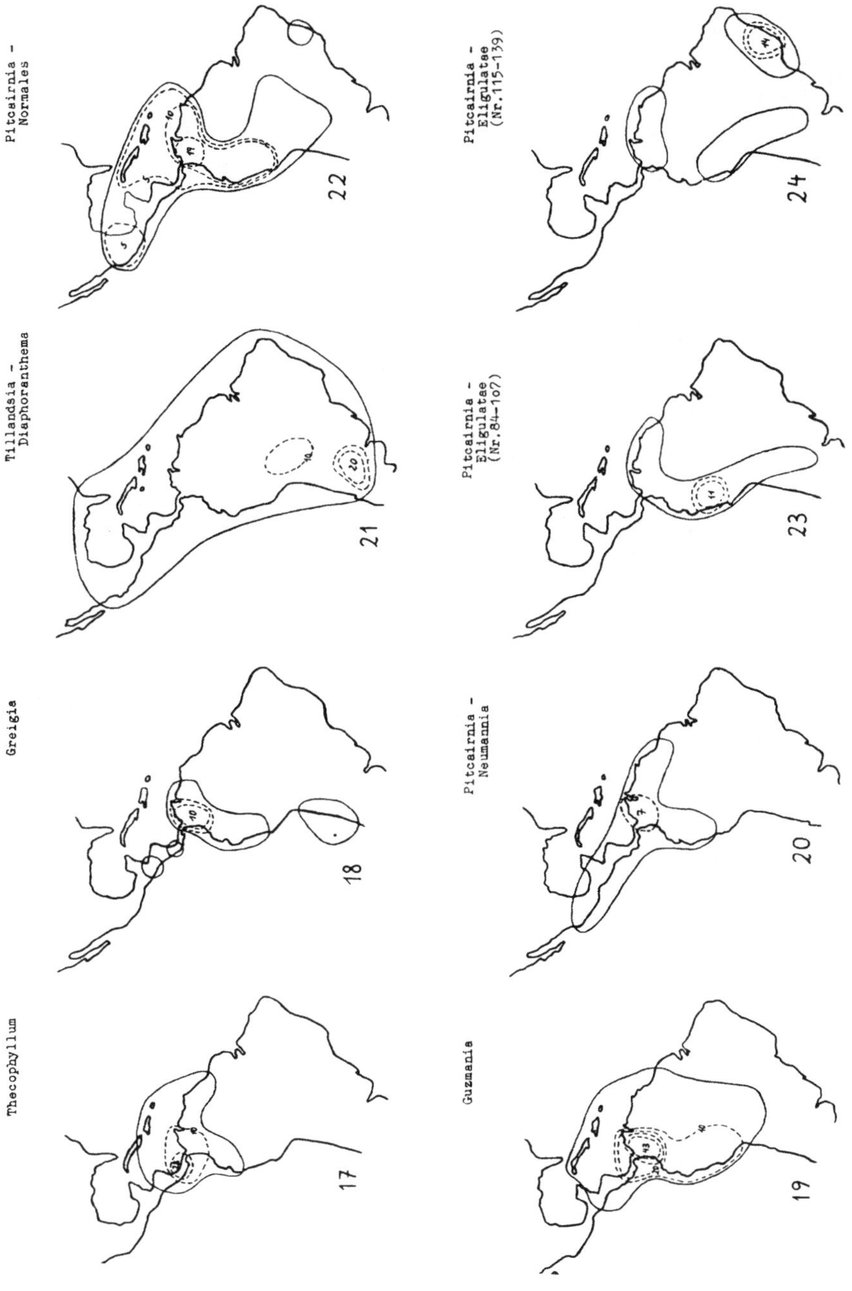

Taf. 6 – Fig. 25—32

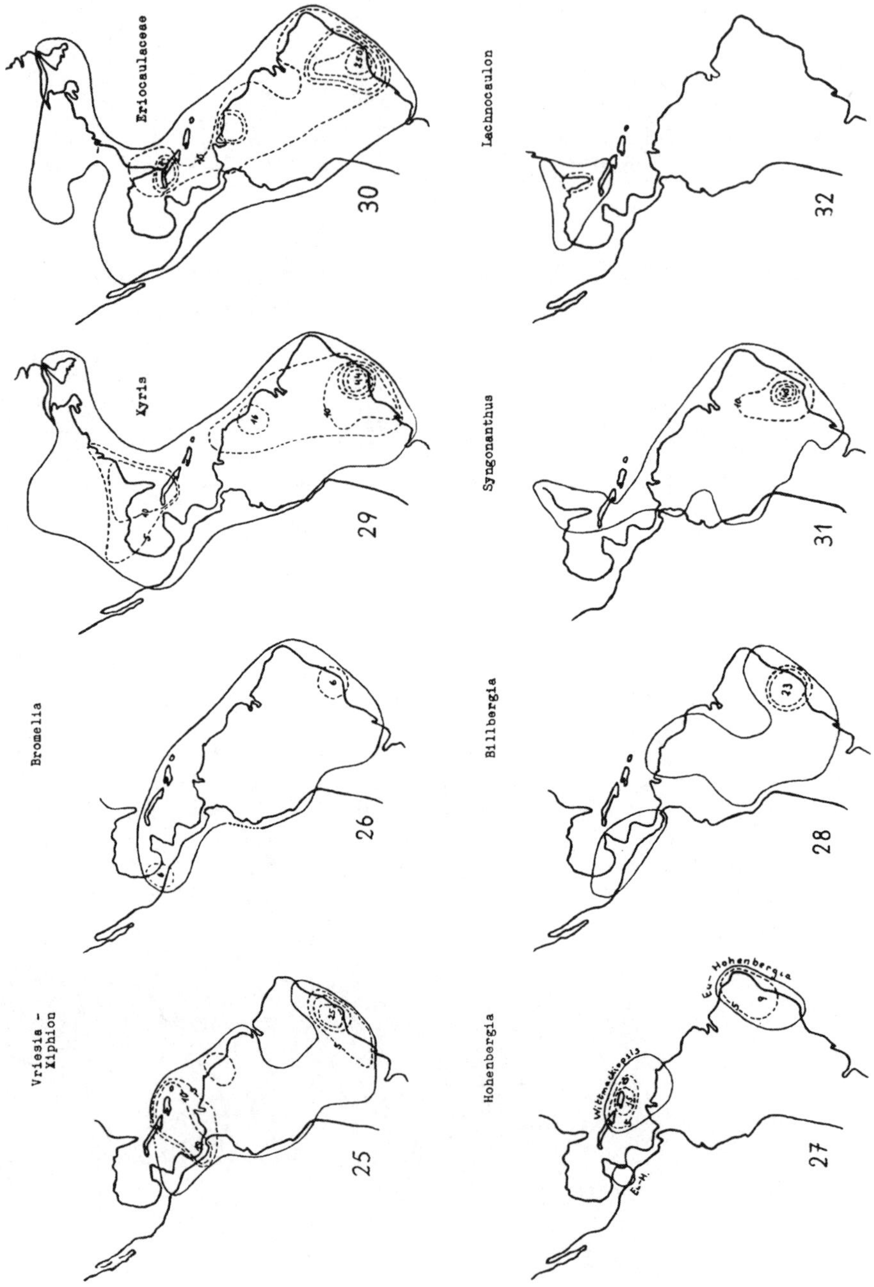

Taf. 7 – Fig. 33—36

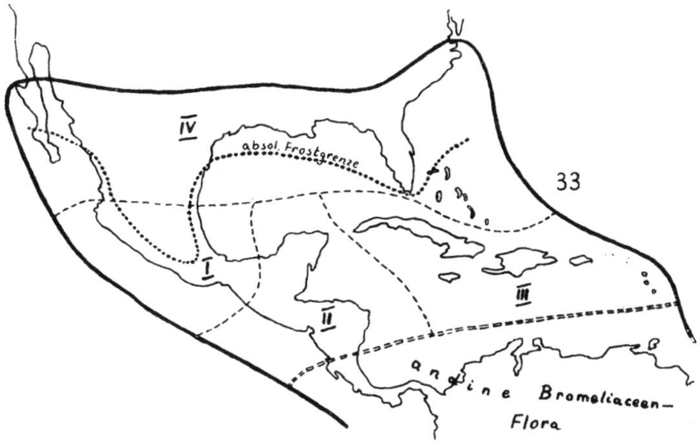

33

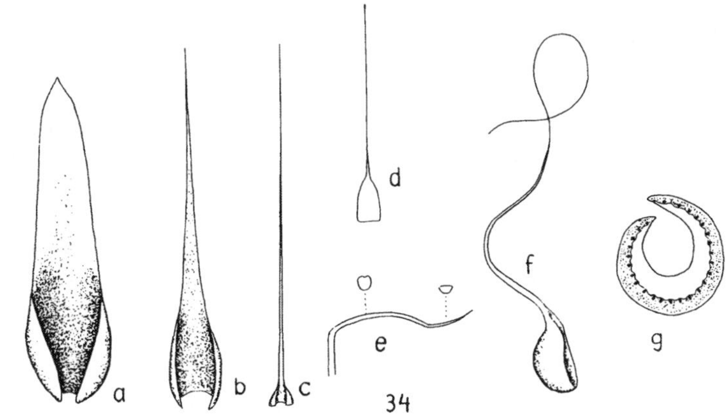

34

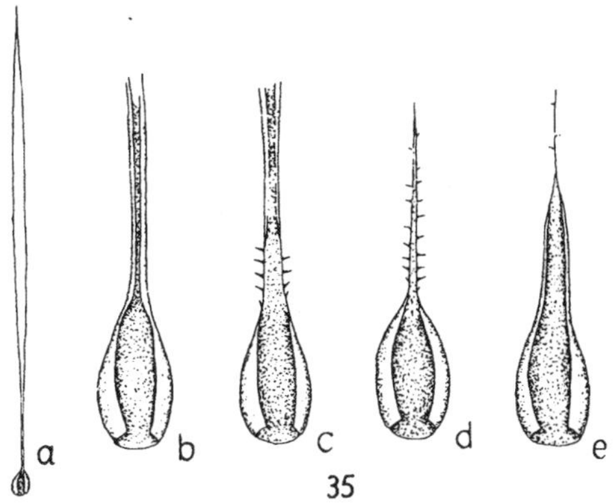

35

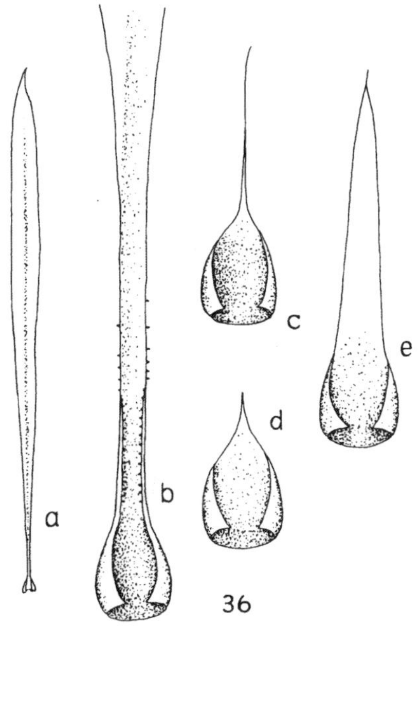

36

Taf. 8 – Fig. 37—38

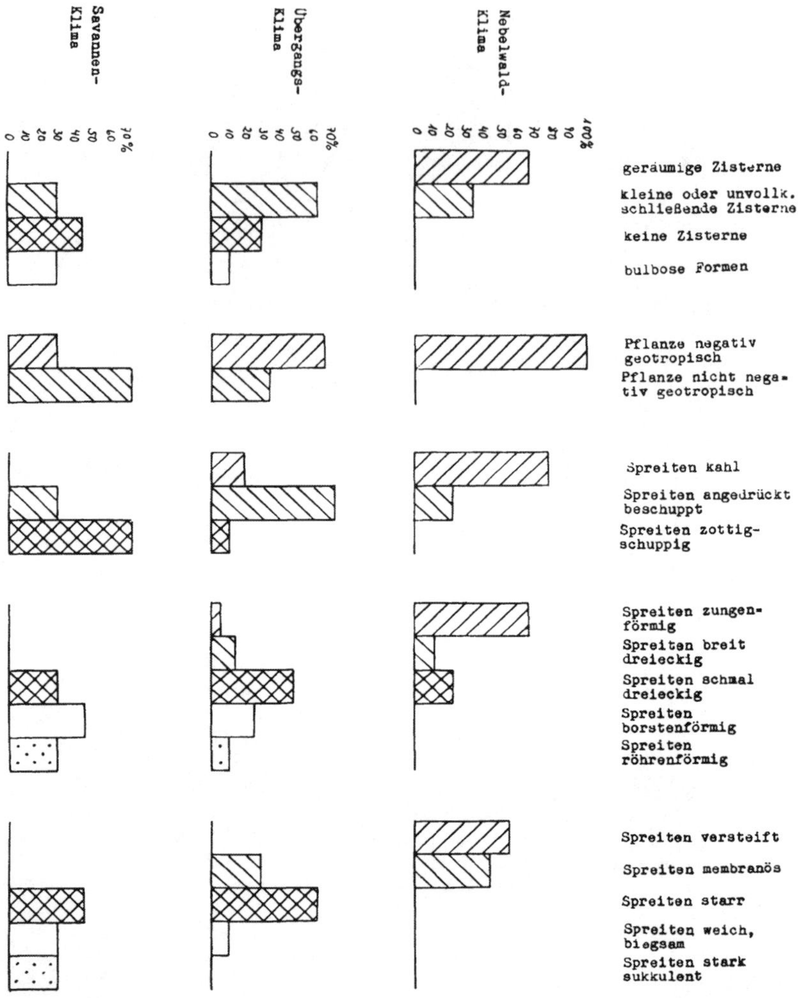

37

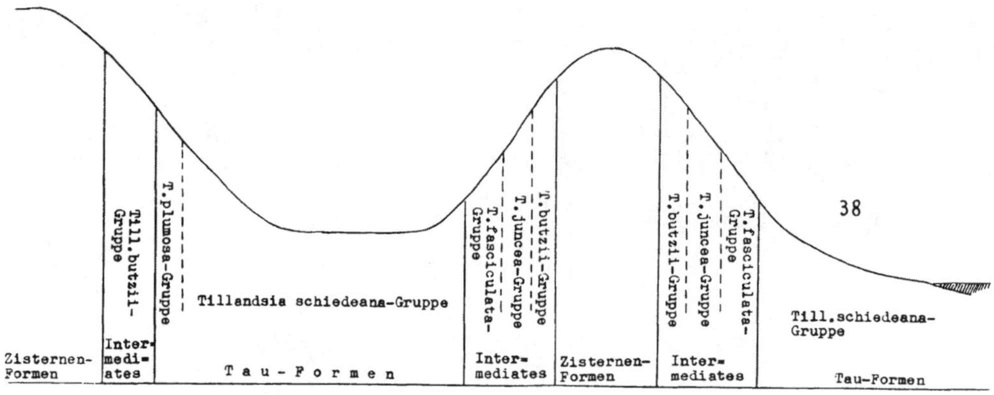

38

Taf. 9 - Fig. 39

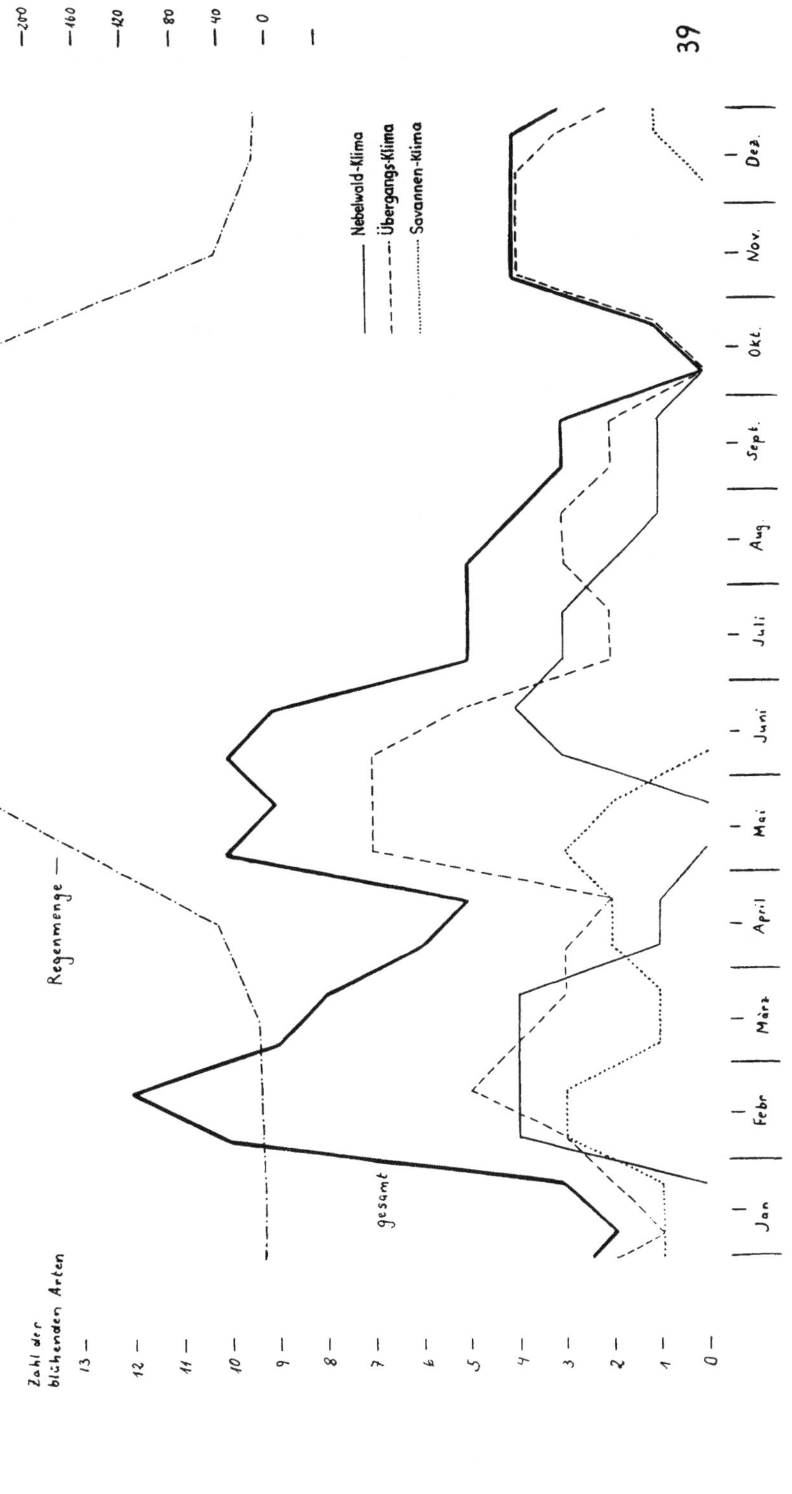
39
Zahl der blühenden Arten
13
12
11
10
9
8
7
6
5
4
3
2
1
0
mm
300
280
240
200
160
120
80
40
0
Regenmenge
gesamt
Nebelwald-Klima
Übergangs-Klima
Savannen-Klima
Jan
Febr
März
April
Mai
Juni
Juli
Aug.
Sept.
Okt.
Nov.
Dez.

Taf. 10 – Fig. 40–50

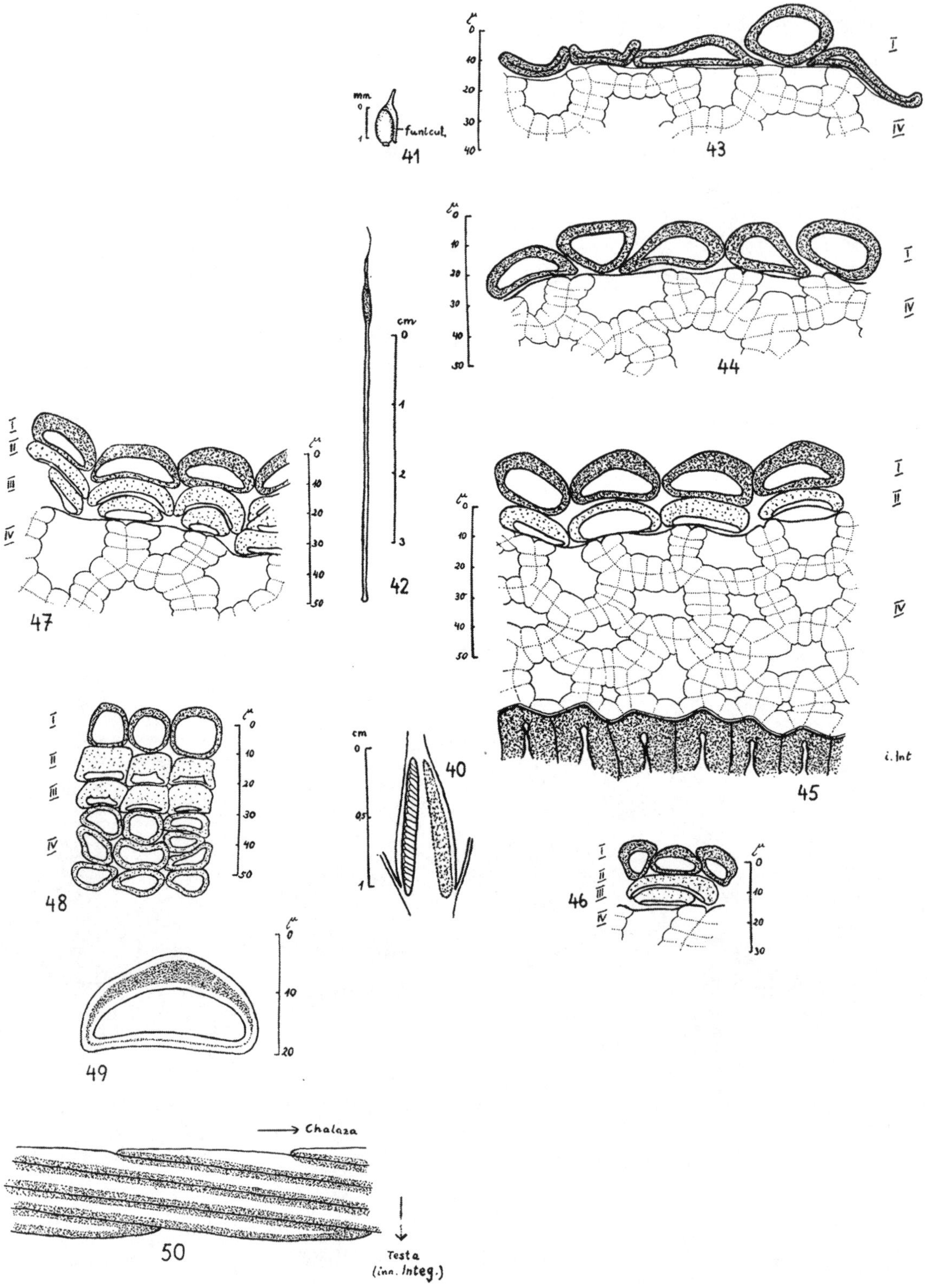

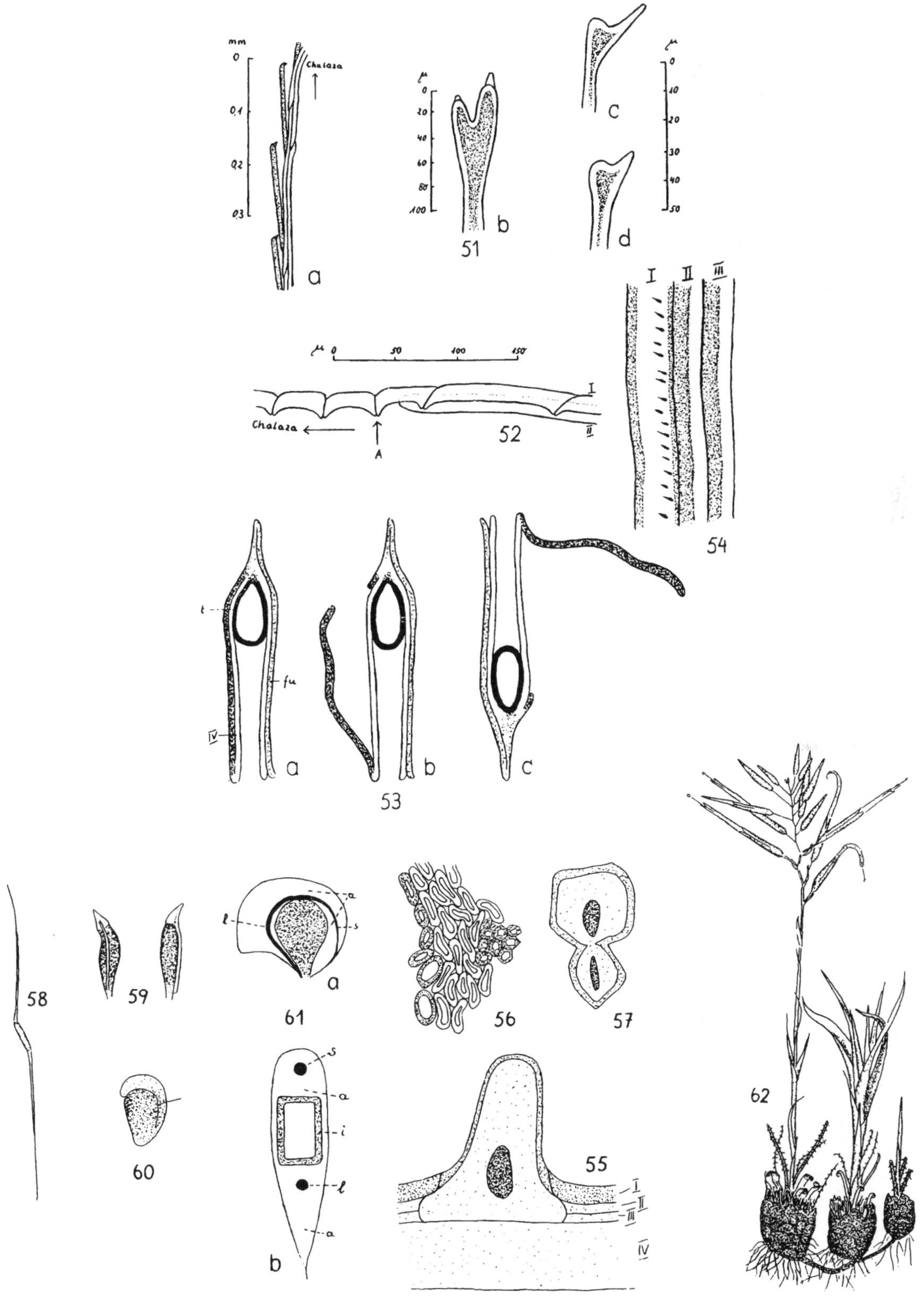
mm
0
0,1
0,2
0,3
Chalaza
a
μ
0
20
40
60
80
100
b
51
c
d
10
20
30
40
50
I
II
III
μ 0 50 100 150
Chalaza
A
52
54
t
fu
IV
a
b
c
53
58
59
l
a
s
61
56
57
62
60
s
a
i
l
a
b
55
I
II
III
IV

Taf. 12 – Fig. 63—66

63

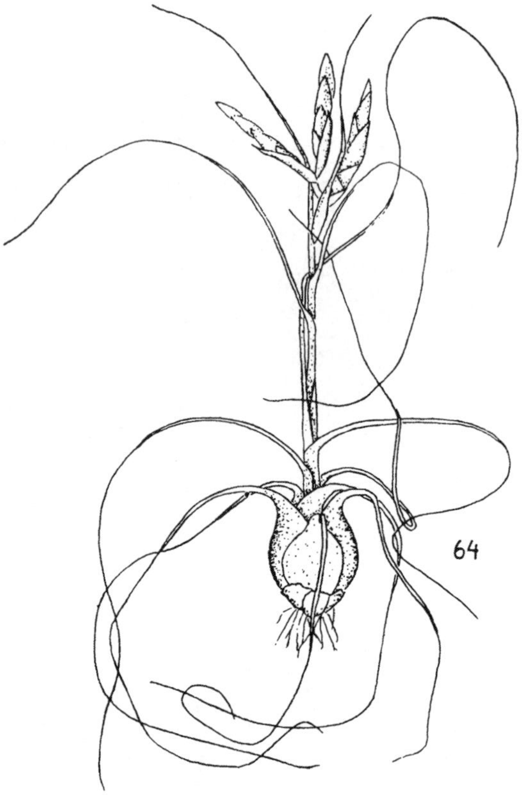

64

65

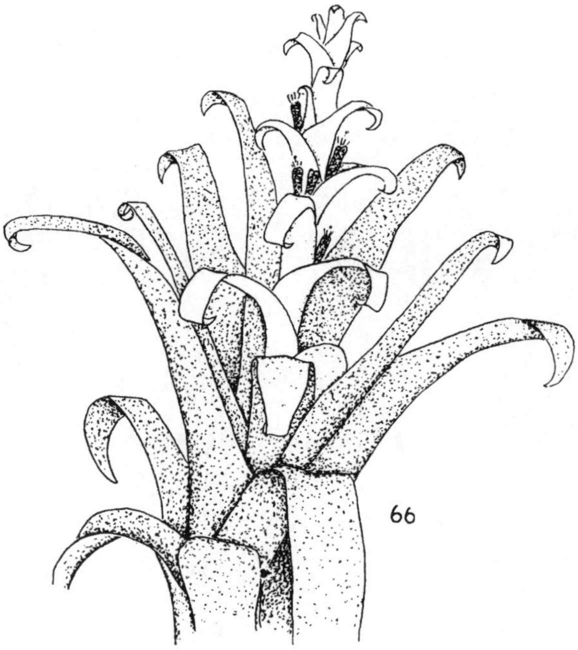

66

Taf. 13 – Fig. 67—71

68

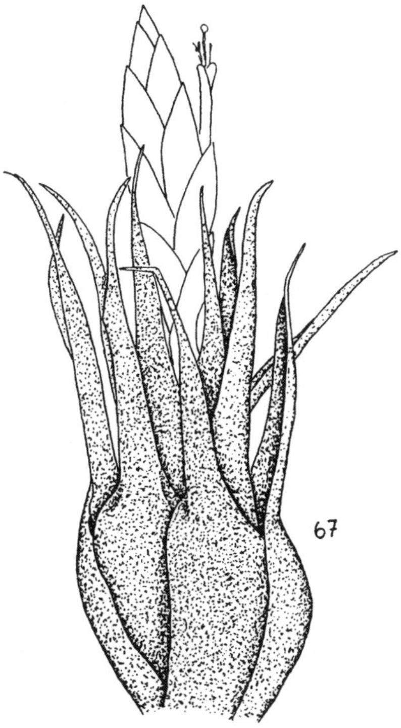
67

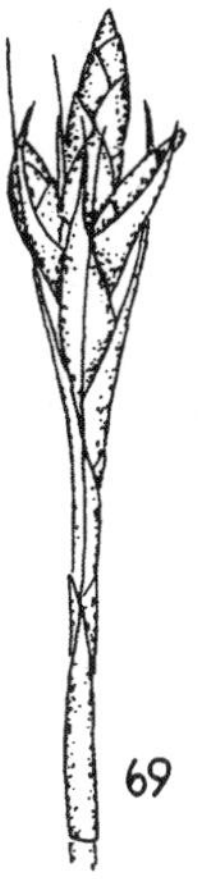
69

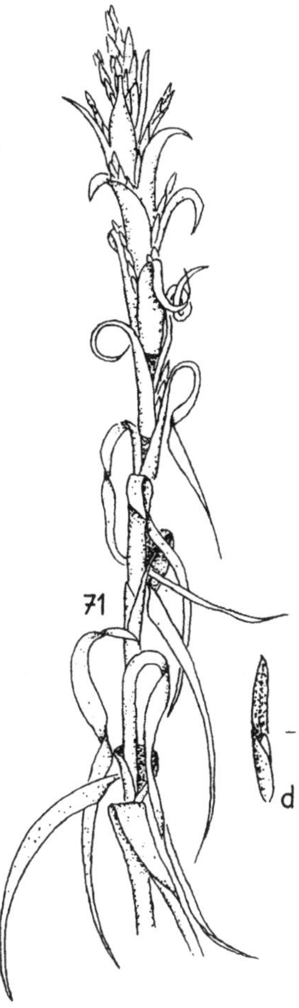
71

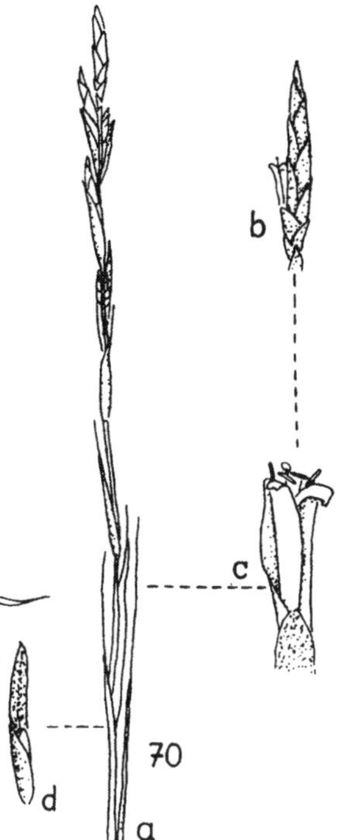

70

Taf. 14 – Fig. 72—76

Taf. 15 – Fig. 77—82

77

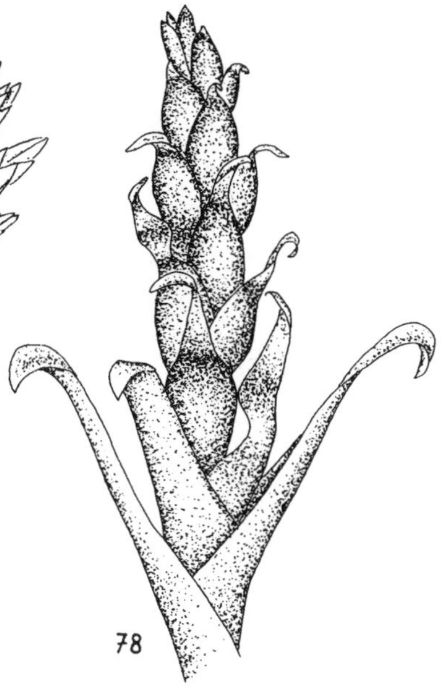
78

79

81

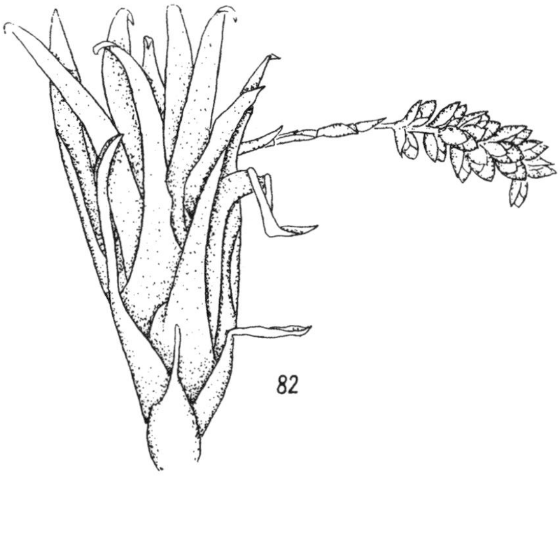
82

80

Taf. 16 – Fig. 83—99

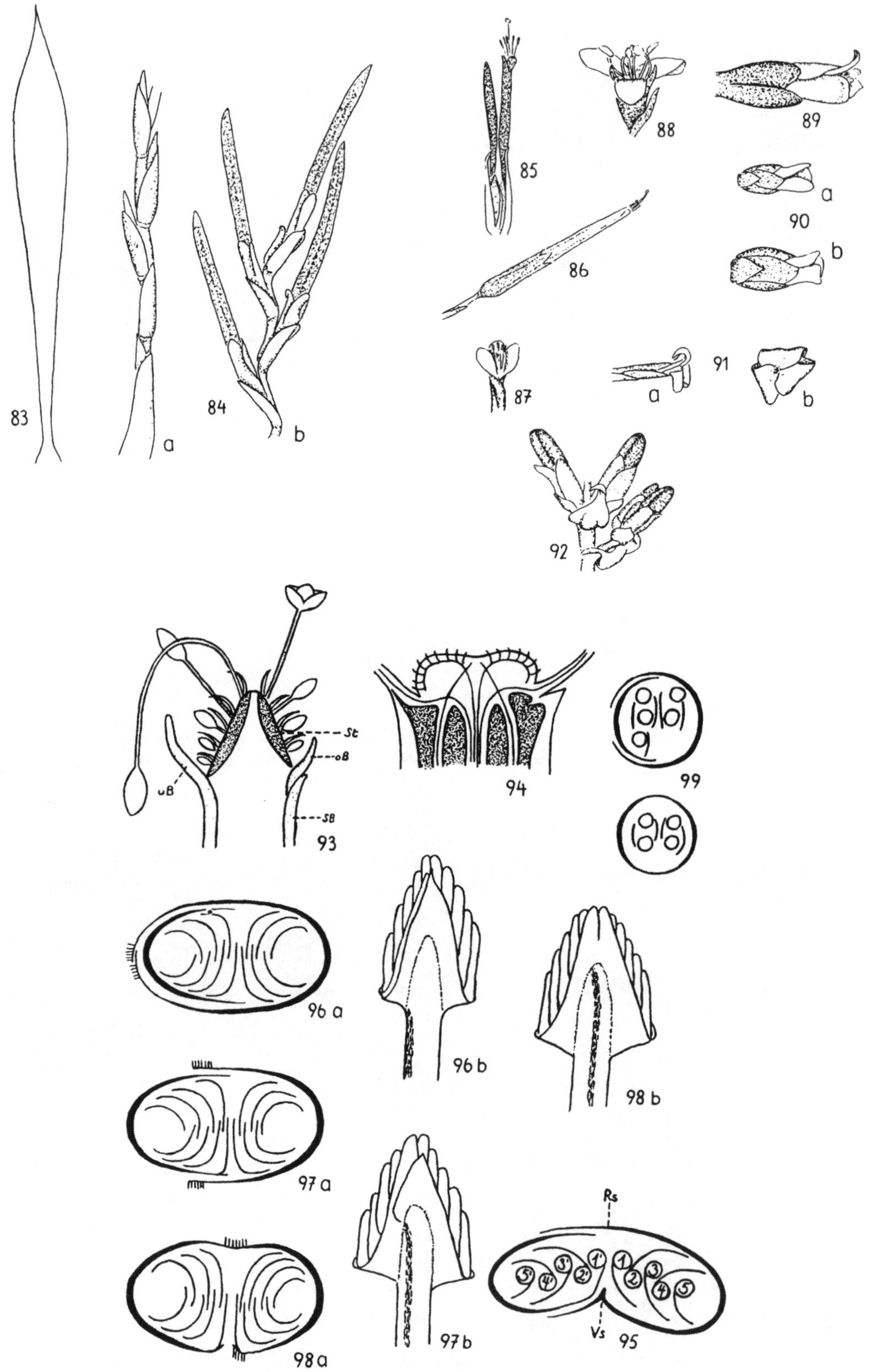

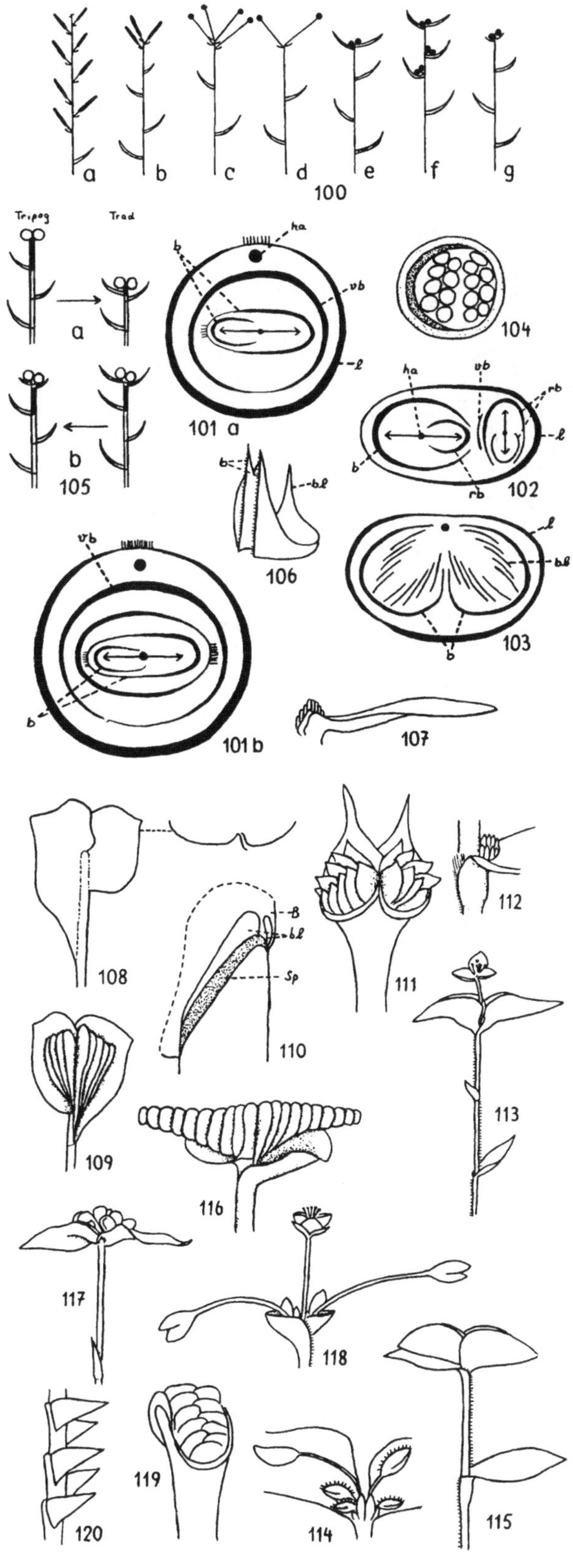

Taf. 18 – Fig. 121—161

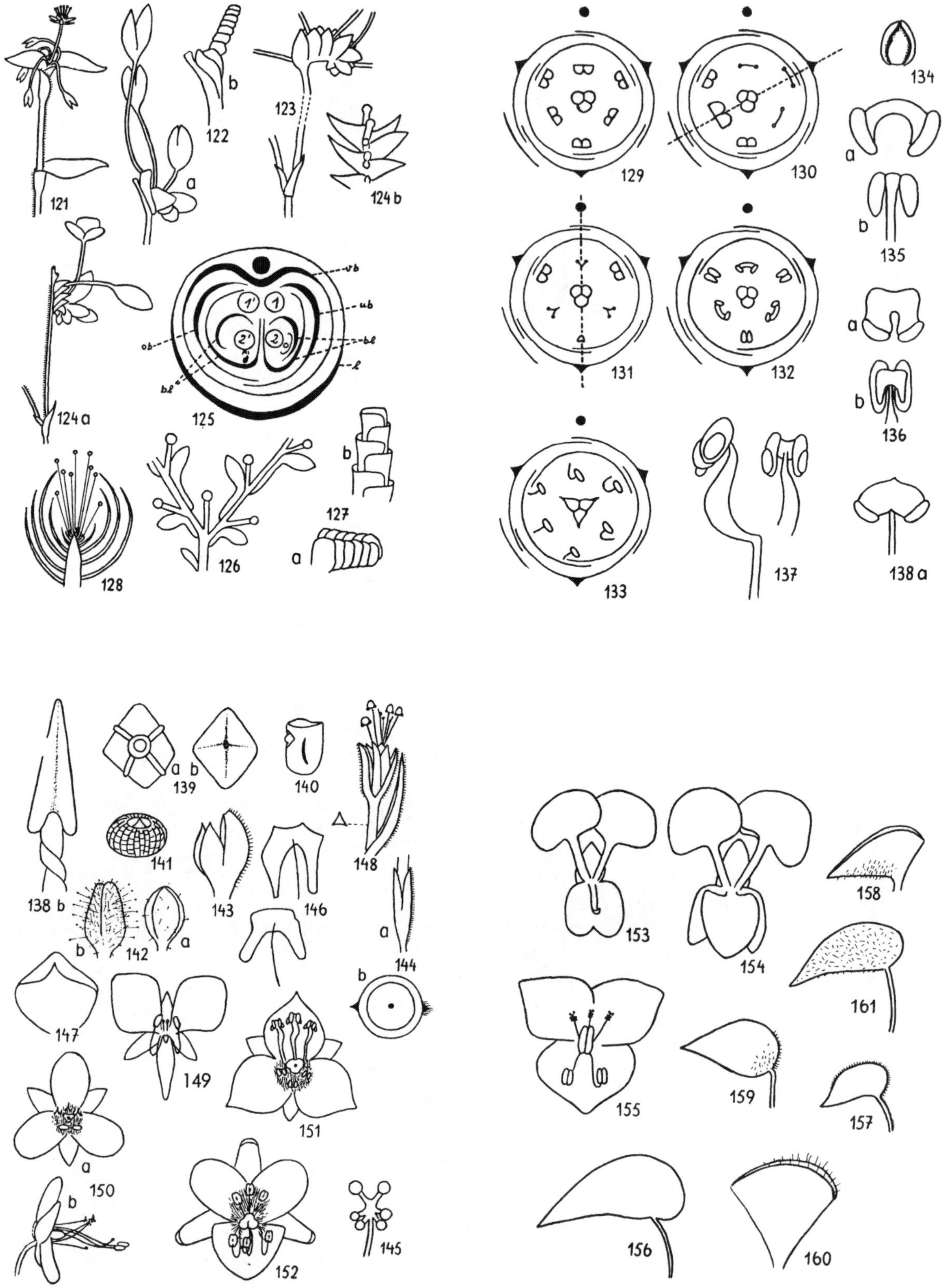

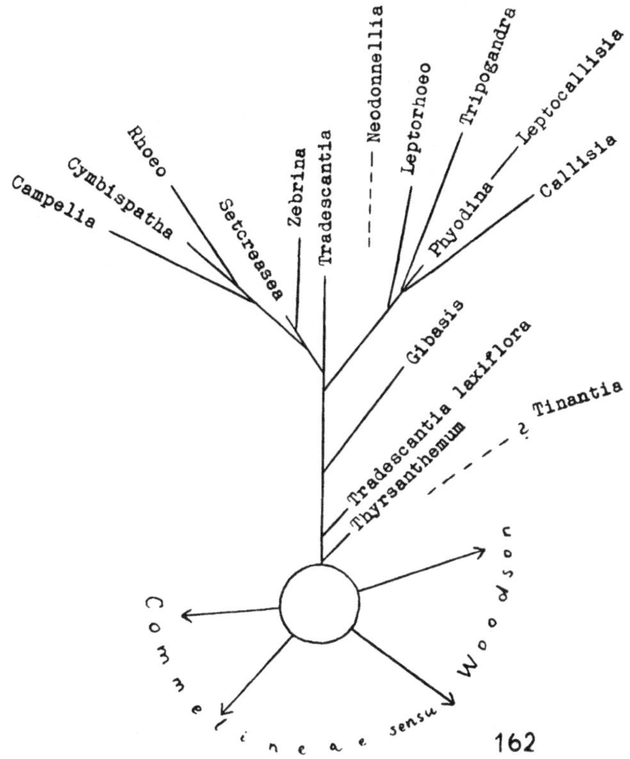
Campelia
Cymbispatha
Rhoeo
Setcreasea
Zebrina
Tradescantia
Neodonnellia
Leptorhoeo
Tripogandra
Leptocallisia
Phyodina
Callisia
Gibasia
Tradescantia laxiflora
Thyrsanthemum
? Tinantia
Commelineae sensu Woodson

162

20°
500 mm

163

Pontederiaceae
5
10
10

164

Taf. 20 – Fig. 165—173

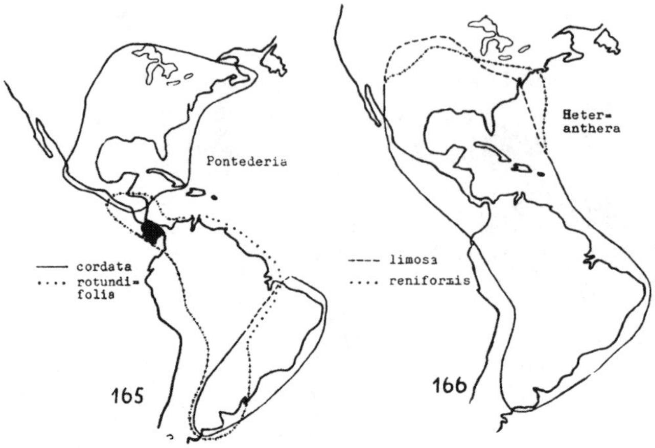

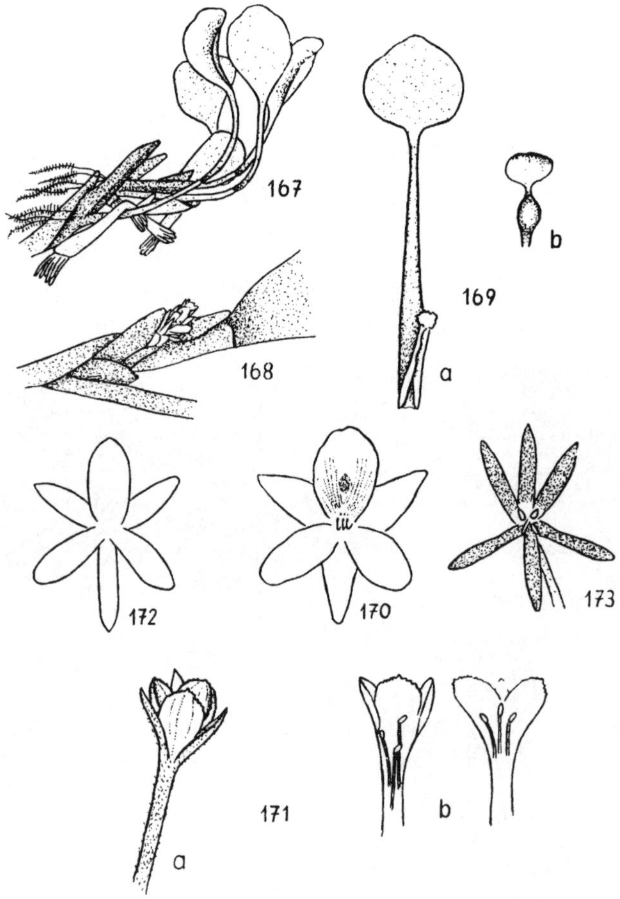

1

2

3

4

Taf. 22 – Abb. 5—8

5

6

7

8

9

10

11

12

13

14

15

16

17

18

19

20

21

22

23

24

25

26

27

28

29

30

31

32

33

Taf. 30 – Abb. 34—37

34

35

36

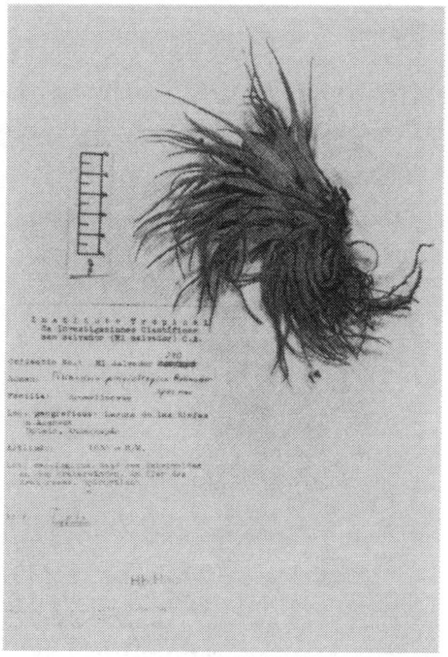

37

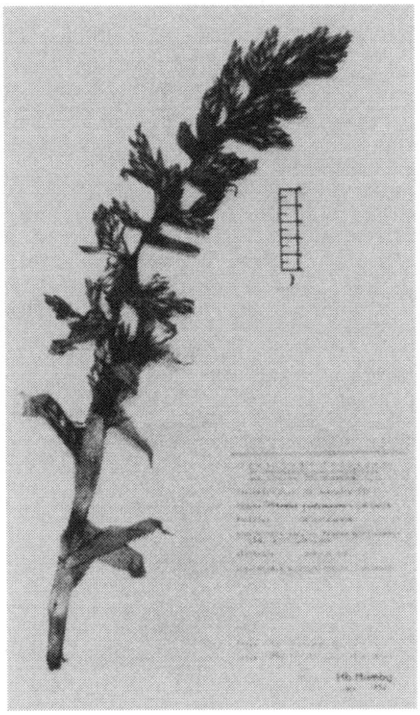

38

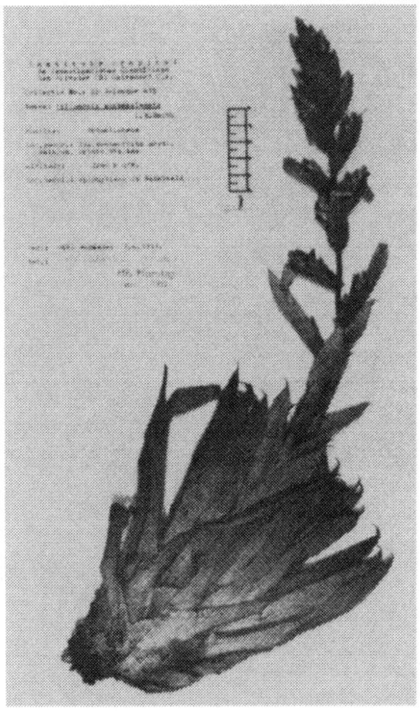

39

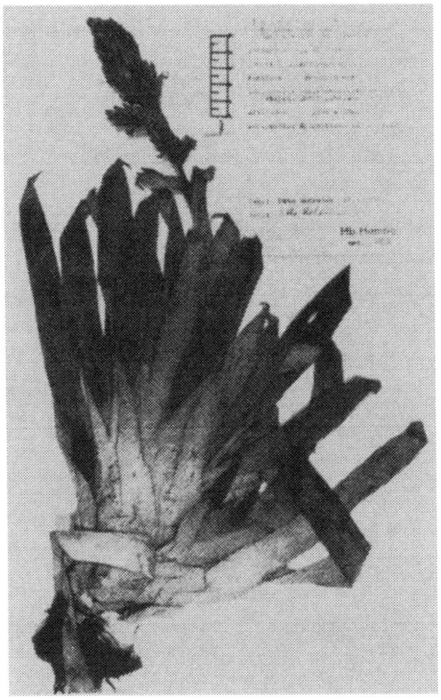

40

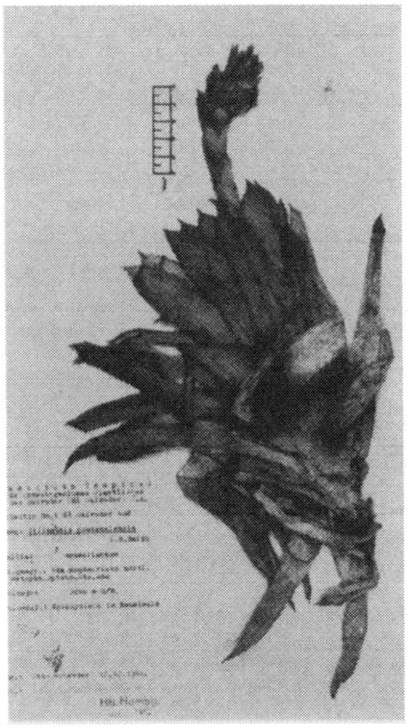

41

Taf. 32 – Abb. 42—45

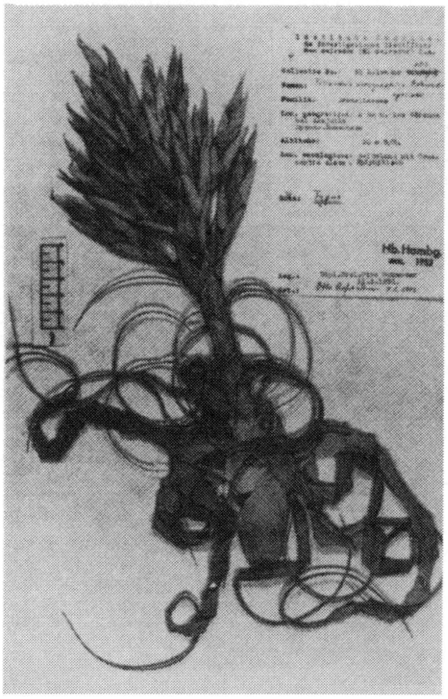

42

43

44

45

46

47

48

49

Taf. 34 – Abb. 50—53

50

51

52

53

54

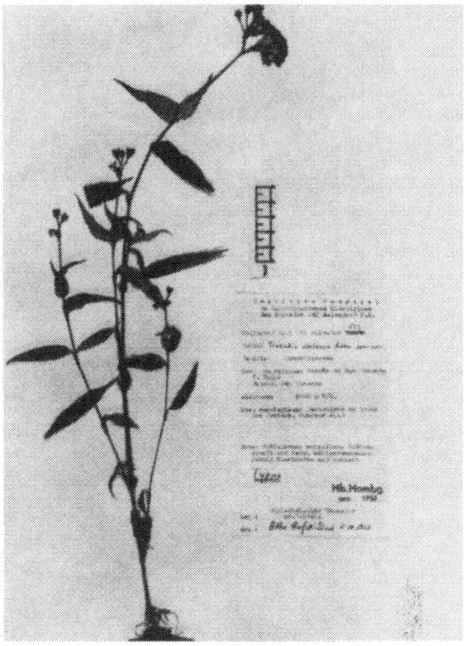

55

56

57

Taf. 36 – Abb. 58—60

58

59

60

Kolibri 360 GmbH
Ferdinand-Jühlke-Straße 7
99095 Erfurt, Deutschland
produktsicherheit@kolibri360.de